U0156858

国家出版基金项目
NATIONAL PUBLICATION FOUNDATION

祁连山
水塔变化及其影响

王宁练　盛　煜　金会军　车　涛等　著

科学出版社

北　京

内 容 简 介

祁连山是河西走廊绿洲地区和柴达木盆地东缘绿洲地区的水源地，其储水与供水状况直接关系到下游绿洲地区社会经济的发展。本书以祁连山水塔变化及其影响科学考察分队所获得的大量第一手观测和调查资料为基础，结合前人的相关研究成果、遥感资料，进行系统综合集成分析，对祁连山水塔的组成要素、功能、变化及其影响进行系统论述。全书共7章，主要内容包括科考的背景与意义、主要内容与目标，祁连山水塔的组成要素，近期变化及其驱动因素和对水资源、生态环境的影响。本书还预测了祁连山水塔未来变化及其影响。

本书可供地理、水文、气象、气候、生态、环境、地貌以及区域经济、社会可持续发展等领域的科研和技术人员、大专院校相关专业师生使用，也可供经济、社会、人文等相关管理部门的人员参考使用。

审图号：GS京(2022)0685号

图书在版编目(CIP)数据

祁连山水塔变化及其影响 / 王宁练等著. —北京：科学出版社，2023.3

（第二次青藏高原综合科学考察研究丛书）

国家出版基金项目

ISBN 978-7-03-075119-5

Ⅰ.①祁…　Ⅱ.①王…　Ⅲ.①祁连山-水源地-水塔-影响因素-研究　Ⅳ.①P641

中国版本图书馆CIP数据核字(2023)第040750号

责任编辑：朱　丽　赵　晶 / 责任校对：樊雅琼
责任印制：肖　兴 / 封面设计：吴霞暖

科 学 出 版 社 出版
北京东黄城根北街 16 号
邮政编码：100717
http://www.sciencep.com
北京建宏印刷有限公司印刷
科学出版社发行　各地新华书店经销

*

2023年3月第 一 版　开本：787×1092　1/16
2024年8月第二次印刷　印张：21 1/2
字数：520 000

定价：258.00元

（如有印装质量问题，我社负责调换）

"第二次青藏高原综合科学考察研究丛书"
指导委员会

刘丛强　中国科学院地球化学研究所

龚健雅　武汉大学

焦念志　厦门大学

赖远明　中国科学院西北生态环境资源研究院

胡春宏　中国水利水电科学研究院

郭正堂　中国科学院地质与地球物理研究所

王会军　南京信息工程大学

周成虎　中国科学院地理科学与资源研究所

吴立新　中国海洋大学

夏　军　武汉大学

陈大可　自然资源部第二海洋研究所

张人禾　复旦大学

杨经绥　南京大学

邵明安　中国科学院地理科学与资源研究所

侯增谦　国家自然科学基金委员会

吴丰昌　中国环境科学研究院

孙和平　中国科学院精密测量科学与技术创新研究院

于贵瑞　中国科学院地理科学与资源研究所

王　赤　中国科学院国家空间科学中心

肖文交　中国科学院新疆生态与地理研究所

朱永官　中国科学院城市环境研究所

《祁连山水塔变化及其影响》
编写委员会

第二次青藏高原综合科学考察研究
祁连山水塔变化及其影响科学考察分队
人员名单

姓名	职务	单位
王宁练	分队长	西北大学
盛 煜	执行分队长	中国科学院西北生态环境资源研究院
车 涛	执行分队长	中国科学院西北生态环境资源研究院
陈安安	执行分队长	西北大学
吴吉春	队 员	中国科学院西北生态环境资源研究院
金会军	队 员	中国科学院西北生态环境资源研究院
秦 翔	队 员	中国科学院西北生态环境资源研究院
李弘毅	队 员	中国科学院西北生态环境资源研究院
郝晓华	队 员	中国科学院西北生态环境资源研究院
戴礼云	队 员	中国科学院西北生态环境资源研究院
李 真	队 员	中国科学院西北生态环境资源研究院
秦 彧	队 员	中国科学院西北生态环境资源研究院
吴雪娇	队 员	中国科学院西北生态环境资源研究院
刘宇硕	队 员	中国科学院西北生态环境资源研究院
罗栋梁	队 员	中国科学院西北生态环境资源研究院
贺建桥	队 员	中国科学院西北生态环境资源研究院

彭晨阳	队员	中国科学院西北生态环境资源研究院
王宏伟	队员	中国科学院西北生态环境资源研究院
王庆峰	队员	中国科学院西北生态环境资源研究院
王轩	队员	中国科学院西北生态环境资源研究院
王利辉	队员	中国科学院西北生态环境资源研究院
李延召	队员	中国科学院西北生态环境资源研究院
晋子振	队员	中国科学院西北生态环境资源研究院
薛亮	队员	中国科学院西北生态环境资源研究院
郑东海	队员	中国科学院青藏高原研究所
牛晓蕾	队员	中国科学院青藏高原研究所
高扬	队员	中国科学院青藏高原研究所
李斐	队员	中国科学院青藏高原研究所
张世强	队员	西北大学
黄昌	队员	西北大学
王雷	队员	西北大学
张小文	队员	西北大学
谢元礼	队员	西北大学
张泉	队员	西北大学
吴玉伟	队员	西北大学
花婷	队员	西北大学
郭忠明	队员	西北大学
杨雪雯	队员	西北大学
李志杰	队员	西北大学
梁倩	队员	西北大学

刘 哲	队 员	西北大学
张 威	队 员	西北大学
郄宇凡	队 员	西北大学
寇 勇	队 员	西北大学
贺 晶	队 员	西北大学
李 想	队 员	西北大学
车 正	队 员	西北大学
夏玮静	队 员	西北大学
王 璐	队 员	西北大学
许少辉	队 员	西北大学
姚秀南	队 员	西北大学
张愉萱	队 员	西北大学
方振祥	队 员	西北大学
毛忠雷	队 员	西北大学
曹 泊	队 员	兰州大学
段克勤	队 员	陕西师范大学
蒋 熹	队 员	南京信息工程大学
吴红波	队 员	陕西理工大学

丛书序一

　　青藏高原是地球上最年轻、海拔最高、面积最大的高原,西起帕米尔高原和兴都库什、东到横断山脉,北起昆仑山和祁连山、南至喜马拉雅山区,高原面海拔 4500 米上下,是地球上最独特的地质－地理单元,是开展地球演化、圈层相互作用及人地关系研究的天然实验室。

　　鉴于青藏高原区位的特殊性和重要性,新中国成立以来,在我国重大科技规划中,青藏高原持续被列为重点关注区域。《1956—1967 年科学技术发展远景规划》《1963—1972 年科学技术发展规划》《1978—1985 年全国科学技术发展规划纲要》等规划中都列入针对青藏高原的相关任务。1971 年,周恩来总理主持召开全国科学技术工作会议,制订了基础研究八年科技发展规划（1972—1980 年）,青藏高原科学考察是五个核心内容之一,从而拉开了第一次大规模青藏高原综合科学考察研究的序幕。经过近 20 年的不懈努力,第一次青藏综合科考全面完成了 250 多万平方千米的考察,产出了近 100 部专著和论文集,成果荣获了 1987 年国家自然科学奖一等奖,在推动区域经济建设和社会发展、巩固国防边防和国家西部大开发战略的实施中发挥了不可替代的作用。

　　自第一次青藏综合科考开展以来的近 50 年,青藏高原自然与社会环境发生了重大变化,气候变暖幅度是同期全球平均值的两倍,青藏高原生态环境和水循环格局发生了显著变化,如冰川退缩、冻土退化、冰湖溃决、冰崩、草地退化、泥石流频发,严重影响了人类生存环境和经济社会的发展。青藏高原还是"一带一路"环境变化的核心驱动区,将对"一带一路"沿线 20 多个国家和 30 多亿人口的生存与发展带来影响。

　　2017 年 8 月 19 日,第二次青藏高原综合科学考察研究启动,习近平总书记发来贺信,指出"青藏高原是世界屋脊、亚洲水塔,是地球第三极,是我国重要的生态安全屏障、战略资源储备基地,是中华民族特色文化的重要保护地"，要求第二次青藏高原综合科学考察研究要"聚焦水、生态、人类活动，着力解决青藏高原资源环境承载力、灾害风险、绿色发展途径等方面的问题，为守护好世界上最后一方净土、建设美丽的青藏高原作出新贡献，让青藏高原各族群众生活更加幸福安康"。习近平总书记的贺信传达了党中央对青藏高原可持续发展和建设国家生态保护屏障的战略方针。

第二次青藏综合科考将围绕青藏高原地球系统变化及其影响这一关键科学问题，开展西风-季风协同作用及其影响、亚洲水塔动态变化与影响、生态系统与生态安全、生态安全屏障功能与优化体系、生物多样性保护与可持续利用、人类活动与生存环境安全、高原生长与演化、资源能源现状与远景评估、地质环境与灾害、区域绿色发展途径等10大科学问题的研究，以服务国家战略需求和区域可持续发展。

"第二次青藏高原综合科学考察研究丛书"将系统展示科考成果，从多角度综合反映过去50年来青藏高原环境变化的过程、机制及其对人类社会的影响。相信第二次青藏综合科考将继续发扬老一辈科学家艰苦奋斗、团结奋进、勇攀高峰的精神，不忘初心，砥砺前行，为守护好世界上最后一方净土、建设美丽的青藏高原作出新的更大贡献！

孙鸿烈

第一次青藏科考队队长

丛书序二

　　青藏高原及其周边山地作为地球第三极矗立在北半球,同南极和北极一样既是全球变化的发动机,又是全球变化的放大器。2000年前人们就认识到青藏高原北缘昆仑山的重要性,公元18世纪人们就发现珠穆朗玛峰的存在,19世纪以来,人们对青藏高原的科考水平不断从一个高度推向另一个高度。随着人类远足能力的不断加强,逐梦三极的科考日益频繁。虽然青藏高原科考长期以来一直在通过不同的方式在不同的地区进行着,但对于整个青藏高原的综合科考迄今只有两次。第一次是20世纪70年代开始的第一次青藏科考。这次科考在地学与生物学等科学领域取得了一系列重大成果,奠定了青藏高原科学研究的基础,为推动社会发展、国防安全和西部大开发提供了重要科学依据。第二次是刚刚开始的第二次青藏科考。第二次青藏科考最初是从区域发展和国家需求层面提出来的,后来成为科学家的共同行动。中国科学院的A类先导专项率先支持启动了第二次青藏科考。刚刚启动的国家专项支持,使得第二次青藏科考有了广度和深度的提升。

　　习近平总书记高度关怀第二次青藏科考,在2017年8月19日第二次青藏科考启动之际,专门给科考队发来贺信,作出重要指示,以高屋建瓴的战略胸怀和俯瞰全球的国际视野,深刻阐述了青藏高原环境变化研究的重要性,希望第二次青藏科考队聚焦水、生态、人类活动,揭示青藏高原环境变化机理,为生态屏障优化和亚洲水塔安全、美丽青藏高原建设作出贡献。殷切期望广大科考人员发扬老一辈科学家艰苦奋斗、团结奋进、勇攀高峰的精神,为守护好世界上最后一方净土顽强拼搏。这充分体现了习近平生态文明思想和绿色发展理念,是第二次青藏科考的基本遵循。

　　第二次青藏科考的目标是阐明过去环境变化规律,预估未来变化与影响,服务区域经济社会高质量发展,引领国际青藏高原研究,促进全球生态环境保护。为此,第二次青藏科考组织了10大任务和 60 多个专题，在亚洲水塔区、喜马拉雅区、横断山高山峡谷区、祁连山–阿尔金区、天山–帕米尔区等 5 大综合考察研究区的 19 个关键区，开展综合科学考察研究，强化野外观测研究体系布局、科考数据集成、新技术融合和灾害预警体系建设，产出科学考察研究报告、国际科学前沿文章、服务国家需求评估和咨询报告、科学传播产品四大体系的科考成果。

两次青藏综合科考有其相同的地方。表现在两次科考都具有学科齐全的特点，两次科考都有全国不同部门科学家广泛参与，两次科考都是国家专项支持。两次青藏综合科考也有其不同的地方。第一，两次科考的目标不一样：第一次科考是以科学发现为目标；第二次科考是以摸清变化和影响为目标。第二，两次科考的基础不一样：第一次青藏科考时青藏高原交通整体落后、技术手段普遍缺乏；第二次青藏科考时青藏高原交通四通八达，新技术、新手段、新方法日新月异。第三，两次科考的理念不一样：第一次科考的理念是不同学科考察研究的平行推进；第二次科考的理念是实现多学科交叉与融合和地球系统多圈层作用考察研究新突破。

"第二次青藏高原综合科学考察研究丛书"是第二次青藏科考成果四大产出体系的重要组成部分，是系统阐述青藏高原环境变化过程与机理、评估环境变化影响、提出科学应对方案的综合文库。希望丛书的出版能全方位展示青藏高原科学考察研究的新成果和地球系统科学研究的新进展，能为推动青藏高原环境保护和可持续发展、推进国家生态文明建设、促进全球生态环境保护做出应有的贡献。

姚檀栋
第二次青藏科考队队长

前　言

青藏高原是亚洲十多条重要大江大河的发源地，是亚洲水塔，为下游地区提供着丰富的淡水资源，维系着下游地区人民生活和工农业生产的日常用水。同时，源于青藏高原的河流，上游地区与下游地区存在巨大的高差，蕴涵着巨大的水电潜能。冰冻圈各要素（冰川、冻土、积雪等）是亚洲水塔的重要组成部分。随着全球变暖，冰冻圈萎缩，亚洲水塔的储水量和供水量也随之发生着重大的变化，这直接关系到下游地区社会经济的发展和流域水电资源的开发。因此，开展亚洲水塔动态变化与影响的科学考察与研究具有重要性和迫切性。

祁连山是河西走廊绿洲地区和柴达木盆地东缘绿洲地区的水源地，是甘肃、青海两省干旱地带的重要水塔，同时，祁连山也是黄河上游重要的水源涵养区之一。开展祁连山水塔变化及其影响的科学考察与研究，对下游绿洲地区水资源合理规划与利用以及社会经济的可持续发展具有重大的现实意义，对祁连山区生态环境建设与保护具有迫切性和必要性。本科学考察分队聚焦祁连山区冰川、多年冻土、积雪、湖泊、径流和地下水等水塔要素，以及降水等气候要素，对其进行综合考察与研究。在本次科学考察所获得的大量第一手资料的基础上，结合前人在该地区开展的相关调查与研究，利用遥感资料，本书充分评估了在全球变暖背景下祁连山水塔近60年来的变化情况与未来趋势，分析其变化对水资源、生态及环境的影响，可为流域水资源管理、生态环境保护以及绿色丝绸之路经济带建设提供相关数据支撑与科学基础。

本书分为7章，其内容涵盖本次祁连山水塔科学考察的背景与意义、主要内容与目标、水塔的组成要素概况与近期变化、水塔变化的驱动因素、水塔变化对水资源及生态环境的影响、水塔未来变化及其影响等。第1章绪论，主要介绍祁连山水塔变化及其影响的科学考察背景、意义、主要内容及目标等，由王宁练、盛煜、金会军、吴吉春、车涛和陈安安撰写。第 2 章祁连山水塔组成要素概况，主要介绍祁连山水塔的主要组成部分的状况，其中 2.1 节由王宁练和杨雪雯撰写，2.2 节由盛煜和吴吉春撰写，2.3 节由车涛撰写，2.4 节由李志杰撰写，2.5 节由刘哲和王宁练撰写，2.6 节由李志杰和王宁练撰写，2.7 节由王宁练和花婷撰写。第 3 章祁连山水塔近期变化，主要介绍祁连山冰川、多年冻土、积雪、湖泊、出山径流、水储量以及降水量在近几十年来的时空变化特征，其中 3.1 节由王宁练、杨雪雯、陈安安、郭忠明、梁倩、李真、李志杰、张泉、吴玉伟和贺晶撰写，3.2 节由盛煜和吴吉春撰写，3.3 节由车涛和戴礼云撰写，3.4 节由吴红波和李志杰撰写，3.5 节由刘哲撰写，3.6 节由杨雪雯撰写，3.7 节由花婷撰写。第 4 章祁连山水塔变化的驱动因素，主要介绍祁连山冰川、多年冻土、积雪、湖泊和径流变化的主要驱动因素，4.1 节由花婷撰写，4.2 节由王宁练、蒋熹、陈安安和李真撰写，4.3 节由盛煜和吴吉春撰写，4.4 节由车涛和郝晓华撰写，4.5 节由李志杰和吴红波撰写，4.6 节由刘哲撰写。第 5 章祁连山水塔变化对水资源的影响，主要介绍流域尺度上冰川、多年冻土和积雪变化对水资源和水文过程的影响，5.1 节由张世强撰写，5.2 节由盛煜、吴吉春、金会军和罗栋梁撰写，5.3 节由李弘毅和郝晓华撰写。第 6 章祁连山水塔变化对生态环境的影响，主要介绍多年冻土、积雪变化对生态环境的影响，以及冰川、多年冻土变化对湖泊变化的影响，6.1 节由秦彧撰写，6.2 节由王宁练和张泉撰写，6.3 节由王宁练、吴吉春和李志杰撰写。第 7 章祁连山水塔未来变化及其影响，主要介绍祁连山区气候的未来变化趋势以及冰川、积雪的未来变化预估，7.1 节由花婷撰写，7.2 节由段克勤和王宁练撰写，7.3 节由张世强撰写，7.4 节由吴雪娇和车涛撰写。另外，在本书撰写过程中秦翔、刘宇硕、吴玉伟、曹泊、高扬、寇勇、郏宇凡、牛晓蕾、彭晨阳、王宏伟、王庆峰、王轩、张威、郑东海等科考队员参与了相关资料的收集。本书中与冰川、气候、水文、生态和湖泊有关的稿件由王宁练负责收集、整理与统稿，与冻土有关的稿件由盛煜和金会军负责收集、整理与统稿，与积雪有关的稿件由车涛负责收集、整理与统稿。最后，全书由王宁练统一统稿和组织修订。本书初稿完成后，承蒙多位审稿专家以及科考办公室老师提出许多宝贵的修改意见和建议，使我们能够将本书修订到目前的程度，在此对各位专家和老师的辛勤付出表示衷心的感谢！杨雪雯博士在本书编排过程中付出了大量时间和精力，在此也表示衷心的感谢！由于时间仓促以及作者能力和水平有限，书中难免会存在不足、疏漏之处，恳请各位专家和读者提出宝贵意见并不吝指正，以便我们今后能够更好地做好相关工作。

第二次青藏高原综合科学考察研究任务"亚洲水塔动态变化与影响"涉及的祁连山水塔变化及其影响科学考察与研究工作的开展，极大地推动了对祁连山区水塔动态变化的系统研究，提高了我们对祁连山水塔功能、变化及影响的认识程度。在本书总结过程中，我们深刻体会到目前关于祁连山水塔过去变化方面的研究比较多，在观测与遥感及模型三者的结合方面还不够深入，在水塔变化的影响方面以及水塔未来变化预估方面的研究很少。这些研究工作中存在不足的地方也是我们今后需要努力的方向。

　　本书涉及的科学考察得到第二次青藏高原综合科学考察研究任务"亚洲水塔动态变化与影响"（2019QZKK0201）和中国科学院战略性先导科技专项（A类）"泛第三极环境变化与绿色丝绸之路建设"项目（XDA20060201）的支持，在此表示衷心感谢！本书是西北大学、中国科学院西北生态环境资源研究院、中国科学院青藏高原研究所、兰州大学、陕西师范大学、南京信息工程大学和陕西理工大学等多家单位与高校许许多多科研人员长期不畏艰险、辛勤劳动的结果，对他们的无私付出表示衷心感谢！同时，感谢那些在科考过程中默默付出的后勤保障人员及研究生！

《祁连山水塔变化及其影响》编写委员会

2022 年 5 月

摘　　要

祁连山位于青藏高原东北缘，它是向其外围干旱、半干旱地区提供淡水资源的重要水源地，故称为祁连山水塔。祁连山水塔区面积约为 19.13 万 km²（其中青海省境内约为 63.6%，甘肃省境内约为 36.4%），平均海拔为 3630 m。祁连山水塔汇入河西走廊的流域（包括东干渠流域、石羊河流域、黑河流域、北大河流域、疏勒河流域和党河流域）面积、汇入柴达木盆地的流域（包括哈勒腾河流域、鱼卡河流域、塔塔棱河流域、巴音郭勒河流域和茶卡－沙珠玉河流域）面积、汇入山区内流湖泊流域（哈拉湖流域和布哈河－青海湖流域）面积和汇入外流区黄河水系的流域（包括拉脊山南坡流域、湟水流域、大通河流域和庄浪河流域）面积分别约占水塔区总面积的 39.4%、24.0%、18.0% 和 18.6%。组成祁连山水塔储水部分的主要要素包括冰川、多年冻土（地下冰）、积雪、地表水体和地下水，组成水塔供水部分的主要要素是河川径流，降水是影响水塔储水和供水变化的主要要素之一。本书以流域为单元分析这些要素的变化与影响。

基于遥感资料和实地验证，完成了 2014 年新一期的祁连山冰川编目。结果表明，2014 年祁连山共有现代冰川 2779 条，总面积约为 1521.18 km²，冰储量约为 75.06 km³。除祁连山东段的东干渠流域、庄浪河流域、湟水流域、拉脊山南坡流域和茶卡－沙珠玉河流域 5 个流域没有冰川分布外，其他 12 个流域均有冰川分布。疏勒河流域分布的冰川最多，该流域冰川数量、面积和冰储量分别占整个祁连山的 25.30%、32.46% 和 36.28%。近 60 年来，祁连山冰川面积总体萎缩了约 21.20%，冰储量减少了约 25.86%，并且近期呈加速萎缩、减薄趋势；在空间上，祁连山水塔东部流域的冰川面积萎缩程度和冰储量减少程度要大于西部流域。1958 ~ 2021 年七一冰川平衡线高度上升了 337 m，累积物质平衡值为 -9153 mm w.e.，冰川物质处于亏损状态。1989 ～ 2018 年祁连山冰川雪线高度总体上升了约 213 m，东段的上升幅度较中、西段的上升幅度大。气温升高是近几十年来祁连山冰川平衡线高度升高、物质加速亏损和面积加速萎缩的主要影响因素，受其影响，祁连山冰川融水径流也呈显著增加趋势（祁连山水塔多年平均冰川融水径流量约为 15.59 亿 m³）。

通过祁连山水塔全区范围内多年冻土分布下界的调查数据，建立了祁连山多年冻土分布模型，较准确地获得祁连山区大片连续多年冻土分布面积约为 8.03 万 km²，约占祁连山水塔总面积的 41.98%，岛状多年冻土区面积约为 1.45 万 km²。除祁连山东段东干渠流域外，其他流域均有山地多年冻土分布，其中布哈河 - 青海湖流域分布的多年冻土面积最大，其次是大通河流域；位于祁连山腹地的哈拉湖流域全部位于多年冻土地区。受气候变暖影响，祁连山区多年冻土正处于退化过程中，主要表现为浅层地温升高和上限埋深下降。对区域内 176 眼钻孔地面信息进行补充调查，并通过含水（冰）量测试数据和编录资料分析，总结了祁连山多年冻土地下冰分布规律，统计了不同地貌类型区地层的平均含冰量。在此基础上，估算出祁连山多年冻土区 10 m 深度内的地下冰储量约为 65.82 km³，地下冰平均分布密度约为 0.823 m³/m²。近 10 年来，祁连山区多年冻土上限下降引起的地下冰融化释水量约为 11.79 km³，平均每年可达 12 亿 m³，相当于祁连山出山河流年径流总量的 7.39%。布哈河 - 青海湖流域地下冰储量和地下冰融化释水量均最大，分别约占祁连山水塔区总量的 13.49% 和 12.90%，大通河流域地下冰储量第二（12.58%），但党河流域地下冰融化释水量位居第二（10.86%）。

祁连山积雪分布广泛，水塔区各流域均有分布。积雪覆盖面积年内变化较大，最大覆盖范围可达水塔区总面积的 86.2%，最小低至约 1.8%，年平均积雪面积约占水塔区总面积的 20.91%。积雪主要分布在海拔 3000 m 以上的高山区，海拔较低的山谷和祁连山边缘地区积雪较少。积雪最大深度出现在祁连山西段的土尔根达坂山、野马南山和疏勒南山，年平均雪深在 10 cm 以上。积雪水储量年际波动较大，年平均积雪水储量约为 4.10×10^8 m³，最大约为 6.30×10^8 m³。近 40 年，祁连山不同流域积雪水储量变化趋势不同，但总体上积雪覆盖面积和积雪水储量呈现下降趋势。祁连山积雪水储量的年际变化主要受降水变化的影响，积雪面积的年际变化主要受气温的控制。黑河流域融雪贡献约占年径流的 15.88%，是春季径流的主要来源。

基于相近流域的径流特征值，对祁连山水塔无资料地区的出山径流量进行了估算，结合主要河流出山径流的观测结果，获得祁连山水塔多年平均径流量约为 159.44 亿 m³。其中大通河流域年径流量最大，占水塔年径流总量的 16.91%，其次是黑河流域（15.88%）。源于祁连山水塔的河流补给类型包括降水补给为主型、冰雪融水补给为主型、地下水补给为主型和混合补给型四类，降水补给为主的河流主要集中在祁连山中部和东部地区，冰雪融水补给为主的河流主要集中在祁连山西部。近 60 年来，祁连山东段流域年径流量普遍呈下降趋势，而祁连山中段和西段流域年径流量大多呈增加趋势。目前，祁连山水塔区绝大部分区域人类活动影响相对较小，径流变化主要受气候变化和冰冻圈变化的影响。

青海湖和哈拉湖是祁连山水塔区两个最主要的内流湖泊。近 60 年来，其变化表现出明显的阶段性，即 21 世纪初之前湖泊水位呈下降、面积呈缩小趋势，之后水位呈上升、面积呈扩大趋势，其变化均不同程度地受到冰冻圈变化与气候变化的影响。近 20 年来，水塔区其他湖泊面积也呈扩大趋势，多年冻土区的热融湖塘明显扩张。基于 GRACE 卫星资料，揭示出近 20 年来除祁连山最东段庄浪河流域和东干渠流域水储量呈小幅度的减少之外，其他流域水储量均表现出增加趋势，塔塔棱河流域水储量增加趋势最大，整个水塔区总体平均陆地水储量以 4.67 亿～ 4.92 亿 m³/a 的速率在增加。

基于 CMA、HAR-10km 和 ERA5 再分析气象数据，得到祁连山水塔区年均降水量分别为 367.95 mm、402.67mm 和 407.93 mm，对应的年降水资源量分别为 710.41 亿 m³、768.81 亿 m³ 和 777.41 亿 m³。祁连山降水量随海拔升高而增加，并存在最大降水高度带。年降水量在水平方向上从东南向西北总体呈减少趋势，最大降水中心位于祁连山中东部的大通河流域及其附近区域。年降水资源量最多的流域是布哈河－青海湖流域，占水塔区年降水资源总量的 18.46%～ 20.36%，其次是大通河流域（10.74%～ 12.76%），黑河流域（7.52%～ 11.96%）是除山区内流湖泊流域之外的内流区中年降水资源量最大的流域。近几十年来，祁连山东段各流域年降水量多呈减少趋势，而中、西段呈增加趋势。这也是祁连山水塔各流域年径流变化趋势出现空间差异的重要原因之一。

祁连山是我国西北地区极为重要的水源涵养生态功能区，在维护区域生态平衡和生态安全等方面发挥着十分重要的作用。多年冻土退化对生态系统的影响在不同环境状况下存在差异。在受水分限制的区域，多年冻土退化会导致高寒草地发生逆向演替，从而改变植被物种组成和微生物结构及其稳定性。高寒草地的逆向演替导致生态系统固碳能力降低、有机质返回减少和土壤微生物分解作用增强，加之冻土冻融循环引起的下垫面坍塌，改变了土壤的矿化和淋溶作用，导致冻土区生态系统碳流失。祁连山区冬季积雪面积大，积雪通过改变返青期土壤水热状况影响植被生长，但是目前关于积雪变化对生态系统的影响研究十分有限，且缺少同时考虑多年冻土和积雪变化等冰冻圈多要素耦合效应对高山生态系统影响的研究。因此，为了做好祁连山生态环境建设，筑牢生态安全屏障，亟须加强这一方面的研究。

在未来不同排放情景下，到 21 世纪末，祁连山水塔区气温相对于现在可能会升高

1.45～5.22℃，降水量会呈现波动增加的趋势。在这种背景下，到 21 世纪末祁连山积雪雪水当量将呈减少趋势，整个山区积雪融水将以 7.3×10^6～1.24×10^7 m³/a 速率减少。如果到 21 世纪末气温升高约 2.54℃（SSP2-4.5），祁连山冰川面积与 2014 年相比将可能至少减少 1/3，冰储量将可能减少一半，如果届时升温超过 5℃（SSP5-8.5），那么祁连山冰川面积很可能只剩下现在的 1/4 左右，并可能会因冰川强烈消融减薄而导致冰储量所剩无几。不论是在 RCP2.6 情景还是在 RCP4.5 情景下，到 21 世纪末疏勒河上游（目前是祁连山水塔区冰川分布最多的流域）的冰川融水对疏勒河出山径流的贡献率都将少于 5%。这意味着冰川融水对河川径流的调节作用将会大大减弱，河流补给类型将会由降水 - 冰雪融水混合补给型向降水补给为主型转变，即河川径流的易变性将增加，流域水资源管理将面临巨大挑战。因此，未来必须加强水塔功能的气候与冰冻圈影响评价与应对研究。

目　　录

第 1 章

绪 论

水是我国西北干旱区社会经济发展的主要影响因素之一。祁连山不仅是河西走廊绿洲地区和柴达木盆地东缘绿洲地区的水源地，也是黄河上游重要的水源区之一，同时还是我国"两屏三带"生态安全战略格局的关键区域，也是我国西部重要的生态安全屏障。祁连山区冰雪和山前绿洲上下相映，构成了这一区域独特的自然景观。充分认识祁连山区产水量与储水量变化及其对环境的影响，不仅对下游绿洲地区水资源合理规划利用与社会经济发展具有重大现实意义，而且对祁连山区生态系统变化研究与生态建设具有重要支撑作用。在全球变暖导致祁连山区冰冻圈固体水库萎缩的情况下以及在我国生态文明建设治国理政新理念的指引下，开展祁连山区水塔变化及其影响的考察与研究，显得更具迫切性和必要性。

1.1 祁连山水塔变化及其影响科学考察研究的背景与意义

从 20 世纪 70 年代起，我国开展了首次青藏高原综合科学考察研究，前后历经了 20 余年，积累了大量科学资料与研究成果，为青藏高原生态保护和社会经济发展提供了坚实的科学基础。2017 年夏季，第二次青藏高原综合科学考察研究在拉萨启动，中共中央总书记、国家主席、中央军委主席习近平发来贺信。习近平主席在贺信中指出，青藏高原是世界屋脊、亚洲水塔，是地球第三极，是我国重要的生态安全屏障、战略资源储备基地，是中华民族特色文化的重要保护地。开展这次科学考察研究，揭示青藏高原环境变化机理，优化生态安全屏障体系，对推动青藏高原可持续发展、推进国家生态文明建设、促进全球生态环境保护将产生十分重要的影响。习近平希望参加考察研究的全体科研专家、青年学生和保障人员发扬老一辈科学家艰苦奋斗、团结奋进、勇攀高峰的精神，聚焦水、生态、人类活动，着力解决青藏高原资源环境承载力、灾害风险、绿色发展途径等方面的问题，为守护好世界上最后一方净土、建设美丽的青藏高原作出新贡献，让青藏高原各族群众生活更加幸福安康。为了贯彻落实习近平主席的指示，第二次青藏高原综合科学考察设立了"亚洲水塔动态变化与影响"任务，并将祁连山作为关键考察区之一，希望对祁连山水塔变化及其影响进行系统考察与研究，以服务于祁连山生态安全屏障保护与建设和绿色丝绸之路建设。这就是本次祁连山水塔变化及其影响考察与研究的背景与意义。

在我国西北干旱区，山地是水资源的形成区，山前平原、绿洲和荒漠区是水资源的消耗利用区。例如，祁连山中段黑河出山径流超过 80% 形成于上游海拔 3600 m 以上的高山冰雪冻土带（康尔泗等，2008；王宁练等，2009b）。一般情况下，在内流河出山径流量有限的情况下，如果山前平原、绿洲地区人类活动过量地开发利用与消耗水资源，就会导致下游尾闾（湖）区生态环境发生重大变化。例如，河西走廊石羊河流域就是一个典型的例子。大约在战国之前，石羊河终端尾闾湖猪野泽相当大，东西长达 120 多公里，水草丰美（冯绳武，1963）。西汉时，猪野泽分裂为东、西两个内陆湖，即东海（都野泽，亦即狭义的猪野泽）和西海（休屠泽）（冯绳武，1963），其总面积达 540 km²（东海约 415 km²，西海约 125 km²）（李并成，1993）。李并成（1993）

研究认为，清朝乾隆时西海即青土湖（说明：按 1963 年冯绳武先生文章，原西海明清时称为昌宁湖，后来逐渐干涸，青土湖是原东海缩小分裂为多个湖泊中位置偏西的一个湖泊），已变为间歇性湖泊，此时东海面积约 140 km²，1953 年青土湖完全干涸，1980 年东海面积已变得非常小。近 2000 年来猪野泽面积不断地缩小并分裂成多个小湖甚至干涸，这是气候变化和人类活动（主要入湖河流上游周边的垦殖灌溉）双重因素影响的结果（冯绳武，1963）。2001 年 7 月，国务院副总理温家宝在一份关于河西走廊石羊河流域生态环境恶化的调查报告上作出批示："决不能让民勤成为第二个罗布泊"。自 2010 年向石羊河流域下游进行生态输水以来，干涸了半个多世纪的青土湖恢复了生机，湖周边植被盖度显著增加，至 2016 年湖水面积达 25.2 km²（赵军等，2018）。事实上，西北干旱区内流河流域的中下游地区因为降水稀少，除次数极少的暴雨过程可产生短时洪水外几乎不产流。因此，这些流域中下游的生态环境建设以及绿洲地区社会经济发展所需的水资源主要依赖于上游山区的产水量。由此可见，开展祁连山水塔变化及其影响的考察与研究，对下游河西走廊地区和柴达木盆地东缘绿洲地区的绿色发展具有重大现实意义。

国内学者对祁连山与冰川有关的考察可追溯至 20 世纪 40 年代（刘增乾，1946），当时侧重古冰川地貌与冰期划分的考察与研究。我国真正意义上的现代冰川考察与研究开始于 50 年代。1958 年，以施雅风先生为队长的中国科学院高山冰雪利用研究队，为了解决西北地区干旱缺水问题，在中国现代冰川研究尚处空白的状态下，首次开展了以祁连山为重点区域的冰雪资源考察，并初步查明了祁连山冰雪资源分布与储量状况，分析了冰雪消融对河流的补给作用，完成了我国第一本现代冰川专著《祁连山现代冰川考察报告》（中国科学院高山冰雪利用研究队，1958）。1975～1979 年，中国科学院兰州冰川冻土研究所联合兰州大学和甘肃省有关单位，成立了祁连山冰川利用研究队，再次对祁连山冰川进行考察，较系统地研究了祁连山冰川的分布、变化和融水径流等方面的规律，相关成果汇集于《中国科学院兰州冰川冻土研究所集刊（第 5 号）》（中国科学院兰州冰川冻土研究所，1985）。80 年代，甘肃省政府决定加速河西商品粮基地建设，在全球气候变暖背景下河西水资源的变化趋势再次引起人们的广泛关注。中国科学院提出并资助了"六五"重点课题"甘肃河西水土资源及其合理利用"的研究，中国科学院兰州冰川冻土研究所相关科研人员在谢自楚研究员的组织和领导下，对祁连山冰川物质平衡、冰川近期变化、气候以及寒区水文等进行了观测与研究，相关成果汇集于《中国科学院兰州冰川冻土研究所集刊（第 7 号）》（中国科学院兰州冰川冻土研究所，1992）。为了对祁连山冰雪及其变化进行系统的观测和研究，近十几年来我们一直对七一冰川进行定点观测，同时中国科学院西北生态环境资源研究院（其前身不同时期先后为中国科学院兰州冰川冻土研究所、中国科学院寒区旱区环境与工程研究所等单位）在早期观测研究点的基础上，先后建立了祁连山冰川与生态环境综合观测研究站、黑河遥感试验研究站和黑河上游生态水文试验研究站，近期兰州大学也建立了甘肃省石羊河流域野外科学观测研究站。这些考察、观测与研究为本次关于祁连山冰雪资源变化与影响的考察与研究提供了坚实基础与保障。

20 世纪 50 年代末到 70 年代初,祁连山大通河流域的木里煤矿和江仓煤矿以及青海湖流域内的热水煤矿处于开发中,为了解决矿区生活用房的冻土基础、矿坑边坡稳定及矿区道路基础稳定等工程问题,当时的中国科学院兰州冰川冻土研究所先后组建了木里、江仓、热水冻土队,开展了冻土钻探、坑探、地温监测,布设了试验场地,进行了多项现场试验。在近 15 年时间里断续地对三个地区的多年冻土进行了深入调查,获取了大量珍贵的现场数据。这些调查成果主要以手抄本或油印本形式提交单位档案室,部分内容通过研究所集刊、国内学术会议论文集、专题论文集、科技期刊等形式公开出版或发表(中国科学院兰州冰川冻土沙漠研究所,1971,1976)。70 年代末到 80 年代初,中国人民解放军基建工程兵水文地质部队 906 团(1984 年归属地质矿产部名为九〇六水文地质工程地质大队,现名为青海省环境地质勘查局)对祁连山地区开展了大范围的水文地质普查,由于多年冻土对区域水文地质条件的特殊影响,在本次调查中多年冻土受到极大关注,在祁连山多年冻土分布、厚度、局地因素的影响等方面取得了大量成果(曹继业,1980;郭鹏飞,1983)。国道 G227 穿越的大坂山隧道,是我国在多年冻土区修筑的第一个隧道工程。90 年代初,中国科学院兰州冰川冻土研究所为保障该隧道的安全施工与运营,在大坂山两侧开展了较长期的冻土调查和研究,相关观测与研究成果对高山地区多年冻土的分布及影响因素有了更进一步的认识(王绍令,1992)。还有一些零星的工程开发和科学考察活动,获得了相关地区多年冻土分布的下界高程数据(Cheng,1987;王绍令,1992)。2004 年,由中国科学院寒区旱区环境与工程研究所和青海省公路科研勘测设计院实施的祁连山区多条公路的多年冻土工程地质勘察工作,在较大范围内对祁连山东部地区多年冻土进行了详细的钻探勘察(吴吉春等,2007a,2007b),并在随后进行的青海省地方铁路——柴木铁路建设中,在沿线典型地段布设了多条多年冻土监测断面,开始定期的多年冻土地温监测活动。2008 年开始,在冻土工程国家重点实验室和国家重点基础研究发展计划(973 计划)项目“我国冰冻圈动态过程及其对气候、水文和生态的影响机理与适应对策”的支持下,在祁连山疏勒河流域和塔塔棱河流域开展了多年冻土勘察与监测,这在一定程度上弥补了祁连山中西部多年冻土观测与研究的空白(吴吉春等,2009;盛煜等,2010)。稍后,兰州大学在黑河源头也开展了多年冻土的调查与监测(王庆峰等,2013)。这些前期的调查、观测与研究,有利于我们在本次考察的基础上对祁连山区多年冻土环境与特征、变化与影响有更加系统的认识。

上述这些前期考察与研究工作大多集中在祁连山的相关观测点上或考察线路上或某一区域,为开展整个祁连山区的相关工作奠定了基础,但还需要在区域与考察内容上做进一步的补充。祁连山区多年冻土广泛发育,积雪范围大,关于它们的变化对水和生态环境的影响问题,目前还缺乏系统性的调查与研究。习近平总书记高度重视祁连山生态问题,多次作出重要批示,要求“抓紧解决突出问题,抓好环境违法整治,推进祁连山环境保护与修复”。我们本次考察在聚焦祁连山水问题的同时,也关注祁连山多年冻土和积雪变化对山区生态与环境的影响。另外,我国西北干旱区各内流河流域下游的发展与环境变化,与上游山区的来水量与气候变化密切相关。因此,我们本次考察与研究均以流域为单元，开展气候变化背景下祁连山各流域水资源变化及其对山区生态环境影响的调查与研究，以期服务于祁连山区的生态环境保护与建设以及下游绿洲地区的可持续发展。

1.2 祁连山水塔变化及其影响科学考察研究的主要内容与目标

"水塔"是指山地为维持下游环境和人类用水需求所储存和供给的水量状况（Viviroli et al.，2007；Immerzeel et al.，2010），即"水塔"一词强调山地可为下游邻近地区提供淡水资源的重要性。在全球范围内，广泛分布的山地尤其是干旱半干旱地区的山地是水塔的主要分布区域（Viviroli et al.，2003，2007）。以青藏高原及其周边山地为核心的亚洲高山集中分布区即第三极地区，被称为亚洲水塔（Immerzeel et al.，2010）。本次科学考察从水塔的视角，聚焦祁连山区的储水与供水及其变化与影响问题。按照水塔的定义，首先必须界定祁连山水塔的山地空间范围和源于祁连山各河流的山区流域范围，在此基础上调查分析各流域山地区域的储水和产水状况。这样才能更好地理解祁连山水塔对其下游地区发展和生态环境建设的重要性，以利于相关生产与管理部门认识各河流上游山地对中下游地区水资源的供给状况，并在此基础上结合流域中下游地区社会经济发展和生态建设对水资源的需求状况，研判流域水资源的供需矛盾，进而制定合理的应对方案。

1.2.1 祁连山水塔范围与流域划分

祁连山东起乌鞘岭，西至当金山口，北邻河西走廊，南接柴达木盆地，东西长约 880 km，南北最宽处约 330 km。祁连山的主要支脉有乌鞘岭、冷龙岭、大坂山、拉脊山、日月山、青海南山、大通山、托来山、走廊南山、托来南山、疏勒南山、哈尔科山、宗务隆山、鹰咀山、野马山、野马南山、党河南山、土尔根达坂山、柴达木山和赛什腾山[图 1-1，鉴于个别支脉名称在不同的出版物中有所不同，这里以中国地图出版社《中国地图集》（杜秀荣和唐建军，2005）中的名称为准]，最高峰团结峰（又称岗则吾结，海拔 5808 m）位于疏勒南山。地貌特征是确定祁连山山地边缘界线的主要依据，即以山坡坡脚为界线划分山地区域范围。我们基于 ArcMap 软件、SRTM DEM V4.1 数据并结合谷歌地球（Google Earth）影像来确定祁连山边界的具体位置，其中西边界和南坡边界（即高原区域的边界）以海拔 3200 m 为基准进行划定，北坡酒泉及其西段以海拔 2500 m 为基准，北坡张掖－武威段以海拔 2000 m 为基准，东边界以海拔 2500 m 为基准。据此获得祁连山区面积约为 19.13 万 km^2（其中分布在青海省境内的面积约为 12.16 万 km^2，分布在甘肃省境内的面积约为 6.97 万 km^2），平均海拔为 3630 m。另外，我们参照《祁连山现代冰川考察报告》（中国科学院高山冰雪利用研究队，1958）中对祁连山东、中、西段的划分方法，将北起山丹经日月山南至共和一线作为祁连山东段和中段的分界线，将北起玉门经花儿地至德令哈西部一线作为祁连山中段和西段的分界线。

在气候上，祁连山东段夏季受到东亚季风的影响而其他季节受西风影响，祁连山中段属于过渡区域，即夏季受到东亚季风和西风的共同影响而其他季节受西风影响，祁连山西段常年受西风影响。

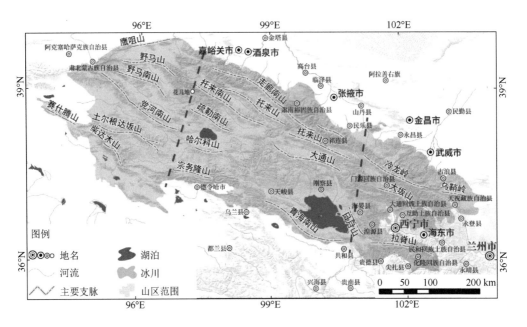

图 1-1   祁连山山区范围分布图

源于祁连山的个别相关河流（如黑河和北大河等），尽管它们最终会汇流至相同的尾闾区域，但它们出山后流经不同的绿洲，即它们对不同的绿洲提供水源，此时我们将它们上游流域分别作为独立的流域进行处理。换句话说，我们在对祁连山区流域划分时以出山大河为主，并兼顾其相邻河流是否对下游相同的绿洲提供水源。参照《中国冰川目录（I 祁连山区）》（王宗太等，1981）中祁连山各流域的界线，最终将祁连山区分为 17 个流域（图 1-2）。其中，内流汇入河西走廊的有 6 个流域，包括东干渠流域、石羊河流域、黑河流域、北大河流域、疏勒河流域和党河流域；内流汇入柴达木盆地的有 5 个流域，包括哈勒腾河流域（包括大哈勒腾河流域和小哈勒腾河流域）、鱼卡河流域、塔塔棱河流域、巴音郭勒河流域和茶卡－沙珠玉河流域；祁连山内流区有 2 个流域，即哈拉湖流域和布哈河－青海湖流域；外流汇入黄河的有 4 个流域，包括拉脊山南坡流域、湟水流域、大通河流域和庄浪河流域。基于 ArcMap 软件、SRTM DEM V4.1 数据以及祁连山边界，获得上述各流域范围的具体信息，见表 1-1。从表 1-1 可以看出，祁连山区流域面积最大是布哈河－青海湖流域（约 29670 km²），平均海拔最高的是哈拉湖流域（平均海拔约为 4307 m）；内流汇入河西走廊的流域面积总计约为 75382 km²（约占祁连山山区总面积的 39.4%），内流汇入柴达木盆地的流域面积总计约为 46005 km²（约占 24.0%），外流汇入黄河的流域面积总计约为 35500 km²（约占 18.6%），祁连山区内流湖泊流域面积总计约为 34418 km²（约占 18.0%）。

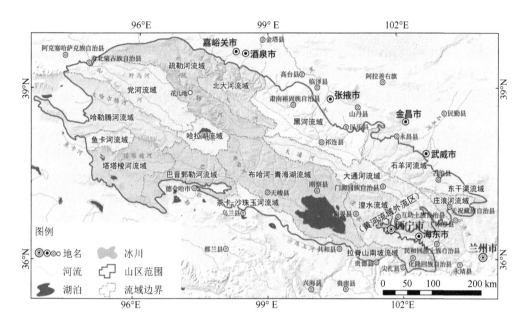

图 1-2　祁连山区各流域分布图

表 1-1　祁连山区各流域面积统计

山区流域对应的下游区域	流域名称	面积 /km²	平均海拔 /m
河西走廊	东干渠流域	509	2670
	石羊河流域	11452	2975
	黑河流域	18360	3411
	北大河流域	9867	3798
	疏勒河流域	19459	3619
	党河流域	15735	3854
柴达木盆地	哈勒腾河流域	15347	3953
	鱼卡河流域	3222	4181
	塔塔棱河流域	11994	3797
	巴音郭勒河流域	10705	3997
	茶卡-沙珠玉河流域	4737	3729
山区内流湖泊	哈拉湖流域	4748	4307
	布哈河-青海湖流域	29670	3723
黄河上游区	拉脊山南坡流域	5274	3045
	湟水流域	12881	3160
	大通河流域	14045	3577
	庄浪河流域	3300	2910
合计		191305	3630

1.2.2　祁连山水塔变化及其影响考察研究的主要内容

　　水塔与其下游相比，受山区降水较丰富等因素的影响会产生更多的地表径流。同时，水塔区湖泊、地下储水等会延缓流域内水的释放，尤其是当水塔区存在冰川、积雪、多年冻土等冰冻圈（固体水塔）组分时，其延缓流域内水释放的能力会增强。因此，水塔具有产流量高和对径流有缓冲调节作用的功能。在一个区域中，一般情况下山地地区的径流系数要高于平原地区。储存于高寒山区冰冻圈中的固体水（即冰川、积雪、多年冻土中的地下冰等）是天然固体水库，对河川径流具有重要的季节和年际调节作用。冬季积累的降雪在来年春季天气转暖时消融汇入河流，转化成春季可利用的水资源，这是积雪对径流的季节调节作用。在有冰川发育的山区流域，一般情况下在山区降水偏少的年份（即干旱年份）气温会偏高，尽管降水减少会导致地表径流减少，但气温升高会引起冰川消融增强，使入河的冰川融水径流增加，从而缓解干旱；反之，在山区降水偏多的年份（即湿润年份）气温会偏低，降水偏多会导致地表径流偏多，而气温偏低会引起冰川消融减弱，使入河的冰川融水径流减少，从而不会使河川径流偏大太多。此即冰川对河川径流的年际调节作用，亦即冰川对河川径流的"削峰填谷"作用。Immerzeel 等（2019）在评价全球山地水塔的重要性与脆弱性时，仅考虑了有冰雪存在的山区流域，并提出考量水塔供给能力的四个因子，即降水、积雪、冰川和地表水体（湖泊和水库）。根据水塔的定义，我们认为在评价一个水塔时，应该从储存水和供给水两个方面来看它的重要性。组成水塔储存水部分的要素应该包括地表水体（湖泊与水库等）、地下水、冰川、多年冻土（地下冰）和积雪，组成水塔直接供应水部分的要素应该是河川径流和泉水径流，而降水应该是影响水塔储水和供水变化的要素。鉴于这种考虑，我们对祁连山水塔的考察研究主要从冰川、多年冻土、积雪、地表水体、地下水和径流几个方面来开展，同时考虑到气候变化（主要是气温和降水变化）对水塔功能存在很大的影响，祁连山气温和降水变化也是本次考察研究的内容。下面对本次考察研究的具体内容做说明。

1. 冰川变化及其影响

　　基于遥感资料完成新一期的祁连山冰川编目工作，并在野外考察期间完成对相关冰川边界解译结果的验证。对相关冰川开展雷达测厚工作并计算其冰储量，以检验冰川编目工作中冰储量计算公式的有效性和适应性。结合前期冰川编目结果，开展近60年来祁连山冰川的时空变化研究，尤其是揭示不同流域冰川的变化情况。通过对七一冰川等的定点综合观测，建立冰川与气候变化关系定量模型，并预测冰川的未来变化趋势。在水文模型中，耦合冰川消融模块，评估冰川变化对融水径流的影响。具体研究内容与实施方案见图 1-3。

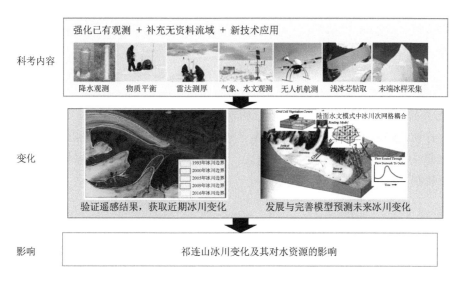

图1-3 祁连山冰川动态变化及其影响考察研究内容与实施方案

2. 多年冻土变化及其影响

通过对多年冻土已有钻孔点考察，补充完善多年冻土与地下冰资料，形成多年冻土与地下冰资料库，初步建立多年冻土区地下冰分布模型。通过对重点区域多年冻土环境考察，进一步核实多年冻土分布下界，确定多年冻土分布范围。基于多年冻土监测资料，分析多年冻土变化量。在以上考察结果的基础上，初步估算多年冻土变化引起的地下冰融水量（图1-4）。祁连山多年冻土区地下冰储量及其融化释水量是本次多年冻土考察的主要内容。另外，通过野外考察与定点观测，并结合遥感资料，研究多年冻土变化对生态系统的影响。

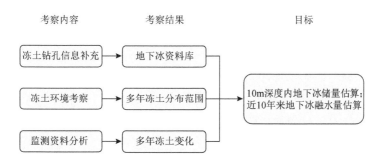

图1-4 祁连山区多年冻土变化与释水量考察研究内容与实施方案

3. 积雪变化及其影响

主要基于遥感资料，分析近几十年来祁连山积雪范围和水当量的变化，尤其是各流域积雪水储量的变化。开展积雪水文过程研究，评估融雪径流对水资源的影响。结合以往研究结果，分析积雪变化对生态系统的影响。利用模型，预估未来不同气候情景下祁连山积雪的变化趋势。

4. 湖泊变化

本次考察仅关注地表水体部分的自然水体变化（即湖泊变化），未对人工水库蓄水状况进行调查和研究。本次考察主要基于遥感资料，分析近几十年祁连山湖泊水位、面积和水量的变化。同时，基于冰川变化、多年冻土变化的相关考察与研究资料，结合气候变化状况，分析湖泊变化的原因。

5. 径流变化

综合观测和相关研究所获得的各种水文资料，系统评估祁连山不同流域的产水量（本次考察着重关注出山河流径流量），分析目前祁连山各流域径流的补给类型。预估未来气候变暖情景下冰冻圈萎缩对河流补给状况的影响，分析祁连山水塔调节功能的可能变化。

6. 水储量变化

收集祁连山区地下水观测与研究资料，分析其近期变化趋势。同时，基于重力卫星资料，分析祁连山区陆地储水量的变化。

7. 气候变化

基于观测和再分析资料，研究近几十年来祁连山区的气温与降水变化。以流域为单元，分析近几十年来各流域降水资源的变化情况。基于国际耦合模式比较计划关于未来气候变化的预估结果，分析未来祁连山区气温与降水的变化趋势。

1.2.3 祁连山水塔变化与影响考察研究的目标

通过对上述祁连山水塔变化与影响相关内容的考察与研究，期望达到以下目标：以流域为单元，揭示近几十年来祁连山各流域冰川、多年冻土（地下冰）、积雪、湖泊、径流、地下水和降水量等的变化状况，并阐明其变化的原因；初步明确祁连山多年冻土和积雪变化对生态系统的影响；评估祁连山区的产水总量，预估未来气候变化情景下祁连山冰川和积雪变化及其对水资源的影响。

通过本次考察与研究，获得以下主要认识：①近 60 年来祁连山冰川呈加速萎缩趋势，面积减少了约 21.20%，冰储量减少了约 25.86%，东部流域的变化较西部流域的显著，气温升高导致冰川远离其平衡态是冰川加速萎缩的原因，在中等排放情景下到 21世纪末，祁连山冰川面积将减少 1/3 以上，冰储量减少近一半，典型冰川流域的河流补给类型将由"降水－冰川补给型"向"降水补给型"转变，这将引起下游水资源安全风险显著增加；②较准确地计算出祁连山多年冻土面积为 8.03 万 km²，占祁连山水塔区总面积的 42%，祁连山多年冻土区上部 10 m 深度内的地下冰储量约为 65.82 km³，近 10 年来祁连山多年冻土上限下降引起的地下冰融化释水量约为 11.79 km³；③自 20 世纪 80 年代以来，祁连山积雪面积以每年 217 km² 的速度减少，积雪水储量整体呈下降趋势，但不同流域下降趋势不同，在未来不同排放情景下到 21 世纪末祁连山积雪水储量整体平均每年减少 $4 \times 10^5 \sim 1.48 \times 10^7$ m³；④近 20 年来祁连山区湖泊面积总体呈扩大趋势，祁连山区陆地水储量以 4.92 亿 ± 0.52 亿 m³/a 的速率在增加；⑤祁连山水塔多年平均产流量（即出山径流总量，包括内流湖入湖径流量）约为 159.44 亿 m³，近 60 年来祁连山东部流域年径流量多呈减少趋势，而西部流域年径流量多呈增加趋势；⑥近几十年来祁连山多年冻土退化、活动层增厚，导致高寒草地退化。

本次考察与研究是我们初次试图从水塔的角度来认识祁连山在储水和供水方面的作用，尽管取得了一些阶段性认识，但在许多方面还缺乏系统性认知。例如，祁连山地下水状况及其对水塔功能的作用、多年冻土退化对水文过程的影响和山区降水时空变化对储水和产水的影响等。在水塔变化影响方面，本次考察研究也仅仅做了对水塔区生态环境影响的一些初步工作，关于水塔变化对下游生态环境与社会经济发展的影响本次还没有涉及，还有待进一步深入调查与研究。基于目前的认知，未来需要加强以下方面的相关研究：①在流域尺度上，将冰川、多年冻土和积雪作为一个系统（即山地冰冻圈系统），研究其过去和未来变化对水文过程和径流水资源的影响；②祁连山区气候和冰冻圈变化可导致相关河流的补给形式发生变化，应加强变化环境下山区降水与产流过程的变化研究；③开展祁连山区地下水的连通性及其储量与变化研究，充分认识其循环过程以及与地表水的交换程度；④将大尺度的水循环过程（包括水汽输送过程、降水过程、地表蒸散过程等）研究与祁连山水塔变化及其功能作用研究相结合，充分认识全球变化背景下祁连山水塔的变化机理与效应；⑤加强祁连山水塔变化及其影响的应对研究，尤其是要加强对未来冰冻圈萎缩所引起的山地植被变化以及下游水资源安全风险增加的应对策略研究，防患于未然，以保证河西走廊绿洲地区和柴达木盆地东缘绿洲地区社会经济的可持续发展。

第 2 章

祁连山水塔组成要素概况

不同山区气候环境的差异，使得各山区水塔组成要素之间存在一定的差异。祁连山区冰冻圈发育，使得该山区水塔的组成要素不同于其他无冰冻圈发育的山区。祁连山区水塔储水部分的组成要素主要包括冰川、多年冻土、积雪、湖泊和地下水，水塔向下游供水部分的组成要素主要是地表径流，它们共同组成了祁连山水塔。考虑到降水是影响水塔功能最直接、最重要的因素，下面介绍祁连山水塔组成要素基本情况，以及祁连山区的降水量状况。

2.1 冰川

冰川是由降雪物质积累演变而成的，并且在重力作用下发生流动的冰体。冰川的发育是由气候条件和地形条件共同决定的。只有高于平衡线高度的山体，才有可能发育冰川。在气候条件相似并且山体高度高于平衡线高度的情况下，山体高度越高，冰川发育的规模也就越大。根据我们最新的冰川编目资料，2014 年祁连山共有冰川 2779 条，冰川面积为 1521.18 km^2（图 2-1），冰储量约为 75.06 km^3。从祁连山冰川分布图（图 2-1）可以看出，该区域冰川主要分布在祁连山中、西段，并且冰川规模（平均冰川面积）较大。这主要是祁连山中、西段山地较东段高大的缘故。按照施雅风（2005）对我国冰川的类型分区，分布在祁连山西端支脉党河南山、土尔根达坂山和柴达木山的冰川属于极大陆性冰川，分布在其他区域的冰川属于亚大陆性冰川。

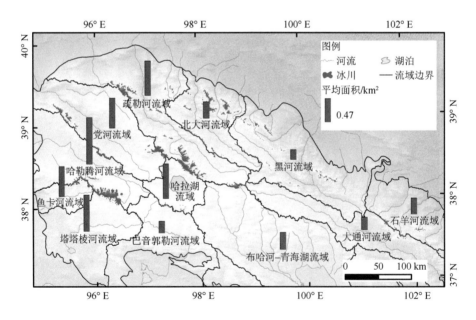

图 2-1　2014 年祁连山各流域冰川分布与冰川平均面积大小状况

总体而言，祁连山冰川规模较小，平均长度约为 1.0 km，平均面积约为 0.55 km^2。

冰川面积≤0.1 km² 和 0.1～0.5 km² 的冰川数量最多，分别占祁连山冰川总数量的 34.94％和 40.99%，但它们的面积分别仅占整个祁连山冰川总面积的 3.19% 和 17.80% [图 2-2(a)]。冰川面积在 2～5 km² 的冰川总面积最大，占祁连山冰川总面积的 23.27%，其冰川数量仅占总数量的 4.17%。祁连山冰川分布的海拔为 4017～5800 m，其中分布在海拔 4600～5200 m 的冰川面积占总面积的 75.60%[图 2-2(b)]。从冰川分布的朝向来看（图 2-3），祁连山朝北方向的冰川无论是数量还是面积都是最多的，西南朝向的冰川数量少，但冰川平均规模最大。

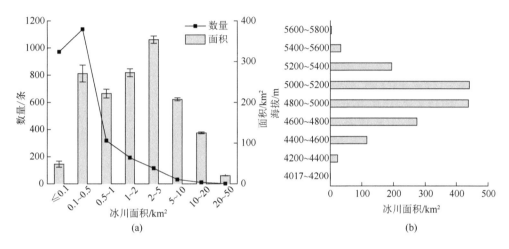

图 2-2 2014 年祁连山不同规模（a）和不同海拔冰川面积（b）分布特征

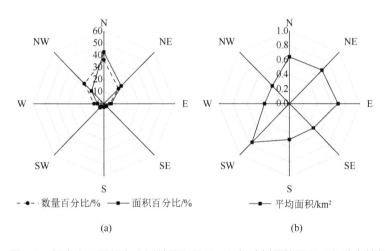

图 2-3 祁连山不同朝向冰川数量和面积（a）与冰川平均面积（b）分布特征

敦德冰帽位于祁连山支脉土尔根达坂山，是祁连山最大的冰帽型冰川，2014 年其面积为 57.43 km²（即该冰帽所有彼此相连的溢出冰川的总和）（图 2-4）。考虑到冰帽型冰川不同部分的融水会汇入不同的流域，本书依据敦德冰帽表面等高线分布状况，将其分为 23 条（块）冰川（图 2-4），其中北部的 5 条（块）冰川（图 2-4 中编号为 1 ～ 5）属于哈勒腾河流域，南部的 18 条（块）冰川（图 2-4 中编号为 6 ～ 23）属于塔塔棱河流域。这样依据等高线将连片的冰川划分到不同的流域，有利于准确评价各流域的冰川水资源状况。表 2-1 是祁连山不同流域冰川数量、面积、冰储量、平均长度和平均面积的分布情况。将表 2-1 与表 1-1 对比，我们发现在祁连山 17 个流域中有 5 个流域没有冰川分布，这些流域都分布在祁连山东部地区，它们是东干渠流域、茶卡－沙珠玉河流域、拉脊山南坡流域、湟水流域和庄浪河流域。在有冰川分布的 12 个流域中，疏勒河流域的冰川数量、面积和冰储量均最多，分别占祁连山冰川总体的 25.30%、32.46% 和 36.28%。祁连山规模最大的山谷冰川——老虎沟 12 号冰川（图 2-5）就位于疏勒河流域，其面积在 2015 年为 20.34 km^2。北大河流域冰川数量虽位居第二，占祁连山冰川总数量的 21.23%，但其面积仅占总面积的 12.97%，这说明该流域冰川规模普遍偏小。冰川面积和冰储量占第二位的是哈勒腾河流域，该流域冰川平均面积是所有流域中最大的。在有冰川分布的 12 个流域中，巴音郭勒河流域分布的冰川数量、面积和冰储量均最少，仅有 9 条冰川，总面积约为 2.13 km^2，总冰储量约为 0.05 km^3。

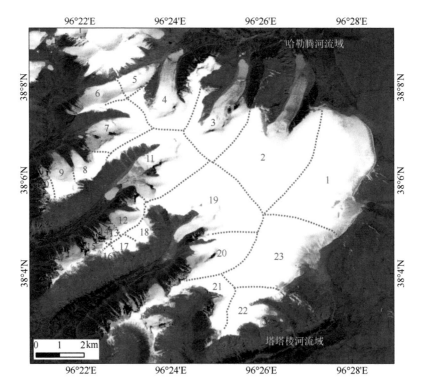

图 2-4　2019 年 8 月 28 日敦德冰帽 Landsat OLI 影像图

图中虚线是依据等高线将该冰帽分割成不同条（块）的冰川（图中数字是其标记），它们分属不同的流域

表 2-1　2014 年祁连山各流域冰川数量、面积、冰储量、平均长度和平均面积

流域名称	数量	面积 /km²	冰储量 /km³	平均长度 /km	平均面积 /km²
石羊河流域	102	33.25	1.06	0.91	0.33
黑河流域	345	69.36	1.87	0.66	0.20
北大河流域	590	197.29	7.28	0.86	0.33
疏勒河流域	703	493.78	27.23	1.14	0.70
党河流域	328	198.50	9.32	1.07	0.61
哈勒腾河流域	320	301.78	17.67	1.28	0.94
鱼卡河流域	91	55.37	2.26	1.02	0.61
塔塔棱河流域	93	68.68	3.29	1.07	0.74
巴音郭勒河流域	9	2.13	0.05	0.66	0.24
哈拉湖流域	107	75.30	4.23	1.10	0.70
布哈河－青海湖流域	27	9.32	0.33	0.89	0.35
大通河流域	64	16.42	0.47	0.78	0.26
总计	2779	1521.18	75.06	1.00	0.55

图 2-5　2019 年 8 月 28 日老虎沟 12 号冰川 Landsat OLI 影像图

2.2 多年冻土

1. 祁连山多年冻土基本概况

祁连山是我国高山多年冻土分布的典型地区，受柴达木盆地、青海湖盆地、湟水谷地等构造断陷盆地的阻隔，与青藏高原多年冻土主体部分分割开来，形成了一个相对独立的多年冻土区划单元。根据中国冻土区划，祁连山区属于青藏高原大区、阿尔金－祁连山亚区（周幼吾等，2000）。祁连山多年冻土区涵养了众多河流，这些河流是我国河西走廊、湟水谷地、柴达木盆地等地区的主要水源。

多年冻土是气候控制下受地质、地理、生态等多因素共同作用的产物，其分布是寒冷气候的直观反映，主要受气温控制，具有显著的气候地带性特征，同时各种非地带性因素对其分布具有微调作用，使得多年冻土分布复杂化。从宏观上来看，纬度和高度是气温高低的决定性因素，也是多年冻土存在与否的关键要素，高纬度或高海拔就是多年冻土存在的必要条件。祁连山特殊的地理位置、高耸的地势决定了其多样的气候类型，也决定了祁连山多年冻土分布的复杂性和特征的多样性。祁连山多年冻土分布除了具有显著的高度地带性和纬度地带性特征外，祁连山处于我国西部干旱区、东部季风区及青藏高原三大气候交界区，从东到西巨大的降水量（干燥度）差异也是影响祁连山多年冻土分布的一个重要因素，即祁连山多年冻土也具有经度地带性特征。

海拔是决定祁连山多年冻土分布的首要因素，在高山地区，多年冻土存在的最低海拔称为山地多年冻土下界。经不同时期、不同地点的多年冻土勘察资料证实，祁连山地区海拔 3400 m 以下未见多年冻土，海拔 4000 m 以上普遍存在多年冻土，海拔 3400 ～ 4000 m 的地段内，由于地质、地理、气候、生态等诸因素的影响，既有大面积的多年冻土，被各类融区分割，呈碎块化的不连续状态，也有面积广大的季节冻土区，其中可能在合适部位有小块的多年冻土岛存在。由于局地因素的影响，不同地点多年冻土下界海拔并不相同，即使在流域尺度内，这种差异也很明显。在高海拔地区，纬度是影响多年冻土分布的第二重要因素，理论上，随着纬度的升高，多年冻土下界海拔应该随之降低，在青藏高原上，多年冻土下界海拔随纬度变化的规律大致为 150 m/N°，即纬度升高 1°，多年冻土下界海拔降低约 150 m。祁连山南北方向跨越 3 个纬度，受局地因素干扰，纬度对多年冻土下界的影响并没有确切的数据研究，但是这种影响并不可忽视。祁连山东西方向降水量的巨大差异，导致多年冻土下界海拔存在明显的东西差异，这种和经度变化有关的规律可以称为经度地带性，程国栋院士也将其称为"干燥度地带性"（Cheng，1983）。现有数据表明，祁连山东部冷龙岭北坡扁都沟多年冻土下界为 3400 m a.s.l.，百花掌和白蛇沟附近为 3450 ～ 3500 m a.s.l.（Cheng，1987）；大通河上游默勒镇附近 3470 m a.s.l. 的湿地在修筑公路时也发现了多年冻土存在；向西大通河源区谷地中的多年冻土下界为 3600 m a.s.l. 左右，青海湖主要河流布哈河上游支流——希格尔曲谷地中多年冻土下界为 3670 m a.s.l.，继续向西，疏勒河谷地中多年冻土下界为 3750 m a.s.l. 左右（吴吉春等，2009），在祁连山最西段的土尔根达坂喀克图和塔塔棱河源区,多年冻土下界为 3950 ～ 4000 m a.s.l.(王绍令,1992)。

多年冻土地温也受到地带性因素的控制,总体上表现出随着海拔升高,多年冻土地温呈逐渐降低的趋势。多年冻土地温是地气间热量交换及热量在地层中传递过程综合作用的结果,受气温年变化的影响,地温也随气温呈周期性波动,随着深度增加,波动幅度减小,相位后移。一般用 15 m 深度处的地温作为冻土年平均地温,用以表征多年冻土温度的高低。在祁连山地区的多年冻土边界附近或冻土岛中,多年冻土层的年平均地温接近 0℃,一些厚度小于 10 m 的多年冻土层,其年平均地温甚至为正温。地形坡度和坡向、地表覆被条件、地层岩性与含水量以及地热背景都对多年冻土地温有影响,地温分布比较复杂。一般而言,在海拔相同的条件下,阴坡地温低于其他坡向,植被覆盖较好地段地温较覆盖不好地段低。祁连山主要谷底、盆地、冲洪积平原等松散层堆积较厚的地段,海拔在 4000 m 以下,多年冻土年平均地温一般高于 -1.0℃,植被良好地段可低至 -1.5℃。在高山区的一些垭口地段,钻孔监测表明,多年冻土年平均地温接近 -3.0℃,高山顶部缺少钻孔监测,随着海拔升高,推测地温可低至 -5.0℃以下(李静等,2011)。

上限埋藏深度也是多年冻土的一项重要参数。在祁连山区,大部分多年冻土属于衔接型冻土,活动层每年完全冻结时与多年冻土上限相衔接,活动层达最大融化深度时即达到多年冻土上限,在这种情况下,活动层厚度即多年冻土上限埋深。活动层最大融化深度(活动层厚度)受气候直接控制,理论上也遵循高度地带性规律。地表覆被条件、地形条件、地层条件对活动层厚度的影响十分显著,往往超过地带性规律的影响。一般阴坡位置、地表植被覆盖良好、地层水分条件较好且富含有机质地段,活动层厚度小,多年冻土上限埋深较浅,木里盆地沼泽化湿地中,活动层厚度为 1.2 ～ 1.5 m,随着向盆地边缘过渡,植被类型改变、水分条件变差,活动层可加深至 2.5 ～ 3.0 m。在较干燥的疏勒河源区,地表植被覆盖较差,多年冻土上限埋深可达 3.5 m(吴吉春等,2009)。在多年冻土边缘和一些冻土岛中,由于气温很高,多年冻土已不适于保存,处于强烈退化状态,呈不衔接状态,多年冻土上限埋深超过 6.5 m。

多年冻土厚度受地温的控制,一般地温越低,厚度越大。由于地温总体上受地带性规律的影响,所以多年冻土厚度也具有地带性特征。影响地温的局地因素都可以影响多年冻土厚度,同时地层物质的热物理性质和大地热流也对多年冻土厚度具有显著影响。祁连山多年冻土下界附近厚度仅有数米(王庆峰等,2013;吴吉春等,2007a),随着海拔升高,年平均地温降低,厚度逐渐增加。祁连山为数不多的几个揭穿多年冻土层的钻孔揭示,在谷地、盆地、冲洪积平原等松散层堆积较厚的区域内,多年冻土厚度为 20 ～ 80 m。祁连山地区钻孔揭示的多年冻土最大厚度在黑河源头的洪水坝盆地山麓丘陵带,海拔为 4033 m,多年冻土厚度达到 139.3 m(郭鹏飞,1983)。可以推测,在高山无冰川覆盖的顶部,多年冻土厚度会更大。

在全球变暖的背景下,多年冻土退化不可避免。多年冻土的退化表现在多年冻土地温升高、活动层厚度加厚、多年冻土层消失等方面。早在 20 世纪 90 年代初,已经有人意识到祁连山多年冻土的退化问题。国道 G227 扁都口—达坂山段公路冻土勘察时,根据地表冻土形迹存在的下界高程与实际勘察的冻土下界高程，得出祁连山鄂博岭和景阳岭地段冻土下界明显上升，幅度达 80～100 m（朱林楠等，1995，1996）；将 2004 年公路勘察和 20 世纪 70 年代在木里盆地调查得到的资料进行对比，结果表明，30 年来，多年冻土地温有明显上升，上升幅度可达 0.3～1.0℃，同时盆地中活动层厚度普遍增加了 0.3～0.9 m（吴吉春等，2007b）。祁连山多年冻土连续监测的时间不长，能够揭示多年冻土退化的直接观测数据较少，祁连山多年冻土退化方面的研究与青藏高原主体区域相比较少。

2. 多年冻土在水塔中的作用与影响

作为水塔的重要组成要素，多年冻土的隔水作用、活动层季节性冻融活动、地下冰的形成和融化对区域水循环、水资源储量、水文过程等诸多方面都有着重要而显著的影响，多年冻土的水文效应通过影响流域产汇流过程、地下水的相变过程，在不同的时空尺度上调节地表和地下水循环过程，主要体现在以下几个方面：

（1）多年冻土作为冷生隔水层改变了区域的水文地质结构。多年冻土区的水文地质结构一般由浅表层的活动层和其下的多年冻土层组成二元结构。由于冻土属于弱透水层，地表水下渗至多年冻土上限后很难继续向下渗透补给深层地下水，但聚集于多年冻土上限之上的水分却可能沿着多年冻土顶板在重力梯度作用下侧向流动或存储形成浅层地下水（多年冻土层上水）。相对于岩性隔水层而言，多年冻土冷生隔水层埋藏较浅，极大地减小了地表水入渗路径和存储空间，有利于产汇流的形成，促进水循环过程。

（2）活动层冻融过程对冻结层上水具有时空调节作用。多年冻土区活动层是地气之间水分交换的主要场所，也是浅层地下水运移和存储的空间。活动层冬季冻结，使冻结层上水以固态形式存储，在第二年春季，活动层开始融化时冻结层上水才开始释放，重新参与到水循环之中。一方面，活动层开始融化阶段，由于其融化深度不大，春季降雪融水或降雨不易入渗，集中在已经融化的薄层浅表土层中，容易产流，使河流发生春汛，同时也促进了地表蒸发，为植被萌发提供了充足水分。另一方面，随着活动层融化深度逐渐加大，伴随着夏季风到来，降水逐渐增加，活动层融化提供了降水入渗的空间。直至秋末，土层才融化至多年冻土上限附近（衔接多年冻土的情况下），地表又开始了新的自上而下的冻结过程。这一过程深刻影响了多年冻土区坡面产流和汇流过程。

（3）多年冻土地下冰也是重要的潜在固体水库。含有较丰富的地下冰是多年冻土的重要特征。与冰川不同，多年冻土中的地下冰埋藏在地下，不能直接观察；冰川冰与地下冰在储存形式上的另一个不同在于冰川冰属于固态水的集中存储，而多年冻土地下冰属于固态水的分散存储。多年冻土退化过程缓慢，地下冰融化释放不可探查，是过去寒区水文研究中忽略地下冰的重要原因。近几十年来，由于多年冻土显著退化，多年冻土区水文形势发生了显著变化，地下冰的水源作用才引起研究者的注意。尽管单位体积地层中的地下冰含量有限，但是多年冻土发育面积比冰川广泛得多，初步估算，青藏高原多年冻土中的地下冰储量是冰川储量的 2 倍（赵林等，2010）。

（4）多年冻土变化对区域水文过程产生深刻影响。在气候变暖和人类活动影响下，多年冻土退化主要表现在如下几个方面：多年冻土层地温升高，未冻水含量增加，冻土层的隔水性减弱；多年冻土上限加深，活动层厚度增加，入渗的地下水存储空间增大；活动层融化时间提前、冻结时间延迟引起活动层产流和退水过程改变；融区系统扩展，使多年冻土层上水和深层地下水等产生水力联系，部分地表水参与到深层地下水循环中；最重要的是地下冰融化为区域提供了潜在的水源。这一系列过程都对流域内的水循环、水文过程和水量变化产生显著而深刻的影响。

近几十年来，在气候变暖和人类活动的双重影响下，冰川、冻土呈快速退化态势（姚檀栋等，2013）。目前，对冻土退化对水资源及水文过程的影响研究还处于较简单的定性认识层面，监测手段的限制和监测数据的缺失影响了对冻土水文效应的定量分析。多年冻土和地下冰分布以及活动层内的冻融过程影响着区域水文地质结构和地表水、地下水系统的形成、补给、径流和排泄。冻土退化主要表现在地温升高、活动层增厚、冻土融化、多年冻土面积连续率降低、剖面上出现不衔接、冻结期缩短、融化期延长、季节冻土减薄等现象（Jin et al.，2009，2011）。其结果导致多年冻土层上水位下降，地下水径流路径延长，多年冻土层上水或地表水体直接补给多年冻土层下水，基流增加和径流过程平缓化，排泄基准面下降，甚至补排倒置等变化（程国栋和金会军，2013；Jin et al.，2009；Liang et al.，2010；Cheng and Jin，2013）。因此，冻土退化正在深刻影响着冻土水文地质过程（Jin et al.，2000，2009，2011；王根绪等，2006；金会军等，2010，2012；Zheng et al.，2016）。

多年冻土地下冰融化对区域水资源量贡献有多大，是冻土水文效应研究的另一个重要课题，对于干旱和半干旱区来说，这一课题尤其值得关注。这一课题涉及多年冻土层中地下冰储量的计算、多年冻土层年融化厚度及融水量计算、地下冰融水对流域径流量的贡献率估计等一系列问题。地下冰融水释放水量对水文过程、水资源量的影响，取决于地下冰含量及其释放水量的多少、多年冻土融化深度加深的速率、多年冻土层融化后的土体饱水程度、多年冻土上限形态等。例如，当多年冻土含冰量较高（如过剩冰情况下）且地形地貌（如有利于产汇流）和多年冻土层水理性质较好（如透水性强）时，冰融化后土层压实，上部土层下移，地下冰释放的多余重力水成为新的冻土层之上的层上水参与到水文过程，或抬高地下水位，成为新的冻结层上水参与水循环（或沿着多年冻土上限侧向流动）。多年冻土含冰量较少时（非过剩或非饱冰状态），其融化后有更多空间容纳其他水分，构成原位土壤水分状态，参与水循环，或使得原来冻结层上水位下降。当然，如果融化后土壤的岩性透水性强（如洁净沙砾石层）和地形地貌条件有利于排水，即使非饱和土也能产流、汇流到低洼的河湖等地表水体中，参与短期水循环。可见，多年冻土地下冰的赋存状态及含量是评估多年冻土区的地下冰融化释水量影响水文水资源的基础。

2.3 积雪

积雪是冰冻圈重要的组成部分，也是地球表面最为活跃的自然要素之一。积雪对地表能量收支平衡、水文循环过程、大气环流等具有显著的影响和反馈作用，被誉为气候系统变化的重要指示器，也是影响全球气候系统的关键因素之一。在冬季，北半球积雪覆盖可达 5000 万 km^2，约占地表总面积的 34%（Robinson et al.，1993），积雪对全球地气系统能量平衡与全球气候环境变化有重要影响（Bloch，1964）。同时，积雪范围、雪深以及雪水当量变化的监测与研究，对水资源管理、融雪径流预报、洪水控制以及生态效应等方面具有重要的作用（König et al.，2001）。

在祁连山区，积雪分布范围十分广阔，并具有明显的季节变化。1980 ～ 2018 年，祁连山年平均积雪面积约为 40000 km^2（占祁连山总面积的 20.91%），1988 年达到最高，为 80000 km^2。年平均积雪水储量约为 4.10×10^8 m^3，1989 年最大，约为 6.30×10^8 m^3（图 2-6）。近 40 年，祁连山积雪面积、积雪日数和积雪水储量整体上呈现下降趋势。在季节变化上，祁连山积雪范围与积雪水储量具有相似的变化过程。最大积雪面积与最小积雪面积代表了年内积雪覆盖程度的两个极端情况。2001 ～ 2017 年祁连山最大积雪面积与最小积雪面积的统计结果表明（梁鹏斌等，2019），年内积雪最大覆盖范围介于 37.4% ～ 86.2%，出现时间多为 1 月或 12 月，最小覆盖范围为 1.8% ～ 5.6%，出现时间多为 7 月或 8 月。一年当中，积雪水储量在 7 月最小，从 9 月开始增加，1 月达到最大（约 1×10^9 m^3），从 3 月开始显著下降（图 2-7）。

祁连山积雪深度沿山脉走向分布（图 2-8），积雪最大深度出现在祁连山西段的土尔根达坂山、野马南山和疏勒南山，年平均雪深在 10 cm 以上。海拔较低的山谷和祁连山边缘地区积雪较少。对祁连山不同海拔积雪覆盖程度统计的结果表明（梁鹏斌等，2019），总体上祁连山积雪主要分布在 3000 m a.s.l. 以上的地区，并且积雪覆盖程度随着海拔的上升呈现出增大趋势。

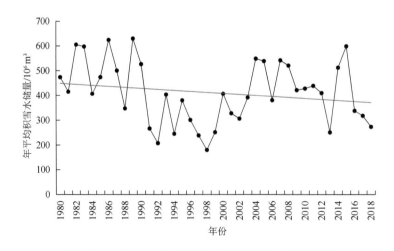

图 2-6 1980 ～ 2018 年祁连山年平均积雪水储量变化

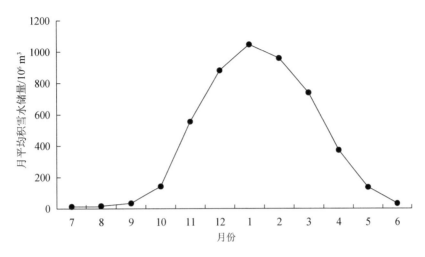

图 2-7　祁连山月平均积雪水储量的季节变化

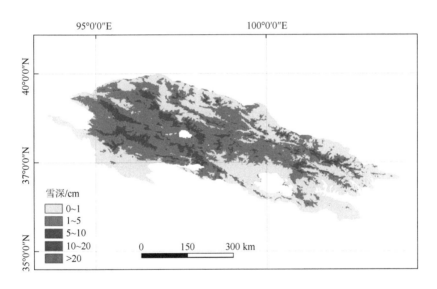

图 2-8　2009 ～ 2018 年祁连山年平均雪深分布图

2.4　湖泊

湖泊不仅是水塔的重要组成部分，而且在维护生态系统平衡与安全方面以及调节气候方面具有重要的作用。据统计，祁连山水塔区在 2019 年面积大于 1 km² 的湖泊共计有 14 个（图 2-9），总面积达 5375.06 km²，其中青海湖、哈拉湖、小柴旦湖、大柴旦湖 4 个湖泊的面积分别为 4555.03 km²、631.98 km²、130.29 km²、41.08 km²，其余大多为面积小于 5 km² 的小型湖泊（张国庆，2021；Zhang et al.，2021）。

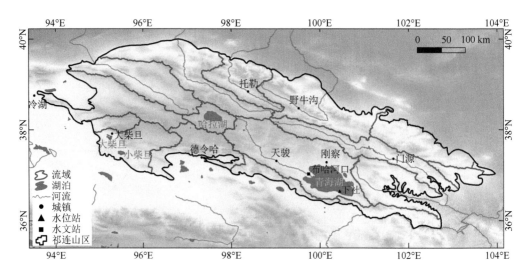

图 2-9　祁连山区湖泊分布

青海湖是我国面积最大的内陆咸水湖，由主湖体以及耳海、沙岛湖、金沙湾以及尕海等子湖体构成，东西长约 109 km，南北宽约 65 km（金炎平等，2016）。1981 年青海湖水面海拔为 3193 m，水域面积为 4340 km²，水深为 27 m，总蓄水量为 7.78×10¹⁰ m³（袁宝印等，1990）。子湖体中的沙岛湖、金沙湾与主湖体季节性连通，耳海与主湖体隔离但有河流补给，尕海与主湖体隔离且无河流补给，但尕海是古青海湖水域萎缩的遗留，因此一些研究也将尕海视为青海湖的一部分（郝美玉和罗泽，2021）。青海湖是构造断陷湖，在 0.5 Ma 前已经形成（袁宝印等，1990）。青海湖流域由大小 50 余条河流构成，主要有布哈河、沙柳河、泉吉河、哈尔盖河等，流域内河网空间分布不对称，西北部密集且流量大，东南部稀疏且流量小，其中西北部的布哈河和沙柳河流量总和占全流域入湖年径流量的 73% 以上（骆成凤等，2017）。青海湖流域内冰川分布较少，2014 年流域内冰川面积仅为 9.32 km²。

哈拉湖位于祁连山水塔腹地，青海省北部，疏勒南山以南、哈尔科山以北，是一个完全独立封闭的微咸水湖，湖体呈椭圆形。2019 年湖面海拔 4082.65 m，东西长约 35 km，南北宽约 22 km（Zhang et al.，2021）。哈拉湖流域面积约 4748 km²，以哈拉湖为中心，由大小 20 余条季节性河流构成了一个向心状的封闭流域。与青海湖流域不同，哈拉湖流域内冰川分布较多，2014 年共分布有冰川 107 条，总面积 75.30 km²。流域内人类活动很少，湖水水量变化完全受自然因素影响，其水源主要来自降水、冰川融水和地下水。

2.5　地表径流

发源于祁连山区的主要河流有 40 余条，其中较大河流出山口基本上设有水文站（图 2-10），这些水文站控制着本次考察研究区域约 69% 的流域面积。除了这些观测资料外，本书还收集了前人关于祁连山其他一些河流径流的研究结果，它们一并列在

表 2-2 中。对于剩下无资料流域，我们利用相近流域的径流系数或径流模数或径流深等值线图来估算其径流量，结果见表 2-3。基于这些数据资料，本书获得祁连山水塔多年平均总径流量约为 159.44 亿 m³。其中，流入河西走廊的径流量约为 73.06 亿 m³（占流出祁连山水塔总径流量的 45.8%），流入柴达木盆地的径流量约为 16.50 亿 m³（占10.3%），流入祁连山内流湖的径流量约为 20.29 亿 m³（占 12.7%），外流汇入黄河的径流量约为 49.59 亿 m³（占 31.1%）。各流域的年径流量及占比分别为：东干渠流域 0.16亿 m³（0.10%），石羊河流域 20.28 亿 m³（12.72%），黑河流域 25.31 亿 m³（15.87%），北大河流域 10.98 亿 m³（6.89%），疏勒河流域 12.54 亿 m³（7.87%），党河流域 3.79 亿 m³（2.38%），哈勒腾河流域 4.96 亿 m³（3.11%），鱼卡河流域 1.25 亿 m³（0.78%），塔塔棱河流域 1.26 亿 m³（0.79%），巴音郭勒河流域 4.29 亿 m³（2.69%），茶卡－沙珠玉河流域4.74 亿 m³（2.97%），哈拉湖流域 4.90 亿 m³（3.07%），布哈河－青海湖流域 15.39 亿 m³（9.65%），拉脊山南坡流域 6.92 亿 m³（4.34%），湟水流域 13.27 亿 m³（8.32%），大通河流域 26.96 亿 m³（16.91%），以及庄浪河流域 2.44 亿 m³（1.53%）。相关研究者曾对祁连山个别流域的径流也做过估算和研究，上述计算结果与其相一致（不同研究者划分的相关流域范围有所不同）。例如，王旭升（2016）估算出疏勒河水系（包括疏勒河流域和党河流域）、黑河水系（包括黑河流域和北大河流域）和石羊河水系的出山径流量分别为 16.9 亿 ±1.3 亿 m³、39.1 亿 ±2.9 亿 m³ 和 22.3 亿 ±1.8 亿 m³，陈荷生（1988）和肖洪浪（2000）估算疏勒河水系和黑河水系（包括北大河）出山径流数值分别为 16.5亿 m³ 和 36.8 亿 m³，谭毅（2014）统计了鱼卡河流域、塔塔棱河流域和巴音郭勒河流域地表水资源量分别为 1.14 亿 m³、1.37 亿 m³ 和 4.10 亿 m³。

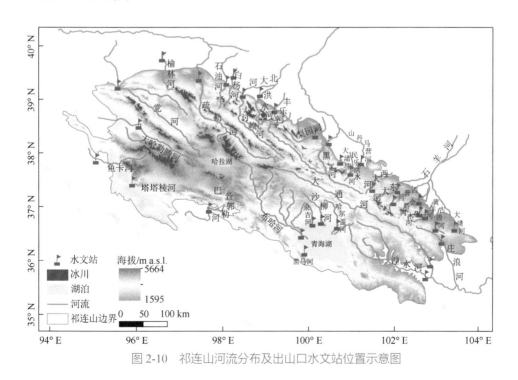

图 2-10　祁连山河流分布及出山口水文站位置示意图

表 2-2　祁连山水塔有资料流域河流出山径流量汇总表

流域	河流名称	出山口水文站	集水面积/km²	多年平均年径流量/亿 m³	计算时段（年份）	参考文献
石羊河流域	西大河	西大河水库	788	1.59	1961～2018	Li et al.，2021；薛东香，2021
	东大河	沙沟寺	1546	3.05	1961～2018	
	西营河	九条岭	1077	3.18	1961～2018	
	金塔河	南营水库	841	1.30	1961～2018	
	杂木河	杂木寺	851	2.30	1961～2018	
	黄羊河	黄羊河	828	1.25	1961～2018	
	古浪河	古浪	878	0.63	1961～2018	
	大靖河	大靖峡	338	0.10	1961～2018	
黑河流域	黑河上游	莺落峡	10009	15.97	1956～2016	王宁练等，2009b；张德栋和赵清，2018
	梨园河	梨园堡	2240	2.43	1956～2009	Zhang A et al.，2015
	马营河（中部）	红沙河	619	1.09	1956～2005	王雄师，2010
	观山河	金佛寺	135	0.15	1956～2005	王雄师，2010
	红山河	红山河	117	0.17	1956～2005	王雄师，2010
	马营河（山丹）	李桥水库	1143	0.54	1957～2012	崔亮等，2015；程建忠，2016
	洪水河（民乐）	双树寺水库	578	1.19	1958～2012	崔亮等，2015；石海涛，2017
	大渚马河	瓦房城水库	229	0.91	1959～2012	崔亮等，2015；周建强和黄钰，2018
北大河流域	讨赖河	冰沟	6883	6.36	1957～1996	丁永建等，1999
	洪水河	新地	1581	2.71	1956～2009	Zhang S et al.，2015
	丰乐河	丰乐	565	0.98	1957～2013	Wang et al.，2017
疏勒河流域	疏勒河上游	昌马堡	10961	10.54	1961～2020	Wu J et al.，2021
	榆林河	榆林河水库	2900	0.51	1956～2013	李计生等，2015
	石油河	玉门	656	0.28	1956～2013	李计生等，2015
	白杨河	白杨河水库	825	0.48	1966～2006	陈广庭和曾凡江，2011
党河流域	党河上游	党城湾	14325	3.44	1966～2010	蓝永超等，2011
哈勒腾河流域	大哈勒腾河	花海子	5967	2.66	1956～2010	谭毅，2014
	小哈勒腾河	—	1320	0.66	—	赵成等，2013；胡士辉和张照玺，2022
鱼卡河流域	鱼卡河	马海	2352	0.91	1956～1995	金家琼等，2014；丁时伟，2017
塔塔棱河流域	塔塔棱河	小柴旦	6183	1.20	1956～2010	杨纫章和章海生，1963；谭毅，2014
巴音郭勒河流域	巴音郭勒河	德令哈	7281	3.56	1957～2018	Zhang et al.，2022
	其余诸河	—	3424	0.73	—	李健等，2009

续表

流域	河流名称	出山口水文站	集水面积 /km²	多年平均年径流量 / 亿 m³	计算时段（年份）	参考文献
哈拉湖流域	诸河总计	—	4748	4.90	—	张磊等，2020
布哈河 - 青海湖流域	布哈河	布哈河口	14337	7.93	1956～2007	李岳坦等，2010
	沙柳河	刚察	1442	3.08	1956～2007	李岳坦等，2010
	泉吉河	沙陀寺	567	0.22	1956～2000	李福生等，2021
	哈尔盖河	哈尔盖	1425	1.31	1956～2000	李福生等，2021
	黑马河	黑马河	107	0.11	1956～2000	李福生等，2021
	其余诸河	—	11792	2.74	—	中国科学院兰州分院，1994；Li et al.，2007
湟水流域	湟水	民和	15342	16.5	1950～2000	蓝云龙，2007
大通河流域	大通河	连城	13914	26.75	1956～2013	王大超，2019
庄浪河流域	庄浪河	武胜驿	2001	1.96	1956～2016	贾翠霞和邓居礼，2010；徐文，2019
合计	—	—	153115	136.37	—	

注：湟水民和水文站集水面积（15342 km²），超过水塔区湟水流域面积（12881 km²），多余面积形成的径流应扣除，见表 2-3。

表 2-3　祁连山水塔无资料流域的年径流量估算

流域	无资料流域面积 /km²	年径流量估算值 / 亿 m³	方法	径流特征值参考文献
东干渠流域	509	0.16	径流系数（参考大靖河）	Ma et al.，2008
石羊河流域	4305	6.88	径流系数	Ma et al.，2008
黑河流域	3290	2.86	径流系数	王宁练等，2009b
北大河流域	838	0.93	径流模数	—
疏勒河流域	4117	0.73	径流模数（参考榆林河）	李计生等，2015
党河流域	1410	0.35	径流模数	
哈勒腾河流域	8060	1.64	径流系数	甘肃省水文水资源局，2020
鱼卡河流域	870	0.34	径流模数	
塔塔棱河流域	5811	0.06	径流深等值线	刘燕华，2000
茶卡 - 沙珠玉河流域	4737	4.74	径流深等值线	青海省水利厅水文水资源管理处，2020
拉脊山南坡流域	5274	6.92	径流系数（参考湟水河）	青海省水利厅水文水资源管理处，2020
湟水流域	-2461	-3.23	径流系数	青海省水利厅水文水资源管理处，2020
大通河流域	131	0.21	径流系数	甘肃省水文水资源局，2020
庄浪河流域	1299	0.48	径流系数	甘肃省水文水资源局，2020
合计	38190	23.07	—	—

注：根据青海省和甘肃省水资源公报的降水量及径流深空间分布图，选择大靖河、榆林河和湟水河的径流特征值，分别估算东干渠、疏勒河和拉脊山南坡流域无资料地区的径流量；其余河流均采用本流域的径流特征值估算；湟水民和水文站控制面积超过水塔区湟水流域面积，为较准确估算水塔区域的出山径流量，多余面积形成的径流应扣除，所以此处为负值。

2.6 地下水

山区地下水（上层滞水、潜层水和承压水等）与水塔关系极为紧密，是枯水期水塔河川径流的主要来源，即使在丰水期，降水入渗形成的地下水对径流也有重要的调节作用。祁连山区多年冻土发育，其顶板透水性极差，是一种隔水层。因此，多年冻土地区的水文过程有其独特性。在祁连山多年冻土下界附近往往存在不连续多年冻土，如果这些区域沉积层较厚，降水及融雪下渗会形成上层滞水。祁连山水塔区绝大部分，尤其是中西段地区，气候相对干旱，一些源于高海拔山地而且河道沉积物较厚的小河流，会出现其流水还没有流出水塔区就已渗入地下来补给地下潜水，导致河流断流的现象。相关研究表明，祁连山区渗入地下的降水与冰雪融水一部分会沿着喀斯特地层或断裂补给深层地下水，进而通过基岩地层的深部循环后向上补给下游巴丹吉林沙漠的湖泊及周边地区（陈建生等，2003；刘建刚，2010）。尽管关于祁连山区深层地下水补给外围地区地表水的相关研究结果还存在争议，但是祁连山区地下水对水塔功能的作用值得重视和深入研究。

地下水资源是祁连山水塔的重要组成部分。各省水利厅或相关部门对各省的水资源状况进行逐年统计，但都以行政边界进行统计，所以很难通过甘肃、青海两省的相关统计资料对整个祁连山区的地下水资源量进行评价。青海省海北藏族自治州（以下简称海北州）全境位于祁连山地区，北到走廊南山，南到青海湖，东至冷龙岭东部，西到托来南山，包括门源、祁连、海晏和刚察四县。青海省水利厅自 1994 年起发布年度《青海省水资源公报》资料 (http://slt.qinghai.gov.cn/subject/list?cid=58)。基于该公报，我们可对海北州地下水资源量变化情况进行分析。1995～2002 年海北州的统计面积为 38100 km^2，地下水资源量基本保持稳定，年均为 24.04 亿 m^3；2003 年的统计面积为 32608 km^2，地下水资源量为 25.73 亿 m^3；2004～2020 年的统计面积为 32775 km^2，这一时期地下水资源量发生了明显的增加，平均每年增加约 0.47 亿 m^3，年均地下水资源量达到 29.15 亿 m^3。尽管海北州前期统计面积范围较后期的大，但 1995～2020 年地下水资源量总体还是呈增加趋势（图2-11）。这表明至少在祁连山东段地区地下水资源量近期呈现上升趋势。在 3.6 节中，我们将基于遥感资料对祁连山整个水塔区的陆地水储量变化做一分析。

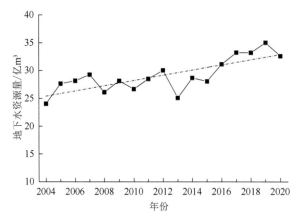

图 2-11 2004～2020 年海北州地下水资源量变化

资料来源：青海省水利厅发布的年度《青海省水资源公报》

2.7　降水

大气降水的多少直接关系到水塔供水和储水能力状况。祁连山区受西风带、青藏高原季风、东南季风三个大气环流系统的影响（张强等，2008），该区域降水在空间上存在明显的差异。祁连山东段夏季受季风影响，降水量较多。西风在青藏高原西部爬越西喜马拉雅山西段、喀喇昆仑山和帕米尔高原的过程中，在其西侧迎风坡形成了大量降水。西风越过这些高山区域之后，在继续向东移向祁连山西段的过程中，因为所经区域均为干旱地区（羌塘高原和柴达木盆地），大气中水汽很少得到补充，因而在祁连山西段降水量很少。受高原季风的影响，祁连山中部区域位于环绕高原边缘的多雨带（叶笃正和高由禧，1979），因此祁连山中部山系降水也相对较多。在这三大环流系统耦合作用下，祁连山区降水量总体呈现从东南向西北、从中部向南北两侧减少的趋势（图 2-12）。根据中国气象局提供的气象资料（本次考察用到的气象站数据均由中国气象局提供，下同），东段冷龙岭南侧门源气象站的年降水量可高达近 500 mm，而西段柴达木山南侧大柴旦气象站的年降水量不足 100 mm（图 2-13）。

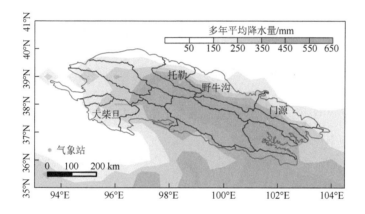

图 2-12　基于中国地面降水 0.5° 格点数据集（CMA-0.5）绘制的祁连山地区多年平均降水量空间分布

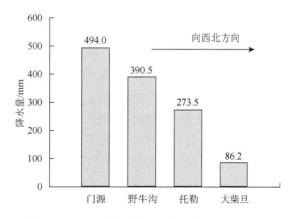

图 2-13　祁连山区从东南向西北方向相关气象站年降水量状况对比（1960 ～ 2020 年平均值）

祁连山区降水量具有明显的季节变化。图 2-14 是祁连山区不同区域代表性气象站年内逐月降水量变化过程曲线。从图 2-14 可以看出，所有站点降水主要集中在夏季，而冬季降水很少。门源、野牛沟、托勒和大柴旦 4 个气象站夏季降水量分别占全年降水量的 58.2%、68.8%、72.6% 和 67.9%，而冬季降水量分别仅占全年降水量的 1.3%、1.2%、1.1% 和 4.9%。

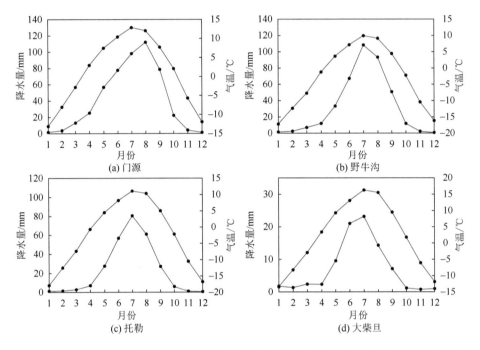

图 2-14　祁连山区东、中、西段代表性气象站年降水量（蓝色线）和年平均气温（红色线）年内逐月变化（1960 ~ 2020 年平均值）

山地降水的最大特点就是降水量一般会随海拔的升高而发生变化。Lauscher（1976）曾对全球不同地区降水量随海拔的变化做了较系统的分析，结果发现，不同区域存在很大的差异，中纬度地区降水量一般随海拔升高而增加。汤懋苍（1985）曾对祁连山不同流域降水量随海拔的变化做了研究，发现其基本呈"S"形分布。张强等（2008）研究认为，祁连山东、中、西段降水量随海拔升高均呈增加趋势。这些相关研究结果之间的分歧很可能是气象观测站点稀少造成的。另外，值得注意的是，山地存在迎风坡和背风坡，而且一个区域降水本身就存在空间差异（如前述祁连山降水量存在从东南向西北方向减少的趋势），还有处于特殊地形位置处（如喇叭口地形）的降水量状况也会发生异常现象，等等。这些因素会导致在同一地区当选择不同位置的气象站点来研究降水量随海拔的变化规律时，很有可能会得出不同的结论。选择垂直于山脉走向而且是同一坡向的观测站点资料，有利于揭示降水量随海拔变化的规律性。通过对祁连山中段七一冰川区域不同海拔处降水量的观测，结果表明，降水量存在一个最大降水高度带并位于海拔 4500 ~ 4700 m，在该海拔以下，降水量随海拔升高而增加，在该海拔以上，降水量随海拔升高而减少（图 2-15）。

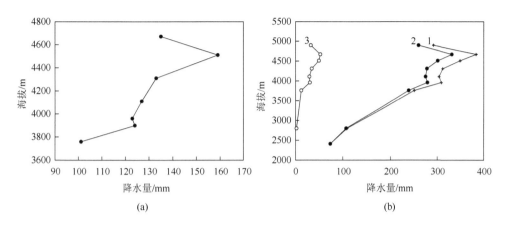

(a)　　　　　　　　　　　　　　　(b)

图 2-15　祁连山中段北坡七一冰川区域降水量随海拔的变化 (王宁练等，2009a)

(a) 2007 年 8 月 10 日～ 10 月 7 日降水量；(b) 曲线 1 是 2007 年 11 月 26 日～ 2008 年 9 月 12 日降水量，曲线 2 是 2008 年 5 月 22 日～ 9 月 12 日降水量，曲线 3 是 2007 年 11 月 26 日～ 2008 年 5 月 22 日降水量

　　研究降水量的长期变化趋势对认识水塔各要素的变化是非常重要的。祁连山不同区域相关气象站近 60 多年的观测记录表明，这一时期祁连山区年降水量基本处于显著增加的趋势（图 2-16）。

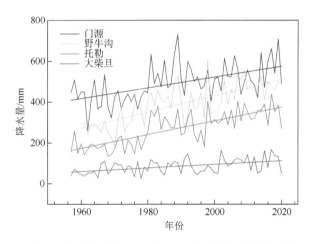

图 2-16　近 60 年来祁连山东、中、西段代表性气象站年降水量变化

图中门源站年降水量趋势率为 26.5 mm/10a，野牛沟站为 39.9 mm/10a，托勒站为 33.6 mm/10a，大柴旦站为 8.8 mm/10a

第 3 章

祁连山水塔近期变化

　　充分认识祁连山水塔各组成部分的近期变化，是理解祁连山区生态环境近期变化特征以及出山径流水资源变化趋势的重要科学基础，对祁连山生态环境保护以及河西走廊绿洲地区和柴达木盆地东缘绿洲地区社会经济发展具有重要意义。本章依据祁连山考察的实际观测资料以及前期的研究积累，并结合相关遥感资料与气象资料，着重研究祁连山近期冰川、冻土、积雪、湖泊、出山径流、陆地水储量和降水等的时空变化特征。

3.1　冰川变化

　　祁连山冰川是河西走廊内陆河和柴达木盆地东缘内陆河等的水源地，其变化对下游可利用水资源状况具有重要的影响。本节将对小冰期（Little Ice Age）以来祁连山冰川的长期变化趋势进行分析，以认识目前该区域冰川的状况，并着重对近 60 年来祁连山冰川面积、物质平衡、冰储量、平衡线高度、雪线高度、长度、运动速度等变化进行详细分析和讨论。

3.1.1　小冰期以来冰川变化的时空特征

　　小冰期是 16 ～ 19 世纪的气候寒冷期，是 20 世纪现代暖期之前在一定程度上具有全球性的一次冷事件。小冰期开始和结束的时间在全球不同地区存在很大的差异，最早的在 11 世纪就已开始，个别地区在 20 世纪初才结束。根据祁连山敦德冰芯过去 1000 年来的气候记录（Thompson et al.，1989；姚檀栋等，1990），该区域小冰期开始于 12 世纪，结束于 19 世纪中期（图 3-1），其间存在 4 次明显的冷期，分别发生在 12 世纪中期、13 世纪后半叶至 15 世纪末、17 世纪和 18 世纪后期到 19 世纪初。13 世纪后半叶至 15 世纪末的冷期持续时间最长，寒冷程度也最强。从 1890 年开始，进入现代暖期。20 世纪是过去 1000 年来最暖的世纪，20 世纪 70 年代气温较前期略有下降。

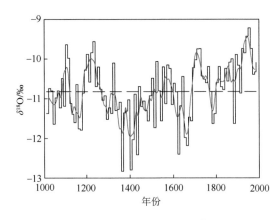

图 3-1　祁连山敦德冰芯中过去 1000 年来 $\delta^{18}O$ 的 10 年平均值记录

黑线，10 年平均值；红线，3 点滑动平均值；虚线，过去 1000 年平均值

资料来源：Thompson 等（1989）和姚檀栋等（1990）

现代冰川变化是小冰期以来冰川变化的延续，揭示小冰期时的冰川规模以及小冰期以来的冰川变化，是认识现代冰川状况及其变化趋势的重要基础。受小冰期寒冷气候的影响，世界不同地区的冰川出现了不同程度的冰川前进，如欧洲阿尔卑斯山冰川在小冰期期间出现了几次明显的前进，我国西部山地冰川也普遍存在 2～3 次明显的前进，并在现代冰川外围形成明显的终碛垄和侧碛垄。祁连山区冰川在小冰期期间也存在明显的前进。我们依据航片对祁连山不同地区冰川小冰期时形成的最大冰碛垄范围进行了判识（图 3-2），并结合我国第一次编目所应用的地形图，将小冰期冰川的最大范围转绘在地形图上，对祁连山东、中、西段的冰川变化进行了研究（冰储量依据我国第一次祁连山冰川编目中应用的计算公式来计算）。结果表明（表 3-1），从小冰期最盛期到 1956 年，祁连山冰川萎缩幅度从东到西呈减少趋势，东段冷龙岭冰川面积萎缩了 46.0%，冰储量减少了 50.2%，西段冰川面积萎缩了 13.2%，冰储量减少了 14.9%。祁连山冰川自小冰期最盛期以来的面积变化与同期其他地区的冰川面积变化具有一定的可比性，如我国天山大西沟流域的冰川面积萎缩了 43.9%（王宗太，1991），中央高加索南坡地区的冰川面积萎缩了 41.2%（王宗太，1991），欧洲阿尔卑斯山的冰川面积萎缩了 30%～40%（Haeberli and Beniston，1998），等等。

图 3-2　1956 年祁连山羊龙河上游冰川航片影像资料

图中数字指示的是羊龙河上游 19～22 号冰川，红虚线是其小冰期侧碛垄和终碛垄指示的冰川下部最大伸展范围

表 3-1　小冰期最盛期到 1956 年祁连山冰川变化

区段	统计冰川数量 /条	小冰期最盛期		1956 年		变化	
		面积 /km²	冰储量 /km³	面积 /km²	冰储量 /km³	面积 /%	冰储量 /%
东段（冷龙岭）	406	190.92	6.6262	103.02	3.2990	−46.0	−50.2
中段（北大河流域、哈拉湖流域）	97(43)	113.65(20.25)	(0.7147)	88.30(15.9)	(0.4930)	−22.3(−21.5)	(−31.0)
西段（疏勒河流域、党河流域）	485	575.3	28.44	499.4	24.2	−13.2	−14.9

注：中段括号内数字指北大河流域冰川的变化情况。因缺少哈拉湖流域小冰期冰川冰储量数据，所以未计算小冰期以来中段总体的冰储量变化。北大河流域统计冰川面积萎缩百分数与整个中段统计冰川面积萎缩百分数的一致性，说明北大河流域统计冰川的冰储量变化情况可以代表中段冰川的冰储量变化情况。

3.1.2　近 60 年来冰川面积变化

关于祁连山冰川面积变化，以前大多是对祁连山某一区域或单条冰川的面积变化进行研究。例如，基于不同时期地面立体摄影测量图、地形图、航空像片以及各种卫星遥感资料等，对祁连山三条主要监测冰川 [即祁连山中段七一冰川（39°14′13″N，97°45′18″E）、西段老虎沟 12 号冰川（39°26′10″N，96°32′38″E）和东段宁缠河 1 号冰川（37°30′58″N，101°50′17″E）] 的面积变化进行了研究（谢自楚等，1984；刘潮海等，1992a；王宁练等，2010；曹泊等，2013；Liu et al.，2018；潘保田等，2021）。图 3-3 是在

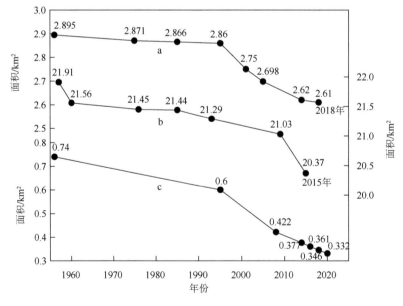

图 3-3　近 60 年来祁连山七一冰川（a）、老虎沟 12 号冰川（b）和宁缠河 1 号冰川（c）的面积变化
资料来源：王宗太等（1981）、谢自楚等（1984）、刘潮海等（1992a）、王宁练等（2010）、曹泊等（2013）、Liu 等（2018）、潘保田等（2021）和杨雪雯（未发表资料）

这些研究资料并结合近期遥感资料的基础上，汇总的近 60 年来这三条冰川面积的变化情况。从图 3-3 可以看出，近 60 年来三条冰川均一直处于萎缩状态。根据不同年份这三条冰川面积的大小，可以计算出不同时期这三条冰川的变化速率状况（图 3-4）。结果表明，20 世纪五六十年代到七八十年代，冰川变化速率总体呈减小趋势，20 世纪 90 年代之后变化速率总体呈增加趋势（大冰川即老虎沟 12 号冰川的变化速率增加趋势在时间上明显滞后），但近期变化速率略有减缓（这三条冰川末端退缩速率的变化趋势与其面积萎缩速率的变化趋势相一致）。

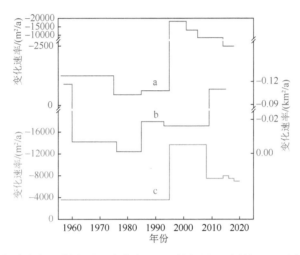

图 3-4 近 60 年来祁连山七一冰川（a）、老虎沟 12 号冰川（b）和宁缠河 1 号冰川（c）面积变化速率

为了在宏观上总体认识祁连山冰川面积近 60 年来的变化，这里将在我国第一次和第二次冰川编目的基础上，通过完成 2014 年祁连山冰川编目，对祁连山冰川面积的时空变化做较系统研究。我国第一次冰川编目（FCGI）数据集是基于 20 世纪 50 年代到 80 年代初的航空像片，通过人工目视解译并结合地形图以及野外考察验证获取的（王宗太等，1981；施雅风，2005）。祁连山冰川编目应用的航空像片大部分是 1956 年拍摄的，其余则是 1963 年拍摄的（以下将第一次冰川编目资料时期统称为 20 世纪 60 年代）。2014 年 12 月发布的我国第二次冰川编目（SCGI）数据集，是基于遥感资料（共使用了 218 幅 Landsat 影像，其中约 92% 在 2006～2010 年，以下将这次冰川编目资料时间统称为 2006 年）和地理信息系统（GIS）技术，并结合实地调查验证进行的（Guo et al.，2015）。与第一次冰川编目相比，第二次冰川编目覆盖了我国境内大约 86% 的冰川（刘时银等，2015），仅藏东南相关区域未覆盖。这些奠定了从宏观尺度上认识祁连山冰川变化的基础。为了揭示冰川变化的长期趋势，我们以 2014 年 Landsat OLI 影像为基础，辅助以 Google Earth、InSAR、NASA DEM 等影像或资料，采用目视解译方法完成了 2014 年祁连山区冰川编目。下面首先介绍关于 2014 年祁连山区冰川的编目资料情况（以下将这次冰川编目资料时期统称为 2014 年），再将其与我国前两次编目资料中祁连山地区的冰川数据进行对比，分析近 60 年来祁连山区冰川的变化情况。

1. 数据与方法

1）数据

A. Landsat 影像

本书采用 Landsat 卫星系列的 30 m 分辨率 OLI 遥感影像作为祁连山地区冰川变化遥感监测的数据源，共使用遥感影像 20 幅。所用影像来源于美国地质调查局（United States Geological Survey，USGS）（https://glovis.usgs.gov/），影像均经过标准地形校正（1T 级）预处理。所用遥感影像的轨道号分别为 132034、133033、133034、134033、134034、135033、135034、136033、136034 和 137033，获取时间主要集中在 2013 ～ 2017 年（经统计，2014 年冰川数量和面积占比均最大，分别达到 51.85% 和 67.70% ± 2.37%）的 6 ～ 9 月。在冰川解译之前，通过图像融合操作将所有影像的分辨率处理为 15 m，这将有效地减少由像素分辨率不同引起的误差。

B. 数字高程模型

数字高程模型（digital elevation model，DEM）数据主要用于提取冰川的属性信息、山脊线和分冰岭等。由于获取与本次冰川编目同时期的 DEM 数据精度难以保证，因此选择采用现有开放的 DEM 数据。本次编目选用了美国国家航空航天局（National Aeronautics and Space Administration，NASA）最新发布的 NASADEM 数据（获取于https://earthdata.nasa.gov/esds/competitive-programs/measures/nasadem）。该数据于 2020 年 2 月发布，是基于 SRTM 处理改进、高程控制、空洞填充以及与其他高程数据（如 ASTER GDEM）的合并所得到的无空洞的全球 DEM 数据，空间分辨率为 30 m。相比于 SRTM 数据，NASADEM 数据的精度更高、覆盖面积更广。

2）冰川面积获取方法

A. 冰川解译方法

本书采用半自动方法来进行冰川解译，首先使用红波段与短波红外（SWIR）波段的比值和适当的阈值来提取大概的冰川轮廓。然而，当图像质量受到云、季节性积雪、冰湖、山体阴影和表碛覆盖的影响时，冰川的自动化方法可能会出现不准确或错误识别，因此必须通过人工目视解译来改进自动提取的结果（Racoviteanu et al.，2009）。

本书使用不同的波段组合来解决自动化方法中存在的主要问题。真彩色合成影像用于冰川解译的一般情况，而假彩色影像则用于区分冰雪。此外，高分辨率的 Google Earth 影像用于验证受云、阴影等因素影响的解译结果，以及识别表碛覆盖冰川的末端、侧碛等准确位置。

目前，在遥感影像目视解译过程中，关于高海拔山地冰川与积雪的区分没有统一的标准，受目视经验影响很大，因此为确保整个区域冰川提取的一致性和可比性，需要有经验的人员对其进行修订（Bolch et al.，2008）。目视解译数字化冰川边界的精度在半个像元内。冰川的属性，如方位、海拔等，使用 Paul 等（2009）研究中的方法计算获得。解译完成后对结果进行检查修正，为减小积雪带来的干扰，剔除了其中面积 <0.01 km^2 的对象（Paul et al.，2011）。

B. 冰川面积变化计算

基于不同时期的冰川编目资料，就可获得研究区域不同时期冰川的变化情况。为了便于认识冰川变化的时空特征，通常采用冰川面积变化率（AP，%）和冰川面积变化速率（AR，%/a）来衡量冰川面积变化，计算公式如下（Cogley，2016）：

$$AP = 100(S_1 - S_0) / S_0 \tag{3-1}$$

$$AR = AP / \Delta t = AP / (t_1 - t_0) \tag{3-2}$$

式中，S 为冰川面积（km^2）；t 代表年份，下标 0 和 1 分别代表任何两个编目的早期和晚期时间。

C. 解译精度评价

冰川边界的解译精度会受到遥感图像分辨率、积雪、云、阴影等多种因素的影响。考虑到假彩色合成影像中冰川区与非冰川区的光谱变化特征具有一定的过渡性，本书采用统计冰川轮廓线时经过的像元数量的方法来进行冰川边界解译精度的评价（Rivera et al.，2005；Granshaw and Fountain，2006），如式（3-3）所示：

$$E_A = N \cdot \lambda^2 / 2 \tag{3-3}$$

式中，E_A 为解译结果的不确定性；N 为冰川边界（不包括用于冰川分割的山脊线或者分冰岭）经过的像元数量；λ 为遥感影像像元分辨率（融合后的 Landsat OLI 像元分辨率为 15 m）。这里获取的 2014 年祁连山冰川编目面积的不确定性为 ±63.69 km^2（$\pm4.19\%$）。

2. 冰川面积时空变化特征

1）冰川面积总体变化特征

本次冰川编目统计结果显示，2014 年前后祁连山共计分布冰川 2779 条，总面积为 1521.18 ± 63.69 km^2（由于前期相关冰川编目资料没有进行误差分析，为了方便不同时期冰川编目资料的对比，在下文分析冰川变化时我们未考虑误差的影响），冰川主要分布在石羊河流域、黑河流域、北大河流域、疏勒河流域、党河流域、哈勒腾河流域、鱼卡河流域、塔塔棱河流域、巴音郭勒河流域、大通河流域、哈拉湖流域和布哈河 – 青海湖流域 12 个流域，而在东干渠流域、庄浪河流域、湟水流域、拉脊山南坡流域和茶卡 – 沙珠玉河流域 5 个流域没有冰川分布。第一次冰川编目数据显示，20 世纪 60 年代祁连山冰川总数量为 2815 条，总面积约 1930.49 km^2，第二次冰川编目数据显示，2006 年祁连山冰川总数量为 2685 条，总面积约 1597.68 km^2。通过对比可以看出，20 世纪 60 年代至 2014 年，祁连山区的冰川面积共萎缩了 409.31 km^2，占 20 世纪 60 年代冰川总面积的 21.20%，萎缩速率为 7.58 km^2/a（0.39%/a）。其中，20 世纪 60 年代至 2006 年，冰川总面积共减少了 332.81 km^2（17.24%），平均萎缩 7.24 km^2/a（0.37%/a）；2006 ~ 2014 年，冰川面积共减少了 76.50 km^2（4.79%），平均萎缩 9.56 km^2/a（0.60%/a）（表 3-2）。以上分析说明近年来祁连山冰川表现出加速萎缩趋势。

表 3-2 20 世纪 60 年代至 2014 年祁连山冰川面积变化情况

时间	冰川面积 /km²	时段	变化量 /km²	相对变化率 /%	相对变化速率 /(%/a)
20 世纪 60 年代	1930.49	—	—	—	—
2006 年	1597.68	20 世纪 60 年代至 2006 年	−332.81	−17.24	−0.37
2014 年	1521.18	2006～2014 年	−76.50	−4.79	−0.60
—	—	20 世纪 60 年代至 2014 年	−409.31	−21.20	−0.39

图 3-5 给出了祁连山不同规模冰川数量和面积的变化。从面积变化来看，除了面积 ≤ 0.1 km² 和 5～10 km² 的冰川外，几乎所有规模的冰川面积都呈下降趋势。20 世纪 60 年代至 2014 年，面积等级 ≤ 0.1 km² 的冰川数量从 591 条增加到 971 条，总面积从 39.86 km² 增加到 48.56 km²；规模在 0.1～0.5 km² 的冰川数量从 1379 减少到 1139 条，面积相应地从 352.18 km² 减少至 270.74 km²。这些结果表明，规模 ≤ 0.1 km² 的冰川数量的增多主要是 0.1～0.5 km² 规模冰川的分裂造成的。祁连山冰川数量的变化以面积 <1 km² 的冰川变化为主（占比从 84.58% 增加到 87.37%），而面积变化则是面积 >1 km² 的冰川占主导地位（占比从 64.69% 减少至 64.42%）。

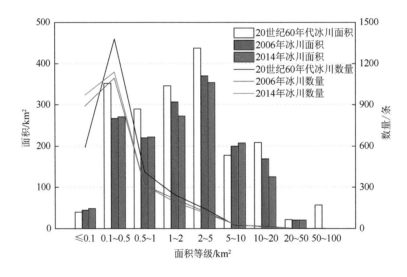

图 3-5 近 60 年来不同时期祁连山不同规模冰川的数量和面积

图 3-6 给出了 20 世纪 60 年代至 2014 年祁连山每一条冰川的面积变化率，它表明随着冰川面积的增大，冰川面积变化率呈现出减小趋势。图 3-7 给出了近 60 年来不同时期、不同面积等级冰川的整体面积变化状况，表明不同时期冰川的面积变化率都随冰川面积的增大而减小。同时，图 3-7 还表明 2006～2014 年的冰川面积变化率较之前 60 年代到 2006 年的明显偏大，这表明近年来祁连山冰川呈加速萎缩趋势。

图 3-8 是 2006～2014 年整个祁连山不同海拔冰川面积的变化情况。从图 3-8 可以看出，海拔 5600 m 以上的冰川面积几乎没有变化，冰川面积减少的最大值出现在海拔 4600～4800 m。尽管冰川面积减少量随海拔的分布与冰川面积随海拔的分布具有相似

的特征（图 3-9），但冰川面积变化率随海拔降低呈现明显的增大趋势，这主要是冰川末端及冰川下部的退缩与萎缩幅度远远大于冰川中上部萎缩幅度的缘故。海拔 5000 m 以下区域的冰川面积变化量占冰川面积总变化量的 79.11%。

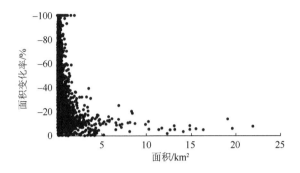

图 3-6　20 世纪 60 年代至 2014 年祁连山冰川面积变化率

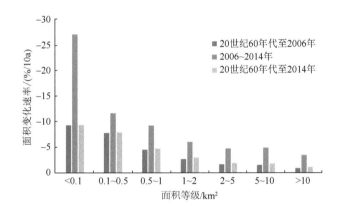

图 3-7　近 60 年来不同时期祁连山不同规模冰川的面积变化速率

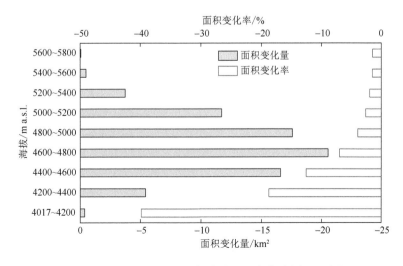

图 3-8　2006～2014 年祁连山不同海拔冰川面积变化

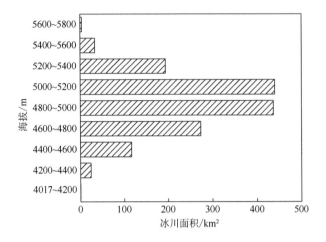

图 3-9　2014 年祁连山不同海拔冰川面积分布

图 3-10 是近 60 年来不同时期祁连山不同朝向冰川的变化情况。从图 3-10 可以看出，朝北方向冰川的面积变化绝对量最大，这是因为祁连山冰川主要分布在北坡。从各朝向冰川面积相对变化的年变化速率 [图 3-10（b）] 可以看出，近期祁连山冰川总体上呈加速萎缩状态，但朝东方向冰川的萎缩速率和朝西方向的状况略有不同，即近期总体朝西方向冰川的萎缩速率较朝东方向偏小，而且与其前期的萎缩速率相比变化不大，甚至西北朝向冰川的萎缩速率较前期的有所减小。这很可能与西风影响区域近期降水增加，导致总体朝西方向迎风坡的冰川在升温背景下萎缩趋势得到些许缓解有关。

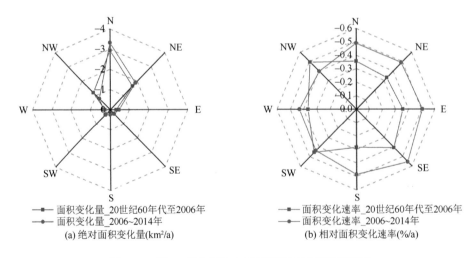

图 3-10　近 60 年来祁连山不同朝向冰川的变化情况

2）冰川面积变化区域特征

20 世纪 60 年代至 2014 年祁连山各流域冰川面积变化状况见表 3-3 和图 3-11。尽管近年来各流域的冰川均呈加速萎缩趋势，但各流域间的冰川萎缩幅度存在显著差异。

从冰川面积变化量来看，位于祁连山西段的疏勒河流域冰川萎缩最为显著，20 世纪 60 年代至 2014 年冰川面积减少了 95.86 km²，其次是祁连山中段的北大河流域和黑河流域，冰川面积分别减少了 93.47 km² 和 60.43 km²，而位于祁连山东段的大通河流域、石羊河、布哈河－青海湖等流域冰川面积减少幅度较小，分别仅为 24.55 km²、31.57 km² 和 3.97 km²。从各流域冰川面积变化率来看，尽管祁连山西段地区冰川面积萎缩量远大于东段，但冰川面积萎缩率却明显小于东段。位于祁连山东段的大通河流域冰川面积萎缩速率最大，为 1.03%/a，其次是石羊河流域和黑河流域，分别为 0.84%/a 和 0.82%/a，而祁连山西段的流域冰川面积萎缩速率相对较小。因此，从整体上而言，20 世纪 60 年代以来祁连山西段的冰川萎缩量大于东段，但萎缩率小于东段。

通过对比 20 世纪 60 年代至 2006 年和 2006～2014 年祁连山各流域的冰川面积变化状况（图 3-11），结果显示，整个祁连山地区 20 世纪 60 年代至 2006 年冰川面积萎缩率为 0.37%/a，到了近期（2006～2014 年）其萎缩率为 0.60%/a，面积萎缩率呈增加趋势。此外，不同时段各流域的冰川面积萎缩率结果显示，祁连山东段冰川面积萎缩率增加最为显著，大通河流域 1956～2009 年和 2009～2014 年冰川面积萎缩率分别为 0.93%/a 和 4.23%/a，石羊河流域 1956～2009 年和 2009～2014 年冰川面积萎缩率分别为 0.72%/a 和 3.35%/a，而祁连山中、西段流域的冰川面积萎缩率在 20 世纪 60 年代至 2006 年和 2006～2014 年变化相对较小。

表 3-3　祁连山各流域三个时期冰川编目资料中冰川面积对比

流域名称	第一次冰川编目 (I)		第二次冰川编目 (II)		2014 年冰川编目 (III)		I-II 面积变化		II-III 面积变化		I-III 面积变化	
	数量	面积/km²	数量	面积/km²	数量	面积/km²	总体变化/%	变化速率/(%/a)	总体变化/%	变化速率/(%/a)	总体变化/%	变化速率/(%/a)
石羊河流域	141	64.82	97	39.93	102	33.25	-38.40	-0.72	-16.73	-3.35	-48.70	-0.84
黑河流域	428	129.79	374	78.09	345	69.36	-39.83	-0.78	-11.18	-1.86	-46.56	-0.82
北大河流域	650	290.76	578	215.43	590	197.29	-25.91	-0.52	-8.42	-0.77	-32.15	-0.53
疏勒河流域	639	589.64	660	509.92	703	493.78	-13.52	-0.34	-3.17	-0.40	-16.26	-0.34
党河流域	308	232.66	313	203.31	328	198.50	-12.61	-0.31	-2.37	-0.34	-14.68	-0.31
哈勒腾河流域	234	335.40	279	310.14	320	301.78	-7.53	-0.19	-2.70	-0.34	-10.02	-0.21
鱼卡河流域	83	64.74	81	57.52	91	55.37	-11.15	-0.28	-3.74	-0.47	-14.47	-0.30
塔塔棱河流域	85	76.28	93	71.25	93	68.68	-6.59	-0.16	-3.61	-0.45	-9.96	-0.21
巴音郭勒河流域	11	2.87	10	2.19	9	2.13	-23.69	-0.66	-2.74	-0.55	-25.78	-0.63
哈拉湖流域	106	89.27	108	78.80	107	75.30	-11.73	-0.29	-4.44	-0.56	-15.65	-0.33
布哈河－青海湖流域	22	13.29	24	10.28	27	9.32	-22.65	-0.55	-9.34	-1.33	-29.87	-0.62
大通河流域	108	40.97	68	20.82	64	16.42	-49.18	-0.93	-21.13	-4.23	-59.92	-1.03
总计	2815	1930.49	2685	1597.68	2779	1521.18	-17.24	-0.37	-4.79	-0.60	-21.20	-0.39

资料来源：表中第一次冰川编目资料来自王宗太等 (1981)，第二次冰川编目资料来自刘时银等 (2015)。

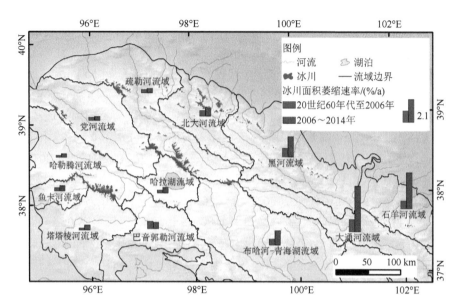

图 3-11　20世纪 60 年代至 2014 年祁连山各流域冰川面积变化

3.1.3　近 60 年来冰川物质平衡与冰储量变化

冰川物质平衡是指在一段时间内（一般是一年或一个季节）冰川物质的变化，是冰川物质收入和支出的代数和。它是衔接冰川与气候关系的重要纽带，也是评估冰川融水径流变化的关键参数。冰川物质平衡的研究方法主要有传统冰川学方法（花杆测量法）、大地测量学方法（基于空天地的冰面高程重复测量方法）、重力测量法 [基于重力卫星测量的重力场变化方法，一般适合于冰盖物质平衡研究]、水文学方法（径流模数法等）和模型方法（气温指标模型、能量 - 物质平衡模型等）等。这里主要依据祁连山监测冰川的物质平衡观测资料以及多源 DEM 资料，对祁连山冰川的物质平衡变化情况予以研究。

冰川冰储量是指某一时间某条冰川或某一区域（流域或山地）冰川的体积，亦即冰川"固体水库"储存的冰量。冰川冰储量的计算方法主要有冰川厚度测量法（基于雷达、重力等对冰川厚度进行测量，再结合冰川面积计算）、冰川动力学模型方法（基于冰川动力学计算冰川厚度，再结合冰川规模分布计算）和经验公式法（包括冰川厚度 - 面积关系法、面积 - 体积关系法等）等。基于不同时期的冰川冰储量数据，就可对研究区域冰川的冰储量变化进行研究，即揭示冰川"固体水库"的变化情况。这里将主要依据祁连山不同冰川的探地雷达测厚结果，以及不同时期冰川的编目资料，对祁连山冰川的冰储量变化予以研究。

1. 监测冰川物质平衡变化

目前，在全球范围内超过 50 年连续监测的冰川只有几十条。在我国除了对天山乌鲁木齐河源 1 号冰川进行长期定位观测外，近年来在第三极不同山区也建立了多个定位和半定位监测站对冰川进行监测。在祁连山区开展定位和半定位监测的冰川有七一冰川、老虎沟 12 号冰川、宁缠河 1 号冰川、十一冰川、八一冰川、扎子沟冰川等，其中七一冰川是监测历史最长的。自 20 世纪 70 年代中期到 2021 年，七一冰川基于花杆测量所获得的年物质平衡值总计有 28 年的资料（王仲祥等，1985；刘潮海等，1992b；蒲健辰等，2005；王宁练等未发表资料）。下面我们在这些观测资料的基础上，对七一冰川物质平衡资料进行插补和延长，进而对其近 60 年来的变化予以讨论。

　　七一冰川（39°14′13″ N，97°45′18″ E）位于祁连山脉的托来山（图 3-12），其融水注入北大河支流柳沟泉河。七一冰川是亚大陆性冰川，在形态上属冰斗 - 山谷型冰川。2018 年该冰川面积为 2.61 km^2，长度为 3.19 km，最高点海拔为 5158.8 m，末端海拔为 4322 m，平均海拔为 4788 m。七一冰川是我国开展现代冰川综合考察与研究的第一条冰川，并因我国高山冰雪利用研究队于 1958 年 7 月 1 日登上该冰川而得名。1975～1978 年和 1985～1988 年，我国冰川科研人员对该冰川曾进行了物质平衡、平衡线高度、成冰作用、冰川运动、冰川变化、冰川厚度、冰川测图、冰川水文气象等方面的系统观测与研究。自 2001 年以来，我们持续对该冰川进行了较系统的观测与研究。

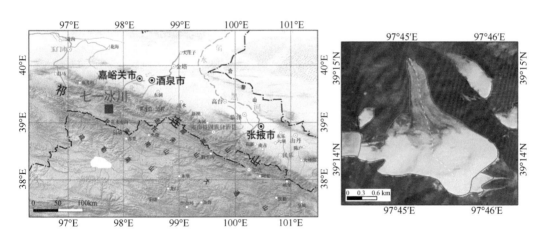

图 3-12　祁连山七一冰川位置及其 2018 年 7 月 17 日 Landsat 遥感影像图

　　考虑到前期七一冰川观测的不连续性，首先对其物质平衡资料进行插补和延长，以便认识其长期变化状况。根据观测资料，可以发现七一冰川物质平衡与平衡线高度之间存在非常显著的相关关系（图 3-13），根据此关系并利用该冰川的平衡线高度资料可对其物质平衡资料进行插补和延长。通过对七一冰川平衡线高度变化影响因素的分析与研究，揭示出该冰川平衡线高度变化主要受暖季气温和冷季降水的影响，根据这些主要气候影响要素值恢复了 1958 年以来七一冰川无观测资料年份的平衡线高度（王宁练等，2010）。据此以及观测计算的七一冰川平衡线高度资料，得到了 1958 年以来该冰川物质平衡的插补、延长与观测资料序列（表 3-4）。

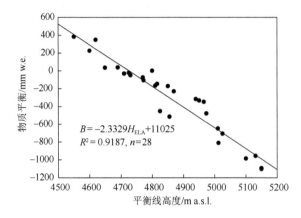

图 3-13 祁连山七一冰川物质平衡（B）与平衡线高度（H_{ELA}）之间的关系

表 3-4 近 60 年来祁连山七一冰川平衡线高度与物质平衡

平衡年份	平衡线高度 /m a.s.l.	物质平衡 /mm w.e.	平衡年份	平衡线高度 /m a.s.l.	物质平衡 /mm w.e.
1957/1958	4754	−66	1980/1981	4797	−166
1958/1959	4711	35	1981/1982	4602	289
1959/1960	4561	385	1982/1983	4486	560
1960/1961	4762	−84	1983/1984*	4600	226
1961/1962	4741	−35	1984/1985*	4710	−31
1962/1963	4831	−245	1985/1986*	4810	−165
1963/1964	4703	53	1986/1987*	4690	38
1964/1965	4661	151	1987/1988*	4730	−49
1965/1966	4824	−229	1988/1989	4781	−129
1966/1967	4684	98	1989/1990	4622	242
1967/1968	4573	357	1990/1991	4863	−320
1968/1969	4628	228	1991/1992	4643	193
1969/1970	4754	−66	1992/1993	4516	490
1970/1971	4796	−164	1993/1994	4814	−206
1971/1972	4745	−45	1994/1995	4809	−194
1972/1973	4714	28	1995/1996	4949	−521
1973/1974*	4580	340	1996/1997	4814	−206
1974/1975*	4650	35	1997/1998	4678	112
1975/1976*	4550	384	1998/1999	5016	−677
1976/1977*	4620	350	1999/2000	4948	−518
1977/1978	4852	−294	2000/2001	4970	−570
1978/1979	4609	273	2001/2002*	5012	−810
1979/1980	4538	438	2002/2003*	4939	−316

平衡年份	平衡线高度 /m a.s.l.	物质平衡 /mm w.e.	平衡年份	平衡线高度 /m a.s.l.	物质平衡 /mm w.e.
2003/2004*	4973	−477	2012/2013*	5100	−984
2004/2005*	4869	−229	2013/2014*	4965	−347
2005/2006*	5131	−955	2014/2015*	4800	1
2006/2007*	4855	−513	2015/2016*	5150	−1101
2007/2008*	4772	−105	2016/2017*	4950	−332
2008/2009*	4770	−74	2017/2018*	5150	−1093
2009/2010*	5010	−648	2018/2019*	4816	−146
2010/2011*	4825	−451	2019/2020*	4725	−21
2011/2012*	4850	−171	2020/2021*	5025	−706

﹡表示观测年份，该年份物质平衡和平衡线高度均为实测值，其他年份的值为统计回归模型插补值。

　　根据表 3-4 中七一冰川物质平衡资料，可以发现在 1958～2021 年该冰川平均的年物质平衡为 −143 mm w.e.，累积物质平衡值为 −9153 mm w.e.，即这一时期冰川物质总体上处于亏损状态。这是这一时期该冰川一直处于萎缩状态的直接原因。图 3-14 是近 60 年来七一冰川逐年物质平衡和累积物质平衡变化情况，图 3-15 是累积物质平衡距平值变化。从这两个图可以看出，1993 年之前七一冰川物质平衡偏正的年份较多，导致其累积物质平衡曲线以及累积物质平衡距平曲线一直处于上升态势。然而，该冰川的累积物质平衡从 1967 年开始才处于稳定正值并至 1993 年保持上升趋势，这意味着这一时期是该冰川的物质积累期，即该时期冰川物质总体处于积累状态。正因为如此，这一时期七一冰川规模的萎缩速率呈现减缓趋势。在这一较长时间的物质积累期，七一冰川未表现出前进或稳定状态很可能存在两方面的原因。其一是，前期（20 世纪 40 年代的暖期期间）冰川物质亏损较多，积累期积累的物质没有达到冰川规模对应的冰川稳定态时所需的冰量；其二是，物质积累过程发生在积累区，这需要冰川通过动力调整过程才能影响到冰川末端或边缘（即存在时间滞后），若在滞后时间内气候变化又导致冰川下部的消融损失量大于冰川上部通过动力调整过程向下部的输送冰量，则冰川不会前进。事实上，在 1985 年对七一冰川观测时发现，其海拔 4500 m 以下的冰舌部分与 1975 年比较在减薄后退，而其海拔 4500 m 以上部分的冰面在增厚，最大增厚区域出现在海拔 4580～4620 m，平均增厚值为 8 m（刘潮海等，1992b）。由于冰川物质的大量消融亏损在冰川下部冰舌部分表现最为直接和突出，因此 1993 年之后七一冰川物质强烈亏损（1958～1993 年平均年物质平衡值为 86 mm w.e.，1994～2021 年平均年物质平衡值为 −438 mm w.e.），导致随后该冰川面积和末端萎缩速率增大。另外，从图 3-14 中七一冰川物质平衡的 5 年滑动平均值曲线可以看出，2000 年以后冰川年物质亏损趋于稳定甚或缓和，这是同期该冰川面积萎缩速率趋于减小（图 3-4）的原因。上述七一冰川物质平衡变化与冰川规模变化过程的对比分析说明，冰川末端变化（山地冰川规模变化主要发生在冰川下部尤其是末端区域）对物质亏损（负物质平衡）的响应比较迅速，而对物质盈余（正物质平衡）的响应相对迟缓。

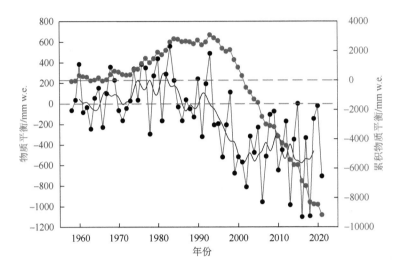

图 3-14　近 60 年来祁连山七一冰川逐年物质平衡（蓝色线，黑色线为 5 年滑动平均值）与累积物质平衡（红色线）变化

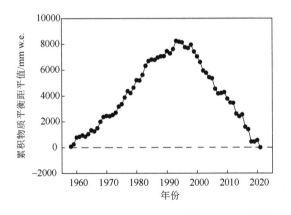

图 3-15　1958～2021 年祁连山七一冰川累积物质平衡距平值变化

冷龙岭宁缠河 1 号冰川物质平衡的观测研究结果表明（潘保田等，2021），2010～2020 年该冰川年均物质平衡为 -980 mm w.e.，较 1972～2010 年的物质亏损（-650 mm w.e./a）呈现明显加剧趋势。潘保田等（2021）汇总了祁连山相关监测冰川物质平衡资料，见表 3-5。从表 3-5 可以看出，祁连山区冰川物质亏损总体上从西向东呈增加趋势，这是祁连山东部冰川面积萎缩幅度较西部偏大的直接原因。另外，祁连山东部冰川规模整体上较西部偏小，这也是祁连山东部冰川相对萎缩幅度较大的原因之一，因为一般情况下冰川面积越小其面积相对变化率越大（图 3-7）。

表 3-5　祁连山监测冰川物质平衡状况对比（潘保田等，2021）

位置	冰川名称	观测时段	年均物质平衡 /mm w.e
祁连山东段	宁缠河 1 号冰川	2010 ~ 2020 年	-980
	水管河 4 号冰川	2010 ~ 2013 年	-510
祁连山中段	十一冰川	2000 ~ 2012 年	-530
	七一冰川	2011 ~ 2016 年	-509*
祁连山西段	老虎沟 12 号冰川	2010 ~ 2012 年	-309

* 根据表 3-4 资料修正。

2. 基于多源 DEM 数据的冰川物质平衡时空变化特征

利用大地测量学方法，若可获得不同时期冰川表面高程数据，利用每两期冰川表面高程差，便可获得同期冰川物质平衡的总体变化状况。不同研究者基于不同时期的地形图、DEM 数据、卫星测高数据等对全球不同地区的冰川物质平衡开展了相关研究。贺晶（2020）基于 2000 年的 SRTM DEM 数据（下载地址：http://srtm.csi.cgiar.org/）和 2014 年的 TanDEM-X DEM 数据（下载地址：https://geoservice.dlr.de/web/dataguide/tdm90/），将其进行空间匹配与差分，计算了 2000 ~ 2014 年祁连山 2337 条冰川（总面积为 1513.92 km^2）的表面高程变化。图 3-16 是基于这两期 DEM 数据获得的七一冰川 2000 ~ 2014 年表面高程变化特征。从图 3-16 可以看出，在七一冰川末端附近表面高程降低幅度最大，这符合冰川变化的一般规律。通过计算，这一时期七一冰川物质平衡为 -0.50 m w.e./a，而同期该冰川实际观测到的物质平衡为 -0.475 m w.e./a。这表明基于这两期 DEM 数据计算的七一冰川物质平衡的误差仅为 5%。因此，基于这两期 DEM 数据所获得的祁连山冰川物质平衡值具有很高的可信度。通过对祁连山所有研究冰川 2000 ~ 2014 年物质平衡变化的统计，结果表明，这一时期该区域整体平均的冰川物质亏损速率为 0.37±0.03 m w.e./a，其中东段地区亏损速率最大，为 0.65±0.05 m w.e./a，

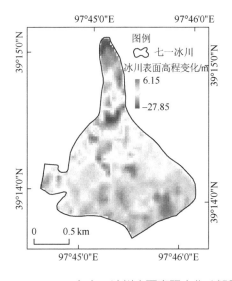

图 3-16　2000 ~ 2014 年七一冰川表面高程变化（贺晶，2020）

其次是中段地区，为 0.38±0.05 m w.e./a，西段最小，为 0.34±0.04 m w.e./a，即冰川物质亏损自西向东呈现增加的态势，与观测到的冰川物质平衡空间变化特征相一致。表 3-6 和图 3-17 是对祁连山不同流域 2000～2014 年冰川表面高程下降和物质平衡变化的统计结果，从中可以看出，祁连山东部石羊河流域和大通河流域冰川表面高程下降（物质亏损）速率最大，分别为 0.78±0.05 m/a(0.63±0.06 m w.e./a) 和 0.76±0.01 m/a(0.63±0.05 m w.e./a)，西部鱼卡河－塔塔棱河流域和哈拉湖流域冰川表面高程下降（物质亏损）速率最小，分别为 0.35±0.03 m/a (0.29±0.03 m w.e./a) 和 0.32±0.04 m/a(0.26±0.04 m w.e./a)。

表 3-6　2000～2014 年祁连山不同流域冰川物质平衡估算结果（贺晶，2020）

流域名称	冰川表面高程变化 /(m/a)	冰川物质平衡 /(m w.e./a)
石羊河流域	-0.78±0.05	-0.63±0.06
黑河流域	-0.55±0.05	-0.44±0.05
北大河流域	-0.46±0.02	-0.38±0.03
疏勒河流域	-0.44±0.07	-0.37±0.07
党河流域	-0.37±0.05	-0.30±0.05
哈勒腾河流域	-0.45±0.03	-0.37±0.04
鱼卡河－塔塔棱河流域 *	-0.35±0.03	-0.29±0.03
哈拉湖流域	-0.32±0.04	-0.26±0.04
布哈河－青海湖流域	-0.62±0.03	-0.51±0.04
大通河流域	-0.76±0.01	-0.63±0.05

* 由于鱼卡河流域和塔塔棱河流域冰川分布少而且紧邻，所以将两流域放在一起估算。与这两个流域毗邻的巴音郭勒河流域冰川小而且极少，单独基于 DEM 估算物质平衡时会误差较大，这里没有估算。后文计算物质平衡变化时，这三个紧邻流域采用同一个物质平衡值。

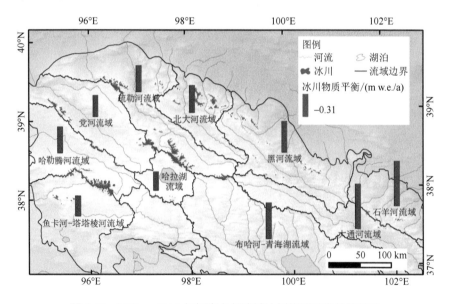

图 3-17　2000～2014 年祁连山各流域冰川物质平衡估算结果

基于多源 DEM 差分、分布式度日模型等多种方法，对近 50 年来祁连山冰川物质平衡变化进行研究，结果表明（表 3-7），该山区冰川物质整体上处于强烈亏损状态，且在 2000 年之后物质亏损明显加剧。万竹君（2021）基于多源 DEM 差分和大地测量法的研究发现，1970 年以来祁连山冰川发生强烈消融，导致冰川表面高程不断加速下降，2000 年后的物质亏损速率是 2000 年前的两倍多。高永鹏等（2018）也基于多源 DEM 差分的研究表明，2000～2010 年祁连山冰川整体物质平衡为 -0.48±0.23 m w.e./a。王玉哲等（2013）基于 DEM 与 ICESat 差分的研究也表明，2003～2008 年祁连山冰川表面高程发生了明显下降。王利辉等（2021）则利用分布式度日模型对 1961～2013 年祁连山冰川物质平衡变化序列进行重建，结果表明，在这一时期累积物质平衡值为 -12.76±4.24 m w.e.，同时发现以 1995 年为界可划分为两个阶段，1961～1995 年冰川物质平衡正负交替变化且变化幅度小，物质平衡为 0.11±0.13 m w.e./a，1996～2013 年冰川消融迅速加剧，物质平衡为 -0.54±0.13 m w.e./a。虽然上述研究方法、数据来源、研究时段等有所不同，但研究结果均表明，20 世纪 90 年代中期以来祁连山冰川物质处于强烈亏损状态。

表 3-7　祁连山不同时期冰川物质平衡研究结果对比

数据与方法	研究时段	冰川表面高程变化/(m/a)	冰川物质平衡/(m w.e./a)	来源
多源 DEM 差分	1970～2000 年	-0.21±0.15	-0.18±0.15	万竹君（2021）
	2000～2016 年	-0.56±0.21	-0.48±0.18	
多源 DEM 差分	2000～2010 年	-0.57±0.28	-0.48±0.23	高永鹏等（2018）
DEM 与 ICESat 差分	2003～2008 年	-0.35±0.26	-0.29±0.22	王玉哲等（2013）
分布式度日模型重建	1961～1995 年	—	0.11±0.13	王利辉等（2021）
	1996～2013 年	—	-0.54±0.13	
多源 DEM 差分	2000～2014 年	-0.44±0.02	-0.37±0.03	本书研究

3. 冰川厚度及其变化

冰川厚度测量不仅是冰川冰储量准确估算的基础，而且可对基于冰流模型的冰川厚度计算结果进行检验。另外，不同时期对同一冰川厚度的重复测量，可以揭示出其厚度与冰储量的变化。早在 20 世纪 70 年代末，我国就开始利用自行研制的雷达对冰川厚度进行测量。例如，1979 年利用成都电讯工程学院（现名为电子科技大学）等单位研制的矿井地质雷达仪，在祁连山羊龙河 1 号冰川表面海拔约 4340 m 和 4400 m 的两个断面上进行了厚度测量，测得的最大冰厚度超过 80 m（黄以职等，1980）。1980 年中国科学院兰州冰川冻土研究所（现名为中国科学院西北生态环境资源研究院）朱国才高级工程师等研制出冰川专用测厚雷达——B-1 型冰川测厚雷达，随后进行了改进并开始对我国冰川厚度进行测量（张祥松等，1985），从而为我国第一次冰川编目冰储量估算奠定基础。

在第二次青藏高原综合科学考察过程中，我们利用加拿大 SSI 公司生产的 pulseEKKO PRO 探地雷达（Ground Penetrating Radar，GPR）在祁连山七一冰川、八一冰川、十一冰川、宁缠河 1 号冰川、宁缠河 3 号冰川、托来南山 6 号冰川、托来南山 4 号冰川和扎子沟冰川上进行了冰川测厚工作。具体测量时采用的是 100MHz 天线，天线距设定为 2 m，采样时间间距为 0.8 ns，电磁波在冰川中的传播速度为 0.17 m/ns，采样间距根据不同冰川纵、横断面长度的不同而有所不同（从几米到几十米不等，具体以获得冰川剖面形态而定）。下面对不同时期七一冰川和八一冰川的测厚结果做一对比分析，同时对其他冰川的测厚结果做一说明，以便为后期开展相关类似工作以及冰川模拟研究工作等提供参考。

早在 1984 年朱国才高级工程师就利用改进的 B-1 型冰川测厚雷达对祁连山七一冰川厚度进行了测量（朱国才高级工程师为我们提供了早期测厚资料）。2007 年 9 月我们利用 pulseEKKO PRO 探地雷达对七一冰川厚度进行了测量，布设的测量断面（9 个横断面、2 个纵断面）与 1984 年的（11 个横断面、1 个纵断面）比较接近而且较一致（图 3-18）。2018 年 8 月，在该冰川上仅测量了 3 个横断面和 1 个纵断面（该纵断面上部与图 3-18 中 AA′ 断面上部重合，下部位于冰川中部），其纵断面平均厚度为 70.3 m（图 3-19）。通过对该冰川 1984 年和 2007 年两次雷达测厚资料的分析，发现在这 23 年中该冰川中下部平均减薄了 19.6 m，而且在末端区域减薄程度最大，超过了 50 m（图 3-20）。1984 年、2007 年和 2018 年测得的七一冰川厚度最大位置均在图 3-18 中 AA′ 断面的上部，并且最大厚度分别为 121 m、105.3 m 和 95.8 m。这表明七一冰川最大厚度在 1984 ～ 2018 年共减薄了 25.2 m（平均减薄速率为 0.74 m/a），其中 1984 ～ 2007 年减薄了 15.7 m（平均减薄速率为 0.68 m/a），2007 ～ 2018 年减薄了 9.5 m（平均减薄速率为 0.86 m/a），即该冰川处于加速减薄状态。这与同期七一冰川物质平衡的加速亏损状态相一致。

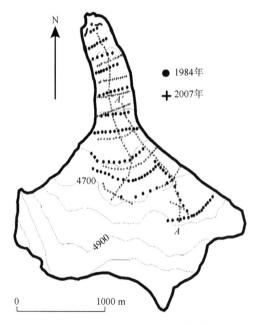

图 3-18　1984 年和 2007 年祁连山七一冰川两次雷达测厚点位置图

图中等高线单位为 m a.s.l.

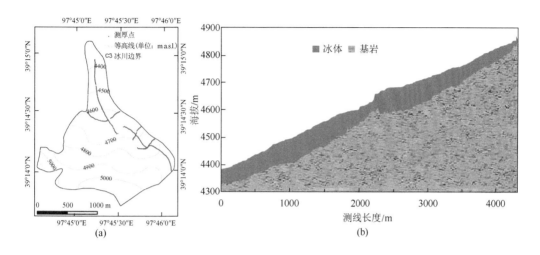

图 3-19　2018 年祁连山七一冰川雷达测厚断面（a）与纵断面测厚剖面图（b）

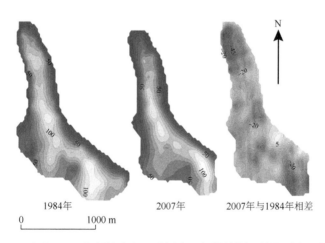

图 3-20　1984 年和 2007 年祁连山七一冰川中下部雷达测厚结果对比（单位：m）

八一冰川（39°01′05″ N，98°53′35″ E）位于祁连山中段走廊南山的南坡，是我国第二大内陆河黑河的源头。该冰川是一个发育于平缓山顶的冰帽型冰川（图 3-21）。近 60 年来，该冰川处于萎缩状态，其面积减少了 18.6%（图 3-22）。2020 年面积为 2.287 km²，长度约 2.51 km，最高点海拔为 4823 m，末端海拔为 4559 m，平均海拔为 4743 m。为了能够对八一冰川的厚度与冰储量有一个较准确的估算，2006 年 5 月我们根据该冰川的平面形态共布设了 5 个长测量断面（其中 4 个是横断面，1 个是纵断面）和 5 个短测量断面（图 3-23），2018 年 11 月和 2020 年 8 月分别在 5 个长断面附近位置重复进行了冰川厚度的雷达测量。图 3-24 是 2006 年断面 $B'B$ 的雷达图像资料，从中可以看出冰-岩界面十分清晰。另外，在 2006 年春季野外工作期间，我们还在八一冰川上钻取了两支透底冰芯（冰芯 1 和冰芯 2，具体位置见图 3-23）。这两支冰芯钻孔的深度为检验雷达测厚结果的准确性提供了便利条件。利用测绳对冰芯 1 和冰芯 2 钻孔深度的测量结果分别为 94.6 m 和 57.3 m，而利用雷达对这两个地点的冰厚度的测量结果分别为 94.5 m 和 57.8 m。由此可见，雷达测厚结果与实际冰厚极为一致（王宁练和蒲健辰，2009）。2006 年、2018 年和 2020 年测得的八一冰川最大厚度分别为 120.2 m、111.55 m 和 108.94 m，即该冰川最大厚度在 2006～2018 年和 2018～2020 年两个时段的平均减薄速率分别为 0.72 m/a 和 1.31 m/a，呈加速减薄趋势。为了计算近十几年来八一冰川冰储量的变化，基于 2006 年和 2018 年两次在祁连山八一冰川各断面上的雷达测厚资料，利用 ArcGIS 平台进行空间插值，生成整个冰川的厚度分布数据，进而计算出冰储量。其步骤如下：①输入每个雷达测量点的经纬度及厚度值；②将冰川矢量边界厚度设定为 0 值；③采用克里金方法对测点数据进行空间插值计算，生成冰厚度栅格数据，其空间分辨率为 15 m；④提取每个栅格单元的厚度值，并在当年冰川范围内积分求得冰储量。结果表明（图 3-25），2006 年八一冰川的平均厚度为 63.74 m[此值较之前发表的平均厚度值（王宁练和蒲健辰，2009）偏大，但更合理一些，当时采用了粗网格（即冰川中部偏厚部分的数据点会略偏少）并且利用早期地形图进行了计算。这里为了便于比较，采用统一方法计算]，冰储量为 0.151 km³，2018 年的平均厚度为 54.56 m，冰储量为 0.125 km³，即在 2006～2018 年八一冰川平均厚度减薄速率约为 0.77 m/a，冰储量减少约 17.3%。

图 3-21　祁连山八一冰川 Google Earth 影像（2011 年 8 月 29 日）

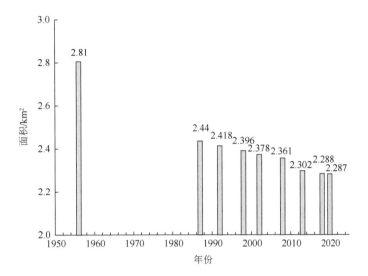

图 3-22　近 60 年来祁连山八一冰川面积变化

资料来源：王宗太等（1981）以及对不同时期 Landsat TM/ETM/OLI 影像的解译结果

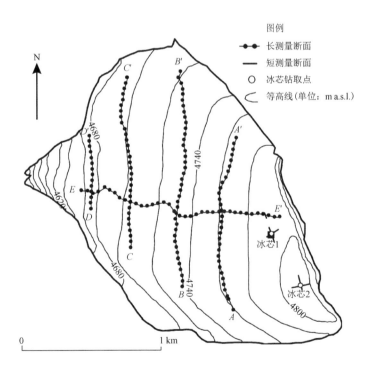

图 3-23　2006 年祁连山八一冰川雷达测厚断面分布图（王宁练和蒲健辰，2009）

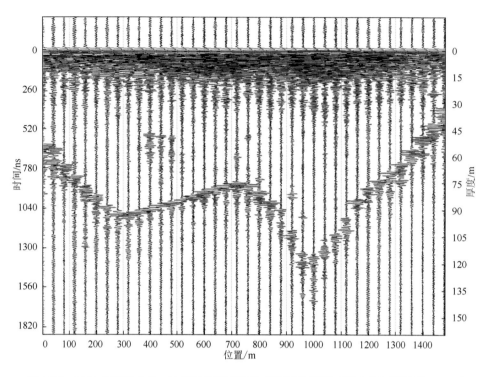

图 3-24 2006 年祁连山八一冰川沿断面 $B'B$ 的雷达图像资料（王宁练和蒲健辰，2009）

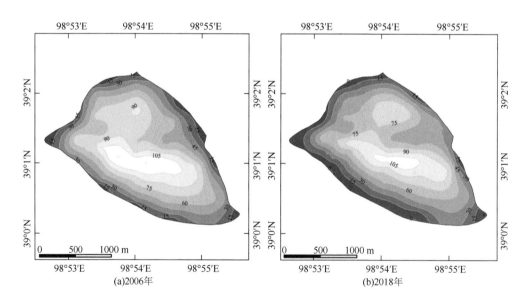

(a)2006年   (b)2018年

图 3-25 祁连山八一冰川厚度等值线图（单位：m a.s.l.）

十一冰川（38°12′45″N，99°52′40″E）位于托来山北坡葫芦沟流域，属于黑河流域。根据最新的冰川编目资料，2016 年该冰川已经分离成为独立的东、西两支冰川，东支冰川为悬冰川（面积仅有 0.01 km²），西支冰川为小型山谷型冰川（面积为 0.23 km²，长度约为 0.99 km，最高点海拔 4781 m，末端海拔 4450 m，平均海拔 4618 m）。2020 年 8 月在十一冰川西支开展了测厚工作，布设了 1 条纵断面、5 条横断面，共计 56 个测点。测点分布在海拔 4450～4650 m（图 3-26）。测厚区域内主流线附近的平均冰厚约为41.99 m，测到的冰川最大厚度约为 56.85 m。基于空间插值计算，测厚区域范围内的平均厚度约为 22.21 m。

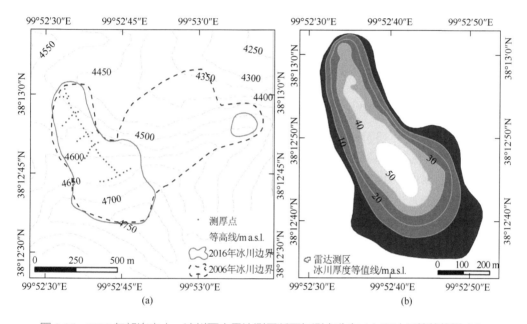

图 3-26　2020 年祁连山十一冰川西支雷达测厚断面与测点分布（a）和冰厚等值线图（b）

宁缠河 1 号冰川（37°30′58″ N，101°50′17″ E）位于祁连山东段冷龙岭北坡，属于石羊河流域。根据冰川编目资料，2014 年宁缠河 1 号冰川面积约为 0.38 km²，冰储量约为 0.01 km³，最高点海拔 4571 m，末端海拔 4243 m，平均海拔 4411 m。2019年 8 月在宁缠河 1 号冰川上进行了雷达厚度测量，共布设了 1 条纵断面和 6 条横断面，总计 98 个测点，测厚点分布在海拔 4150～4400 m［图 3-27（a）］。图 3-27（b）是测得的该冰川纵断面主流线附近的厚度分布，平均厚度约为 30.3 m，测到的最大厚度约为 46.3 m。Cao 等（2017）曾在 2014 年对该冰川进行了较系统的雷达测厚工作，测得该冰川的最大厚度为 65 m，平均厚度为 24 m，冰储量为 0.00936 km³。前述我们编目估算的该冰川冰储量值与这一实测冰储量值非常接近。

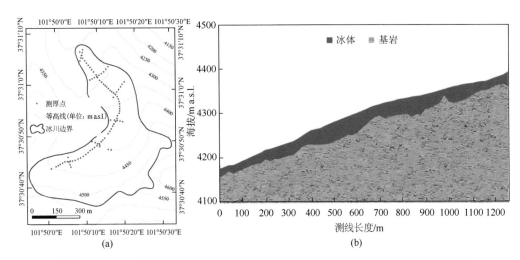

图 3-27　2019 年祁连山宁缠河 1 号冰川雷达测厚断面（a）与纵断面测厚剖面（b）

宁缠河 3 号冰川（37°30′46″N，101°49′05″E）位于祁连山东段冷龙岭北坡，属于石羊河流域。根据冰川编目资料，2014 年宁缠河 3 号冰川面积约为 1.15 km²，长度约 1.85 km，冰储量约为 0.04 km³，最高点海拔 4751 m，末端海拔 4188 m，平均海拔 4488 m。2019 年 8 月在宁缠河 3 号冰川上开展了雷达厚度测量，共布设了 1 条纵断面和 4 条横断面，总计 112 个测点，测厚点分布在海拔 4200 ～ 4450 m [图 3-28（a）]。雷达测厚结果表明，该冰川主流线附近的平均厚度约为 50.8 m，测到的冰川最大厚度约为 54.6 m [图 3-28（b）]。

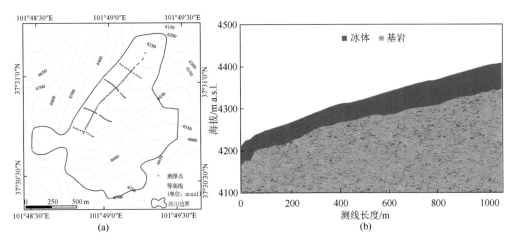

图 3-28　2019 年祁连山宁缠河 3 号冰川雷达测厚断面（a）与纵断面测厚剖面（b）

托来南山 6 号冰川（38°38′12″ N，98°16′57″ E）位于疏勒河流域。依据 2019 年 Landsat 8 影像通过目视解译获取当年该冰川的总面积为 1.34 ± 0.05 km²，末端海拔为 4586 m，最高点海拔为 5231 m。其中，主冰川面积为 1.25 ± 0.04 km²，支冰川面积为

0.09 ± 0.01 km^2。2019 年 7 月在该冰川上开展了测厚工作，共布设了 1 条纵断面和 8 条横断面，共计 216 个有效测点（图 3-29），测区范围内平均冰厚为 39.61 ± 5.32 m，测得的最大厚度为 100.78 ± 1.78 m。图 3-29（b）是根据测厚结果获得的该冰川厚度等值线图，据此估计该冰川冰储量为 0.0504 ± 0.0082 km^3。根据冰川编目资料估算的该冰川冰储量值与雷达测厚获得的该冰川冰储量值几乎一致。

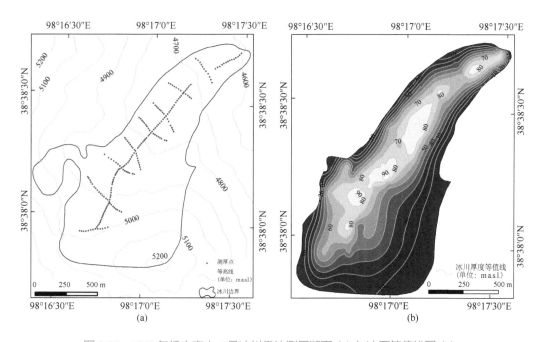

图 3-29　2019 年托来南山 6 号冰川雷达测厚断面（a）与冰厚等值线图（b）

托来南山 4 号冰川（38°36′55″ N，98°17′40″ E）位于疏勒河流域内。根据冰川编目资料，2014 年托来南山 4 号冰川面积约为 2.66 km^2，冰川长度约为 3.57 km，冰储量约为 0.14 km^3，最高点海拔为 5209 m，末端海拔为 4524 m，平均海拔为 4870 m。2019 年 8 月在该冰川上共布设了 2 条纵断面和 3 条横断面，共计 234 个雷达测厚点（图 3-30）。由于该冰川下部冰面中间位置存在较深的纵向深沟，因此横向难以通达，未能布设横断面，而是布设了近乎平行的两个纵断面。图 3-30（b）是 AA' 纵断面的测厚结果，其平均厚度约为 66.5 m，测得的冰川最大厚度约为 109.7 m。

扎子沟冰川（39°11′43″ N，95°18′54″ E）位于党河流域，是党河南山最大的一条冰川。该冰川为一条山谷型冰川。根据冰川编目资料，2014 年扎子沟冰川面积约为 7.19 km^2，冰川长度约为 7.68 km，冰储量约为 0.55 km^3，最高点海拔为 5655 m，末端海拔为 4355 m，平均海拔为 5144 m。2019 年 5 月在扎子沟冰川上开展了雷达测厚工作，布设了 2 条纵断面，共 366 个测点，测点分布在海拔 4300 ～ 5100 m [图 3-31（a）]。图 3-31（b）是该冰川纵断面雷达测厚结果，测量时受冰川融水影响，中间大约有 100 m 内区间缺测，测区内平均厚度约为 73.6 m，测得的冰川最大厚度约为 114.9 m。

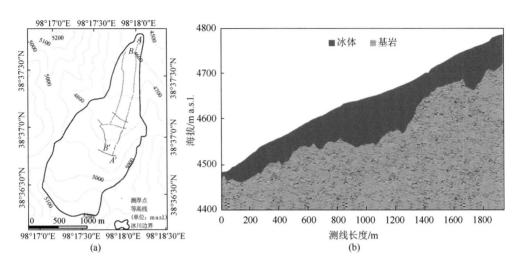

图 3-30　2019 年托来南山 4 号冰川雷达测厚断面（a）与 AA' 纵断面测厚剖面（b）

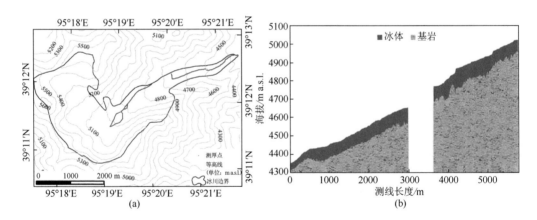

图 3-31　2019 年祁连山扎子沟冰川雷达测厚断面（a）与纵断面测厚剖面（b）

4. 基于多期冰川编目资料的冰储量时空变化特征

1）冰储量估算方法

采用冰储量－面积经验公式估算冰储量，其基本形式为

$$V = c \cdot A^{\gamma} \qquad (3\text{-}4)$$

式中，V 为冰储量；A 为冰川面积；c 和 γ 为比例系数。

本次编目采用 Radić 和 Hock（2010）提出的适用于全球冰川的比例系数：c=0.2055（单位：$\mathrm{m}^{3-2\gamma}$），γ=1.375，即冰储量计算公式为

$$V = 0.2055 \cdot A^{1.375} \qquad (3\text{-}5)$$

式中，V 为冰储量，单位为 m^3；A 为冰川面积，单位为 m^2。冰储量计算结果的单位统一转换为 km^3。

第一次冰川编目采用冰川面积和冰川平均厚度（平均厚度基于厚度－面积经验公式估计）相乘的方法估算冰储量，第二次冰川编目和本次冰川编目均采用上述经验公式 [式 (3-5)] 估算冰储量。基于本次考察野外获得的相关冰川雷达测厚数据，本书计算了相关测厚冰川的冰储量。结果表明，基于雷达测厚数据获得的测厚冰川冰储量与式 (3-5) 计算的冰储量之间具有较好的一致性，即式 (3-5) 在祁连山冰川冰储量估算中具有较好的适应性。为了便于比较，本书对第一次冰川编目数据也采用式 (3-5)重新进行了冰储量估算。经统计，第一次冰川编目原始数据中祁连山区总冰储量为 93.49 km^3，基于式 (3-5) 估算得到该区域总冰储量约为 101.24 km^3。

2）冰储量时空变化特征

2014 年祁连山的冰川冰储量约为 75.06 km^3，相比于第一次冰川编目的 101.24 km^3，近 60 年来祁连山冰川冰储量损失了约 26.18 km^3，亏损率高达 25.86%（表 3-8）。王利辉等 (2021) 利用分布式度日模型对 1961 ～ 2013 年祁连山冰川物质平衡变化进行重建，结果表明，该时期累积物质平衡值为 -12.76±4.24 m w.e.。据此并依据这一时期祁连山冰川面积的变化状况，估计 1961 ～ 2013 年祁连山冰川物质亏损了 24.5±8.1 km^3。由此可见，不同方法关于祁连山冰川冰储量变化的估计具有很好的一致性。

表 3-8　祁连山不同时期各流域冰川冰储量统计

流域名称	第一次冰川编目 (I)/km^3		第二次冰川编目 (II)/km^3	2014 年冰川编目 (III)/km^3	I-II 储量变化 /km^3	I-II 储量变化率 /%	II-III 储量变化 /km^3	II-III 储量变化率 /%	I-III 储量变化 /km^3	I-III 储量变化率 /%
	原始数据	新估算结果 *								
石羊河流域	2.14	2.27	1.42	1.06	-0.85	-37.44	-0.36	-25.35	-1.21	-53.30
黑河流域	3.30	3.71	2.11	1.87	-1.60	-43.13	-0.24	-11.37	-1.84	-49.60
北大河流域	10.37	10.78	8.10	7.28	-2.68	-24.86	-0.82	-10.12	-3.50	-32.47
疏勒河流域	33.35	34.43	28.89	27.23	-5.54	-16.09	-1.66	-5.75	-7.20	-20.91
党河流域	11.12	11.05	9.58	9.32	-1.47	-13.30	-0.26	-2.71	-1.73	-15.66
哈勒腾河流域	17.91	23.47	19.34	17.67	-4.13	-17.60	-1.67	-8.63	-5.80	-24.71
鱼卡河流域	2.29	2.88	2.45	2.26	-0.43	-14.93	-0.19	-7.76	-0.62	-21.53
塔塔棱河流域	6.14	5.69	3.47	3.29	-2.22	-39.02	-0.18	-5.19	-2.40	-42.18
巴音郭勒河流域	0.06	0.07	0.05	0.05	-0.02	-28.57	0.00	0.00	-0.02	-28.57
哈拉湖流域	4.97	4.96	4.44	4.23	-0.52	-10.48	-0.21	-4.73	-0.73	-14.72
布哈河 - 青海湖流域	0.59	0.59	0.39	0.33	-0.20	-33.90	-0.06	-15.38	-0.26	-44.07
大通河流域	1.25	1.34	0.66	0.47	-0.68	-50.75	-0.19	-28.79	-0.87	-64.93
总计	93.49	101.24	80.90	75.06	-20.34	-20.09	-5.84	-7.22	-26.18	-25.86

* 采用式 (3-5) 估算的冰储量。

资料来源：表中第一次冰川编目资料来自王宗太等 (1981)，第二次冰川编目资料来自刘时银等 (2015)。

　　20 世纪 60 年代至 2014 年，祁连山冰川冰储量变化存在与面积变化相同的空间格局。从各流域冰川冰储量亏损量来看，祁连山西段的疏勒河流域冰储量损失较大，达到 7.20 km³，而东段的布哈河 - 青海湖流域和巴音郭勒河流域的冰储量损失较为微弱，分别仅为 0.26 km³ 和 0.02 km³。从各流域的冰川冰储量亏损率来看，祁连山东段大通河流域和石羊河流域虽然亏损量相对较小，但亏损率却超过了 50%，位于中段的黑河流域的冰储量亏损率为 49.60%，位于西部的党河流域、疏勒河流域、哈拉湖流域等冰储量亏损率则相对较小。

　　为了解全球持续升温背景下，近 10 年祁连山不同流域的冰储量亏损率是否存在加速现象，本书对不同时段的祁连山各流域的冰储量亏损速率进行了分析（图 3-32）。结果表明，对于整个祁连山地区，第一次冰川编目时（20 世纪 60 年代）至第二次冰川编目时（2006 年前后）的冰储量亏损速率约为 0.44 km³/a(0.44%/a)，到了近期（第二次冰川编目至 2014 年）其亏损速率为 0.73 km³/a(0.90%/a)，亏损速率增加了近 1 倍。不同时段各流域的冰储量亏损速率结果显示，祁连山中、西段流域（疏勒河流域、黑河流域、柴达木盆地和青海湖流域）的冰储量亏损速率均存在有 1 倍左右的加速趋势，而东段的石羊河流域和大通河流域冰储量亏损速率在上述两个时段内的增幅超过 3 倍（表 3-8）。

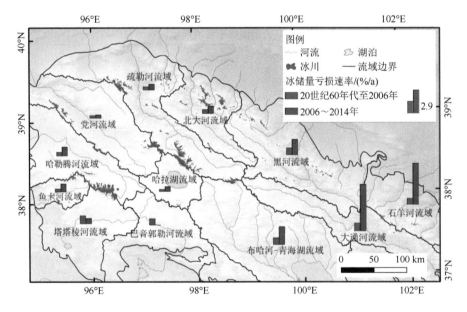

图 3-32　近 60 年来祁连山各流域冰川冰储量变化

　　近 20 年来，对祁连山不同区域冰川的考察和观测表明，该区域冰川积累区粒雪层厚度一般多为 1 m 左右，只有少数大冰川积累区的粒雪层厚度较大。因此，根据祁连山冰川表面高程变化的研究结果，可以认为其是冰川冰物质的变化。基于多源 DEM 数据获得的祁连山冰川表面高程变化数据，计算出 2000 ~ 2014 年祁连山冰川冰物质的亏损量为 9.878±0.808 km³（表 3-9）。假定近期祁连山冰川物质平衡变化的空间特征与 2000 ～ 2014 年时期的一致，根据七一冰川观测的物质平衡与北大河流域冰川物质平衡之间的比例关系，并结合北大河流域冰川物质平衡与其他流域冰川物质平衡之间的比例关系（即假定的空间结构一致），对 2015 ～ 2021 年祁连山各流域冰川物质的变化情况进行了估计。2015 ～ 2021 年祁连山冰川冰物质的亏损量约为 4.783±0.394 km³（表 3-9）。总体来说，近 20 年来，祁连山冰川物质亏损达 14.7 km³，超过近 60 年来祁连山冰川冰储量变化（减少约 26.18 km³）的一半，即近 60 年来祁连山冰川冰储量减少量的一半以上发生在近 20 年的时间里。

表 3-9　基于多源 DEM 数据和冰川物质平衡观测数据估计的近 20 年来祁连山各流域冰川物质变化量

流域名称	2000 ～ 2014 年		2015 ～ 2021 年 物质变化（冰量）/km³
	表面高程变化 /(m/a)	物质变化（冰量）/km³	
石羊河流域	-0.78±0.05	-0.436±0.028	-0.186±0.012
黑河流域	-0.55±0.05	-0.601±0.055	-0.273±0.025
北大河流域	-0.46±0.02	-1.387±0.060	-0.650±0.028
疏勒河流域	-0.44±0.07	-3.141±0.500	-1.556±0.248
党河流域	-0.37±0.05	-1.053±0.142	-0.526±0.071
哈勒腾河流域	-0.45±0.03	-1.954±0.130	-0.973±0.065
鱼卡河流域 *	-0.35±0.03	-0.282±0.024	-0.139±0.012
塔塔棱河流域 *	-0.35±0.03	-0.349±0.030	-0.172±0.015
巴音郭勒河流域 *	-0.35±0.03	-0.011±0.001	-0.005±0.001
哈拉湖流域	-0.32±0.04	-0.353±0.044	-0.173±0.022
布哈河 - 青海湖流域	-0.62±0.03	-0.089±0.004	-0.041±0.002
大通河流域	-0.76±0.01	-0.222±0.003	-0.089±0.001
总计		-9.878±0.808	-4.783±0.394

* 鱼卡河流域、塔塔棱河流域和巴音郭勒河流域相互紧邻而且冰川分布少，该区域冰川表面高程变化均采用表 3-6 中鱼卡河 - 塔塔棱河流域的数据。

3.1.4　近 60 年来冰川平衡线高度与雪线高度变化

冰川平衡线高度及雪线高度与冰川物质平衡一样，都是对当年气候状况的反映，它们都是衔接冰川进退变化与气候变化之间的纽带。下面将基于祁连山监测冰川的观测资料分析其过去平衡线高度的变化，并基于遥感资料揭示祁连山冰川雪线高度的时空变化特征。

1. 观测冰川的平衡线高度变化

冰川平衡线高度（Equilibrium-line Altitude，ELA）是冰川上年物质积累与年物质损耗相等位置所在的海拔。冰川前进、退缩或消亡的命运直接由冰川平衡线高度控制。相对于冰川稳定态或物质平衡为零时的平衡线高度（分别称为稳定态平衡线高度和零物质平衡线高度）而言，如果平衡线高度升高，那么冰川就会因物质消融增强使之前的退缩趋势加速或从之前的稳定状态转为退缩状态或减缓之前的前进速度，并且当冰川平衡线高度升高并超过冰川顶部时，冰川将会消亡；反之，如果平衡线高度下降，那么冰川就会因物质积累增多使之前的退缩趋势减缓或使冰川从之前的稳定状态转为前进状态。相对于冰川的其他特征参数（如长度、面积等），平衡线高度变化是气候变化最直接的反映。另外，冰川平衡线高度的气候敏感性研究不仅是利用冰川长度变化进行过去气候变化定量重建的重要基础，而且也是冰川未来变化趋势预测的关键因素。由此可见，冰川平衡线高度研究在气候与冰川变化研究方面具有重要意义。近年来，关于冰川面积、物质平衡等方面的研究较多，而对冰川平衡线高度变化的研究却相对较少。在全球变暖情况下，应高度重视冰川平衡线高度变化的研究。

现代冰川观测与研究中，主要是根据冰面花杆所测量的年物质平衡随高度的变化曲线，计算出物质平衡为零的高度，即为平衡线高度。七一冰川是祁连山区监测历史最长的冰川。王宁练等（2010）根据前期七一冰川花杆观测计算的平衡线高度资料，基于它们与平衡年度内暖季气温及冷季降水量之间的关系，对该冰川平衡线高度进行了插补和延长。这里基于七一冰川前期的观测、插补和延长的平衡线资料，并结合近期该冰川冰面花杆观测计算的平衡线高度资料（表3-4），对近60年来该冰川平衡线高度的变化情况予以说明。

图3-33是近60年来祁连山七一冰川平衡线高度的变化情况。从图3-33可以看出，1958～2021年七一冰川平衡线高度变化呈显著上升的总趋势。如果利用线性关系拟合其变化趋势，结果表明，近60年来七一冰川平衡线高度上升了337 m。为了更好地从平衡线高度变化的角度理解冰川规模的变化趋势，本书将七一冰川平衡线高度变化与其零物质平衡线高度做一对比分析。对于某一具体冰川而言，其零物质平衡线高度会随其规模的缩小而升高，反之亦然。根据七一冰川不同时期实测的物质平衡资料和平衡线高度资料，可以计算出20世纪七八十年代该冰川的零物质平衡线高度约为4708 m a.s.l.，近20年的零物质平衡线高度升高至约4771 m a.s.l.。鉴于前期观测资料较少，并为了对近几十年七一冰川变化进行整体认识，本书将利用不同时期的平衡线高度与该冰川长期所有观测资料计算的零物质平衡线高度（约为4737 m a.s.l.）之间的对比关系来对该冰川变化进行分析。从图3-33可以明显看出，1958～1993年大多数年份七一冰川的平衡线高度低于零物质平衡线高度（该时段的平衡线高度平均值约为4686 m a.s.l.，较零物质平衡线高度略低），而1994～2021年除了1998年和2020年外，其他所有年份的平衡线高度均明显高于零物质平衡线高度（该时段的平衡线高度平均值约为4917 m a.s.l.，较零物质平衡线高度明显偏高）。从七一冰川面积－海拔分布图可以看出，海拔4900 m以下的冰川面积约占整个冰川总面积的70%（图3-34）。这意味着20世纪90年代中期以来的绝大多数年份七一冰川的绝大部分区域处于纯粹的消融状态。正因为如此，

七一冰川面积在 90 年代中期之后的萎缩速率较之前的显著增加（图 3-4）。另外，从七一冰川平衡线高度 5 年滑动平均值变化曲线（可以反映某一时期平衡线高度的总体平均情况）可以看出，20 世纪 70 年代中期到 80 年代中期平衡线高度明显偏低，其中 1974 ～ 1984 年平衡线高度平均值为 4626 m a.s.l.，该高度以上区域的冰川面积约占冰川总面积的 80%，即这一时期七一冰川上部绝大部分区域属于物质积累状态，从而导致这一时期该冰川面积的萎缩速率很小；21 世纪初至 21 世纪 10 年代中期平衡线高度相对偏低，使得这一时期七一冰川面积的萎缩速率较 20 世纪 90 年代后期略有降低（图 3-4）。

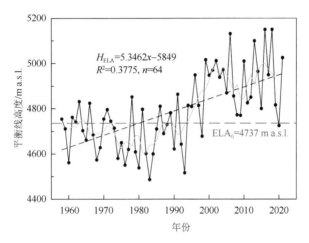

图 3-33　近 60 年来祁连山七一冰川平衡线高度变化

黑色带点曲线为平衡线高度逐年值，黑色虚线是线性趋势线，绿色曲线是 5 年滑动平均值，
红色虚线是零物质平衡线高度

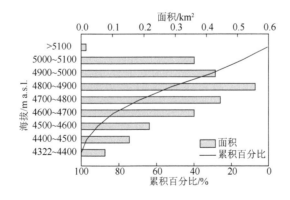

图 3-34　祁连山七一冰川面积 - 海拔分布（基于 2018 年资料绘制）

　　表 3-10 是祁连山相关监测冰川不同时期基于花杆物质平衡观测结果计算的平衡线高度资料。从这些有限的资料可以看出，同一冰川近期的平衡线高度较 20 世纪 60 ～

70 年代的高，同一时期祁连山东部冰川的平衡线高度较西部的低。一般而言，同一冰川的平衡线高度变化与其雪线高度变化具有一致性。因此，为了充分认识祁连山冰川平衡线高度变化的时空特征，必须借助遥感资料对祁连山冰川雪线高度的时空变化进行分析。

表 3-10　祁连山相关监测冰川不同时期的平衡线高度资料　　（单位：m a.s.l.）

平衡年份	老虎沟 12 号冰川	羊龙河 5 号冰川	水管河 4 号冰川	宁缠河 1 号冰川
1958/1959	4800			
1959/1960	4900			
1960/1961	4950			
1962/1963			4450	
1974/1975	4780			
1975/1976	4700		4420	
1976/1977		4600	4430	
1977/1978		4750	4450	
1978/1979		4700		
2005/2006	4900			
2010/2011	5060			4770
2011/2012	4970		4680**	4690
2012/2013				4910
2013/2014				4630
2014/2015				4420

**2010～2012 年数据。

资料来源：王仲祥等（1985）、杜文涛等（2008）、Chen 等（2017）、Cao 等（2017）、曹泊等（2013）。

2. 基于遥感资料的雪线高度时空变化

冰川学研究中雪线（snowline）的概念不同于地貌学研究中地形雪线和气候雪线的概念。在地貌学研究中，地形雪线（orographic snowline）是指消融季末山地地表（非冰川区域）积雪的下限，而一个区域的平均地形雪线称为区域雪线（regional snowline）。区域雪线通常称为气候雪线（climatic snowline）。在冰川学研究中，雪线是指冰面雪覆盖区域的下限，即在一条冰川表面上区分雪覆盖区域与冰川冰（裸冰）区域的界线。在消融季节中的任何时间，冰川表面上的雪线称为瞬时雪线（transient snowline），它会受到夏季消融过程以及降雪过程的影响而随时波动。通常将消融季末的雪线称为夏末雪线（end-of-summer snowline）或年雪线（annual snowline），代表一个物质平衡年中雪线的最高位置。在冰川学研究中，一般情况下如果没有特殊说明，常说的雪线是指年雪线。雪线所在位置的高程称为雪线高度（snowline altitude，SLA），它是对当年气候状况的反映。当且仅当冰川上没有附加冰形成时，雪线与平衡线重合。由于雪和冰或粒雪之间的亮度存在较大的差异，所以选择合适的遥感影像资料很容易对其进行判识。下面将依据遥感影像资料来分析祁连山冰川雪线高度的分布与变化情况。

1）数据和方法

（1）数据

A. 遥感数据

在基于遥感开展祁连山冰川雪线研究时，本书综合应用我国卫星资料和国外卫星资料来进行。HJ-1 小卫星全称为"环境与灾害监测预报小卫星"，是我国于 2008 年 9 月 6 日发射成功的。它由 HJ-1A 与 HJ-1B 两颗小卫星组成，A、B 两星结合的重访周期为 2 天，在重复扫描交叉的区域重访周期可达 1 天。多光谱影像的空间分辨率为 30 m，包括蓝波段、绿波段、红波段和近红外波段，其对应的波谱及波谱设置与 Landsat 和 SPOT 等系列国外卫星的数据范围一致。HJ-1A/B 数据从中国资源卫星应用中心网站下载（https://data.cresda.cn/#/2dMap）。进行雪线研究时遥感影像的选取遵循以下原则：主要选取消融季（尤其是 8 月）数据，因为 8 月消融最强烈，雪线高度可能达到最高；同时，选择云量小于 20% 的影像且影像上非冰川区域尽量无雪。

美国 NASA 的陆地卫星（Landsat）计划 [1975 年前称为地球资源技术卫星（ERTS)]，从 1972 年 7 月 23 日以来已发射 8 颗（第 6 颗发射失败）卫星，其中 20 世纪 80 年代以来的数据质量较高（研究中用到的可见光 - 近红外波段空间分辨率为 30 m，时间分辨率为 16 天，特别是双星交叉年份可将影像的时间分辨率提高到 8 天）。此外，由于 Landsat 数据空间分辨率高，DEM 数据与其空间一致性较好，因此也用该数据来配准 DEM 数据和 HJ-1A/B 数据。这里利用的 Landsat TM/ETM/OLI 数据主要来源于 USGS（http://earthexplorer.usgs.gov/）网站和地理空间数据云 GSCLOUD（http://www.gscloud.cn/）网站。

MODIS 和 Sentinel-2 数据被用来辅助确定雪线高度。Landsat 数据时间分辨率以及云和新降雪因素导致某个年份或某些年份的雪线高度无法获取。因此，针对区域尺度研究时，采用 Landsat 数据获取的数据为参考值，采用 Landsat 数据获取的雪线高度去修正 MODIS 数据获取的雪线高度，从而可以得到研究区较完整的雪线高度时间序列。MODIS 数据空间分辨率较低，不太适合于小冰川雪线高度的研究。Sentinel-2 数据的时间分辨率为 5 天，且空间分辨率最高可达 10 m，因此利用 Sentinel-2 数据开展小冰川雪线高度的研究。

B. DEM 数据

SRTM DEM 是 2000 年 2 月 11 日美国"奋进号"航天飞机搭载的 SRTM 系统获取的 60°N ～ 56°S 的数据，分辨率有 1 角秒（30 m）和 3 角秒（90 m）。由于水体和山体背阴面可能包括无数据点，因此这里使用的是利用 SRTM DEM 与矢量等高线内插生成的 DEM 叠加空洞填补过的 SRTM DEM 数据，该数据的水平精度为 ±20 m、垂直精度为 ±16 m（詹蕾，2009）。此外，ASTER GDEM（Global Digital Elevation Model）30 m 分辨率的 DEM 在海拔高于 5600 m 区域提取的等高线不准确，这也是选取 SRTM DEM 的原因之一（McFadden et al.，2011）。这里用到的 SRTM DEM 的数据范围为 37°N ～

39°N、93°E ～ 101°E，数据从 USGS 网站（http://earthexplorer.usgs.gov/）下载。

（2）方法

这里冰川雪线高度的确定主要采用反照率方法和监督分类方法。

A. 反照率方法

冰川冰和雪的反照率差异较大，据此可识别雪线。该方法已被用于喜马拉雅西段冰川的雪线高度时空变化研究中（Guo et al.，2014）。以七一冰川为例，来说明该方法提取雪线高度的过程。通过对选定的遥感影像进行辐射定标、大气校正、与 DEM 数据配准及窄波段转宽波段反照率等过程处理，以获取反照率资料。基于配准的 DEM，分别以 10 m 和 100 m 的间隔提取等高线，再将提取的等高线数据与反照率图像叠加，根据计算的宽带反照率，以 100 m 等高线间隔获取冰川区域各像元的反照率值。绘制冰川表面反照率值随高度变化的曲线（图 3-35），从较低高度向较高高度会出现两个明显的拐点，较低高度处拐点的反照率值为裸冰和雪冰过渡区的分界，较高高度处拐点的反照率值为雪冰过渡区和雪全覆盖区的分界，根据这两个分界阈值在 ArcGIS 软件里对整个冰川表面进行分类，并将雪冰过渡区的中值高度即两个拐点处高程的平均值作为瞬时雪线高度。考虑到提取的瞬时雪线高度不一定沿着等高线分布，有可能贯穿几条等高线，根据 10 m 间隔的等高线，取该线最邻近的等高线或等高线的平均值为瞬时雪线高度。考虑到消融季节降雪天气过程对瞬时雪线高度的影响，取每年 6 月 1 日～ 9 月 30 日的最高瞬时雪线高度作为当年的雪线高度。例如，图 3-35 是以 2018 年 8 月 10 日的 Landsat 数据为例，显示的反照率随高度的变化，将下部拐点处海拔 4795 m 与上部拐点处海拔 4924 m 的平均值 4860 m 作为当日的雪线高度。用同样的方法确定 2018 年 6 月 1 日～ 9 月 30 日可获得影像资料所有日期的瞬时雪线高度值，从中选定瞬时雪线高度最高的 8 月 10 日的 4860 m a.s.l. 作为该年的雪线高度。

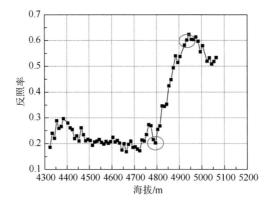

图 3-35　2018 年 8 月 10 日祁连山七一冰川表面反照率随高度变化

图中红圈表示拐点，较低高度处的拐点表示裸冰和雪冰过渡区的分界，较高高度处的拐点表示
雪冰过渡区和雪全覆盖区的分界

B. 监督分类方法

基于地物光学性质差异，利用监督分类方法识别冰川表面已被学者们广泛应用于冰川雪线高度研究中（McFadden et al.，2011；Khan et al.，2015）。对遥感数据进行辐射定标，在定标后图像上根据先验知识选取冰、雪等区域作为感兴趣区域（region of interest，ROI），利用监督分类的最大似然法对遥感影像进行分类，对分类后的遥感影像进行重分类，结合重分类后转为矢量的 DEM 数据，统计每个高度带内雪面积占该高度带总面积的百分比，将高度带与对应高度带内雪面积百分比进行拟合，再结合遥感图像，确定雪线高度所在位置的面积百分比阈值，最终确定雪线高度。图 3-36 为基于上述方法对七一冰川进行监督分类及对冰川表面按 50 m 高度进行重分类的结果，据此就可以得到瞬时雪线高度。通过分析 2018 年暖季（5 月 1 日～10 月 30 日）Sentinel-2 数据去除云和新降雪影响后可获取影像的相关日期瞬时雪线高度值（图 3-37），将 8 月 12 日出现的最高瞬时雪线高度 4873 m a.s.l. 作为该年的雪线高度。由此可见，应用监督分类方法和应用反照率方法所获得的雪线高度具有很好的一致性。

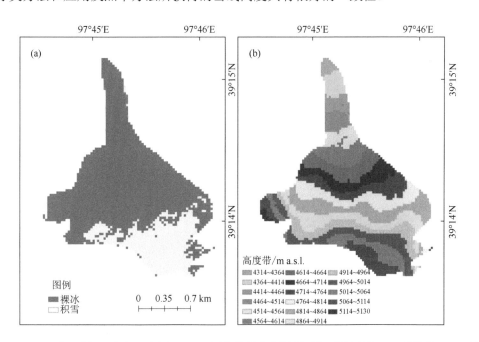

图 3-36　2013 年 8 月 20 日七一冰川 Landsat 影像监督分类结果（a）及该冰川 50 m 间隔的 DEM 数据高度带（b）

下面将依据这些方法对祁连山不同区域冰川雪线高度的重建结果予以说明，并讨论其时空变化特征。

2）冰川雪线高度时空变化

（1）祁连山雪线高度空间分布

图 3-38 是基于 2000 年 Landsat 卫星影像资料，利用监督分类方法获得的祁连山冰川雪线高度空间分布图。从图 3-38 可以看出，2000 年祁连山冰川雪线高度与山系

走向近似平行，自北（东）向南（西）雪线高度呈上升趋势，雪线高度的变化范围为4500～5200 m a.s.l.。

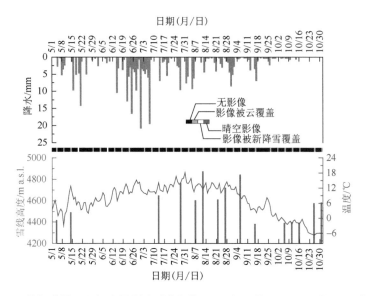

图 3-37　Sentinel-2 数据去除云和新降雪影响后获取的 2018 年 5 月 1 日～ 10 月 30 日七一冰川的瞬时雪线高度（Guo et al.，2021）

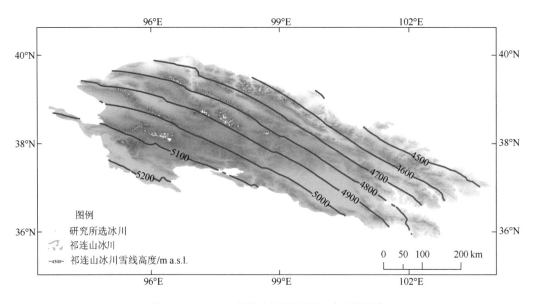

图 3-38　2000 年祁连山冰川雪线高度空间分布

（2）近 30 年七一冰川雪线高度变化

基于 Landsat 数据和 MODIS 数据，结合 DEM 数据，利用监督分类方法获得了1989 ～ 2018 年七一冰川雪线高度（图 3-39）。从图 3-39 可以看出，近 30 年来，七一冰川雪线高度呈升高趋势，若按线性趋势拟合其变化，这一时期雪线高度升高了约 230 m。将这一时期七一冰川逐年雪线高度与逐年平衡线高度对比（图 3-40），可以发现它们之间具有很好的线性关系，而且大部分点都落在 1 ∶ 1 线附近。这表明雪线高度变化可以很好地反映平衡线高度变化。

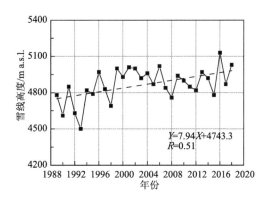

图 3-39　1989～2018 年祁连山七一冰川雪线高度变化

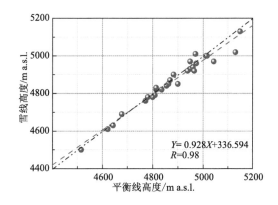

图 3-40　祁连山七一冰川雪线高度与平衡线高度之间的关系（Guo et al.，2021）

（3）近 30 年祁连山雪线高度时空变化

基于 Landsat 和 MODIS 数据，结合 DEM 数据，利用监督分类方法，获得了 1989～2018 年祁连山 1294 条冰川（其中西段 332 条、中段 886 条和东段 76 条）的雪线高度资料。图 3-41 是基于这些资料建立的近 30 年来祁连山西段、中段、东段和祁连山整体冰川雪线高度的变化。总体来说，这一时期祁连山西段平均雪线高度为 4923±137 m a.s.l.，近 30 年雪线高度上升了约 197 m；中段平均雪线高度为 4864±135 m a.s.l.，近 30 年上升了约 151 m；东段平均雪线高度为 4550±149 m a.s.l.，近 30 年上升了约 289 m；祁连山整体平均雪线高度为 4779±149 m a.s.l.，升高了约 213 m。祁连山冰川雪线高度的整体升高趋势是该区域冰川普遍萎缩的直接原因。

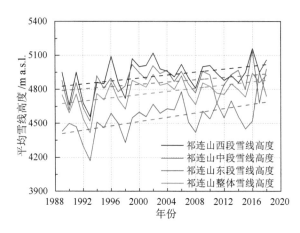

图 3-41　1989 ～ 2018 年祁连山西段、中段、东段和祁连山整体冰川雪线高度变化

3.1.5　近 60 年来冰川末端与长度变化

冰川末端的进退变化是冰川范围扩张与缩小的主要表现形式。20 世纪后半叶冰川遥感发展之前，冰川末端变化的观测与研究是冰川变化研究的主要内容之一。同时，对不同类型、不同规模冰川末端变化的研究，有助于认识冰川对气候变化的响应特征。另外，值得注意的是，山地冰川在变化过程中其形态也会发生变化，因此研究山地冰川长度的变化具有实际意义。为了进一步理解祁连山冰川变化的时空变化特征与规律性，下面对近几十年来祁连山冰川末端与长度变化予以研究和讨论。

1. 冰川末端变化

基于前期实地野外测量以及实时动态差分数据和遥感影像资料等（谢自楚等，1984；刘潮海等，1992a；Liu et al.，2018；王盛等，2020；曹泊等，2013；潘保田等，2021），本节汇总了不同时期七一冰川、老虎沟 12 号冰川和宁缠河 1 号冰川末端近 60年来的变化情况（图 3-42）。结果表明，七一冰川末端在 1956 ～ 2015 年共退缩了 212 m，但不同时期的退缩速度存在明显差异。1956 ～ 1975 年，七一冰川末端退缩速度约为2.0 m/a，之后退缩速度减缓，1975 ～ 1984 年仅约为 1.0 m/a，随后退缩速度稍有增加但依然较小（1.8 m/a），自 21 世纪初以来退缩速度迅速增大达 9.1 m/a。老虎沟 12 号冰川末端在 1960 ～ 2015 年共退缩了 403 m（Liu et al.，2018），其不同时期的退缩速度与七一冰川的状况具有相似性，也是在 20 世纪 70 年代中期到 80 年代中期出现退缩速度减缓的状况（仅约为 1.3 m/a），随后逐渐呈现加速退缩趋势。宁缠河 1 号冰川末端在1972 ～ 2020 年共退缩了 241 m，20 世纪末期之前退缩速度较小，之后较大。80 年代中期之前冰川末端退缩速度减缓是前期冰川平衡线高度下降、冰川物质平衡偏正导致的，21 世纪初以来冰川末端的加速退缩是 1990 年以来冰川物质加速亏损造成的。

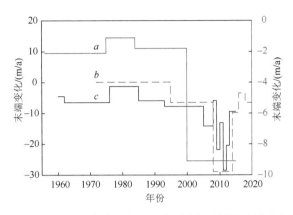

图 3-42　近 60 年来祁连山三条主要监测冰川末端退缩速度变化情况

线 a 代表七一冰川 [资料来自谢自楚等 (1984)、刘潮海等 (1992a) 和王盛等 (2020)]；线 b 代表宁缠河 1 号冰川 [资料来自曹泊
等 (2013) 和潘保田等 (2021)]；线 c 代表老虎沟 12 号冰川 [资料来自 Liu 等 (2018)]。红色线 a 和 b 对应右侧纵坐标，黑色线 c
对应左侧纵坐标

　　基于野外观测、地形图和遥感资料等，不同研究者对祁连山其他区域的冰川末端变化也进行了研究。刘宇硕等 (2012) 基于地形图、不同时期 Landsat TM 影像资料和野外实地观测资料，对 1972 ～ 2010 年祁连山东段冷龙岭宁缠河 3 号冰川末端变化进行了研究，揭示出这一时期该冰川总退缩量约为 96.5 m，平均退缩速度为 2.5 m/a，1971 ～ 1995 年退缩速度为 2.1 m/a，1995 ～ 2009 年为 3.1 m/a，2009 ～ 2010 年为 5.2 m/a，即该冰川表现出加速退缩的特征。潘保田等 (2021) 依据 Google Earth 高分辨率历史影像、ZY-3 和 Sentinel-2 卫星影像，提取了 2008 ～ 2020 年不同时期祁连山东段冷龙岭宁缠河 1 号冰川的边界，揭示出该冰川末端在这一时期的平均退缩速度为 7.54 m/a，其中前期 (2008 ～ 2014 年) 退缩速度较大，为 9.77 m/a，后期 (2016 ～ 2018 年) 退缩速度较小，为 4.70 m/a。陈辉等 (2013) 基于我国第一次冰川编目数据和 ASTER 遥感影像资料，对祁连山中段黑河流域和北大河流域的冰川变化进行了研究。结果表明，1956 ～ 2003 年，该区域 910 条冰川末端平均后退 189 m，即 4.0 m/a。于国斌等 (2014) 利用航摄地形图以及 Landsat TM、ASTER 和 SPOT5 等遥感影像资料，对祁连山西段大雪山和党河南山冰川变化进行了研究，结果表明，在 1957 ～ 2010 年大雪山冰川末端平均退缩总量为 181 m（ 平均 3.4 m/a），在 1966 ～ 2010 年党河南山冰川末端平均退缩总量为 159 m（ 平均 3.6 m/a）。

　　这些观测与研究表明，近几十年来祁连山不同区域冰川末端均处于退缩状态，并且近期表现出加速退缩的特征。

2. 冰川平均长度变化

　　在我国第一次冰川编目资料中，冰川长度是一个重要的参数指标。编目科研人员利用曲线尺或曲线规或圆规在地形图上沿着冰川中线量算了每条冰川的长度资料。在我们完成的 2014 年祁连山冰川编目资料中，基于泰森多边形理论对冰川长度进行了计算机自动提取（夏玮静，2020）。该方法以冰川轮廓数据和数字高程模型（DEM）作为输入数据，通过确定冰川的最低点和局部最高点、构建泰森多边形、路径选择与平滑处理这三个步骤自动提取冰川中心线，最终得到冰川长度数据。基于该方法计算的阿拉斯加南部1125条冰川的平均长度与Kienholz等（2013）以及Machguth和Huss（2014）提出的两种冰川中心线长度自动提取方法的计算结果非常一致（夏玮静，2020）。一般情况下，不同方法获得的冰川长度会有差别。在冰川变化较小的情况下，对不同方法获得的冰川长度进行比较会有大的误差。为了比较准确地揭示不同时期祁连山冰川平均长度的变化情况，采用同样的方法即泰森多边形方法提取了我国第一次和第二次冰川编目数据的长度属性。统计结果显示，第一次冰川编目原始数据中祁连山区冰川平均长度约为1.08 km，基于泰森多边形方法提取得到该区域冰川平均长度约为1.17 km。

通过对我国第一次冰川编目（20世纪60年代）资料、第二次冰川编目（2006年）资料及2014年冰川编目资料获取的冰川平均长度的统计，结果表明，20世纪60年代至2014年祁连山冰川平均长度呈现总体缩短趋势，平均长度由1.17 km缩短至1.00 km，缩短了约14.53%，缩短速率约为0.27%/a。其中，20世纪60年代至2006年，冰川平均长度缩短约0.13 km（11.11%），缩短速率约为0.24%/a；2006～2014年，冰川平均长度缩短约0.04 km（3.85%），缩短速率约为0.48%/a（图3-43）。这表明近年来祁连山区冰川平均长度呈加速缩短的趋势。

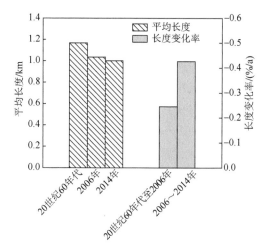

图3-43　近60年来祁连山冰川平均长度变化

3. 前进冰川

值得注意的是，尽管近几十年来祁连山冰川末端普遍呈退缩状态，但基于Landsat遥感影像，发现在1990～2018年，疏勒南山存在4条前进冰川（表3-11）（王鸿斌等，2021），其中前进距离最大的达695.61 m。这4条冰川中有3条冰川（即G097793E38464N、G097759E38506N和G097694E38534N）可能是跃动冰川（王鸿斌等，2021）。这些冰川出现前进或跃动现象的原因，很可能与其底部热力和/或水力状况变化引起的冰川动力调整有关（高永鹏等，2019）。

表 3-11　1990 ～ 2018 年疏勒南山出现的前进冰川信息

冰川	经度 /(°E)	纬度 /(°N)	面积 /km²	长度 /km	前进时段（年份）	前进距离 /m
G097793E38464N	97.793	38.464	14.60	6.84	1999 ～ 2008	695.61
G097759E38506N	97.759	38.506	4.58	6.27	1990 ～ 1999	262.53
G097694E38534N	97.694	38.534	4.78	4.11	2008 ～ 2018	205.63
G097894E38516N	97.894	38.516	5.70	4.85	1999 ～ 2018	130.89

3.1.6　冰川运动速度及其变化

冰川运动速度的大小与冰川厚度、冰面坡度、冰川温度以及冰川底部是否存在滑动等因素有关，它直接关系到冰川对气候变化的响应特征、冰川物质的循环速度以及冰川的侵蚀强度状况等，是冰川学研究的重要内容之一。对于常态山地冰川而言，一般情况下，海洋性冰川（或温冰川）的运动速度要大于大陆性冰川（或冷冰川）的运动速度，规模较大冰川的运动速度比规模较小冰川的要大。祁连山绝大部分冰川属于亚大陆性冰川，只有其西段部分区域的冰川属于极大陆性冰川（图 3-44）。下面将根据以往实地测量以及遥感方法获得的祁连山冰川运动资料，对该区域冰川的运动特征进行分析，以便从冰川运动的角度认识祁连山冰川的变化特征。

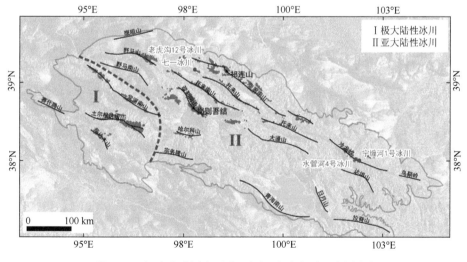

图 3-44　祁连山冰川类型分区与运动速度测量冰川分布
图中冰川类型分区界限据施雅风 (2005)

1. 实测冰川运动速度的时空变化

20 世纪 50 年代，我国开展祁连山冰川考察时就对祁连山冰川的运动速度进行了测量（其方法是通过冰川表面所布设测杆在观测时期内位置的变化来计算冰川运动速度）。

此后不同时期，在祁连山七一冰川等典型冰川上开展了冰川运动测量。表 3-12 列出了孙作哲和黄茂桓 (1984) 观测并整理的 1958 ～ 1978 年祁连山冰川运动速度资料。从表 3-12 中可以看出，冰川运动速度随冰川规模的增大而呈增大的趋势。这主要是由于规模越大的冰川，其厚度也就越大，在重力作用下其应变速率也就越大。表 3-13 收集了祁连山区几条监测冰川在 1958 ～ 2013 年不同时期的运动速度资料 (孙作哲和黄茂桓，1984；井哲帆等，2010；曹泊等，2013；王坤等，2014)。从表 3-13 和图 3-45 可以看出，近几十年来祁连山监测冰川的运动速度呈减小趋势，这主要是这一时期冰川厚度减薄造成的。

表 3-12　祁连山区观测冰川运动速度

冰川名称	冰川长度 /km	冰川形态类型	观测部位	运动速度 /(m/a)	观测年份
老虎沟 12 号冰川	10.0	山谷冰川	冰舌上部	36.0	1960 ～ 1961
			冰舌中部	35.9	1960 ～ 1961
			冰舌下部	14.9	1960 ～ 1961
			冰舌中部	28.6	1962 ～ 1976
老虎沟 20 号冰川	3.15	冰斗冰川	冰舌中部	4.0	1960
七一冰川	3.5	冰斗 - 山谷冰川	冰舌中部	16.0*	1958
			冰舌下部	7.3*	1958 ～ 1959
			粒雪盆下部	7.5	1976 ～ 1977
			零平衡线	11.3	1976 ～ 1977
			冰舌中部	6.0	1976 ～ 1977
			冰舌下部	2.4	1976 ～ 1977
乌兰达吾冰川	2.2	冰斗 - 山谷冰川	冰舌下部	3.6*	1958
羊龙河 5 号冰川	2.6	山谷冰川	粒雪盆中部	6.0	1977 ～ 1978
			粒雪盆下部	7.7	1977 ～ 1978
			零平衡线	9.0	1977 ～ 1978
			冰舌上部	8.8	1977 ～ 1978
			冰舌中部	7.9	1977 ～ 1978
			冰舌下部	4.7	1977 ～ 1978
疏勒南山大黑刺沟冰川	6.4	山谷冰川	冰舌中部	14.6*	1958
疏勒南山大西沟西 2 号冰川	5.1	复式山谷冰川	冰舌中部	18.2*	1958
冷龙岭北坡东沟 I8-62 号冰川	4.0	山谷冰川	冰舌上部	21.9*	1958
冷龙岭南坡岗石尕 I3-108 号冰川	1.8	冰斗 - 山谷冰川	冰舌中部	21.9*	1958
水管河 4 号冰川	2.1	冰斗冰川	积累区中部	2.1**	1963
			冰舌上部	18.7**	1963
			冰舌中部	5.7**	1963
			冰舌下部	2.5**	1963
			冰舌中部	4.7	1976
			冰舌下部	8.5	1976

* 据中国科学院高山冰雪利用研究队 1958 年短期观测；** 据中国科学院兰州冰川冻土研究所王文颖观测。
资料来源：孙作哲和黄茂桓 (1984)。

表 3-13　祁连山监测冰川在 1958 ～ 2013 年不同时期运动速度

冰川名称	观测年份	运动速度 /(m/a)
老虎沟 12 号冰川	1960 ～ 1961	36.0
	1962 ～ 1976	28.6
	2005 ～ 2006	18.4
七一冰川	1958	16.0
	1976 ～ 1977	11.3
	1984 ～ 1985	9.5
	2004 ～ 2005	8.6
	2005 ～ 2007	8.3
	2012 ～ 2013	7.0
宁缠河 1 号冰川	2010 ～ 2012	2.8
水管河 4 号冰川	1963	18.7
	1973	5.7
	1976	4.7
	2010 ～ 2012	5.2

资料来源：孙作哲和黄茂桓（1984）、井哲帆等（2010）、曹泊等（2013）和王坤等（2014）。

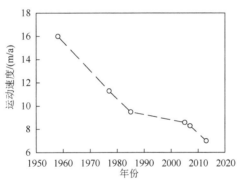

图 3-45　近 60 年来祁连山七一冰川运动速度变化

资料来源：井哲帆等（2010）和王坤等（2014）

2. 基于遥感反演的冰川运动速度时空变化

随着遥感技术的快速发展，自动化提取冰川运动速度的方法得到发展和应用（黄磊和李震，2009；Ruiz et al.，2015；Fahnestock et al.，2016；Nela et al.，2019）。利用 2020 年 8 月 10 日～ 2021 年 8 月 29 日 32 幅 Sentinel-1 IW SLC 影像，通过偏移量追踪方法研究了七一冰川表面运动速度。结果表明，研究时段内七一冰川平均运动速度为 5.54 m/a，这与实测结果（表 3-13）具有可比性；主流线上冰川运动速度呈一般山地冰川运动速度所具有的规律来变化，即从冰舌向上至海拔 4700 m 附近（此海拔接近该冰川的零物质平衡线高度 4737 m a.s.l.，即冰通量最大位置）达到最大（约 9.64 m/a），再往上冰川运动又逐渐减小 [图 3-46（a）]；冰川运动速度具有明显的季节变化特征

[图3-46(b)]，冬季运动速度最小，春末夏初达到最大，这很可能与冰川物质年内净积累在这一时期达到最大有关（即冰川整体厚度季节性变化在此时期最大）。

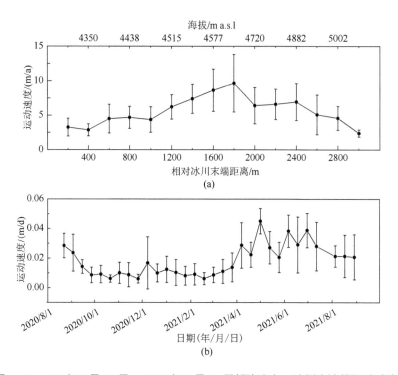

图3-46　2020年8月10日～2021年8月29日祁连山七一冰川主流线运动速度
(a) 主流线运动速度随海拔变化；(b) 主流线平均运动速度随时间变化

Gardner 等（2019）基于长时序 Landsat 影像，利用影像特征重现自动追踪（Autonomous Repeat Image Feature Tracking，Auto-RIFT）的方法（Gardner et al.，2018），获得了 1985～2018 年全球主要冰川作用区冰川年均表面运动速度，并发布了相关产品陆地冰流速和高程时段变化时间序列（The Inter-mission Time Series of Land Ice Velocity and Elevation，ITS_LIVE）（https://its-live.jpl.nasa.gov）。Millan 等（2022）基于 Landsat-8、Sentinel-1/2 多源海量影像，根据冰面特征变形，利用互相关算法（Michel and Rignot，1999；Mouginot et al.，2017；Millan et al.，2019），获得了 2017～2018 年全球冰川表面运动速度。利用这两种冰川表面运动速度产品资料，本节计算了祁连山冰川表面总体的平均运动速度。结果表明，基于 Millan 等（2022）资料的祁连山区冰川表面 2017～2018 年平均运动速度为 7.91 m/a，而基于 Gardner 等（2019）ITS_LIVE 数据的统计结果仅为 1.57 m/a，这明显低于实际观测到的冰川表面运动速度。但是，基于 Gardner 等（2019）ITS_LIVE 数据计算的祁连山冰川表面运动速度近 20 年来呈降低趋势，这与观测结果具有一致性。基于这两种冰川表面运动速度产品资料，本节绘制了祁连山老虎沟 12 号冰川表面运动速度空间分布（图 3-47），同时提取了该冰川表面主流线上的运动速度并与实测点上的运动速度进行了比较（图 3-48）。结果表明，尽管两种资料获得的祁连山老虎沟 12 号冰川表面运动速度的空间分布特征基本一致，但速度大小相差较多，Millan 等（2022）的冰川表面运动速度数据更接近实际情况，而 Gardner 等（2019）ITS_LIVE 冰川表面运动速度明显偏低。因此，为了认识祁连山冰川表面运动速度的空间变化特征，本章选用 Millan 等（2022）的资料来进行分析。

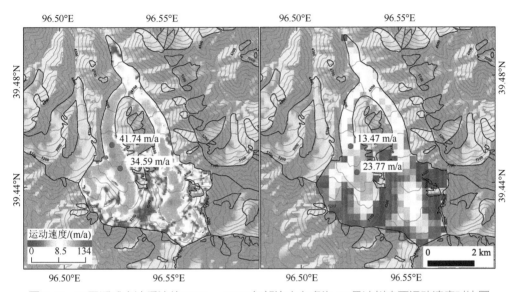

图 3-47　不同遥感方法反演的 2017 ～ 2018 年祁连山老虎沟 12 号冰川表面运动速度对比图

资料来源：Millan 等（2022）（左图）和 Gardner 等（2019）（右图）

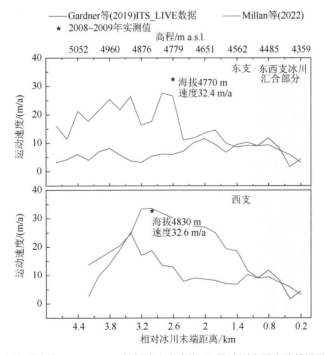

图 3-48　不同遥感方法反演的 2017 ～ 2018 年祁连山老虎沟 12 号冰川表面主流线运动速度沿程变化对比图

资料来源：Millan 等（2022）和 Gardner 等（2019）

图 3-49 是祁连山不同类型、不同规模冰川平均运动速度差异的比较，从中可以看出，冰川平均运动速度随冰川规模的增大而增大，并且亚大陆性冰川的平均运动速度大于极大陆性冰川的平均运动速度。图 3-50 是 2017 ~ 2018 年祁连山区冰川平均运动速度空间变化情况。从图 3-50 可以看出，祁连山冰川平均运动速度总体上自西向东逐渐减小，这主要是祁连山区西部冰川规模较大，而东部冰川规模较小的缘故。

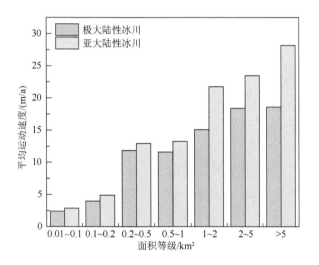

图 3-49　2000 ~ 2018 年祁连山不同类型、不同规模冰川平均运动速度变化

资料来源：Millan 等（2022）

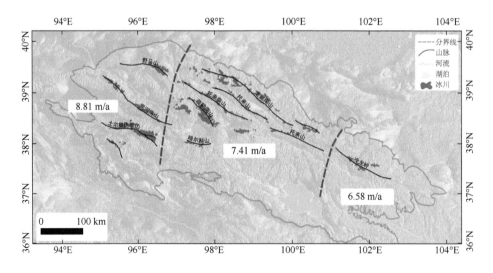

图 3-50　2017 ~ 2018 年祁连山东段、中段和西段冰川平均运动速度空间变化情况

资料来源：Millan 等（2022）

通过以上综合分析，可以清楚地看到近 60 年来祁连山冰川总体呈加速萎缩趋势。20 世纪 60 年代至 2014 年，冰川总面积由 1930.49 km² 减少至 1521.18 km²，萎缩了 409.31 km²（约 21.20%），冰储量减少了约 26.18 km³（约 25.86%）。20 世纪 60 年代至 2006 年，祁连山冰川的冰储量亏损速率约为 0.44 km³/a（0.44%/a），而近期（2006～2014 年）其亏损速率约为 0.73 km³/a（0.90%/a），增加了近 1 倍。祁连山冰川平衡线高度整体呈升高趋势，典型冰川的实测数据显示，近 60 年来（1958～2021 年）七一冰川平衡线高度上升了 337 m。

3.2　多年冻土特征及变化

3.2.1　多年冻土分布下界的历史调查资料

祁连山高峻的山势、寒冷的气候决定了祁连山区广泛发育多年冻土，降水、积雪在东西部的差异以及相应的岩性、地表覆被条件影响着多年冻土的区域发育规律。与青藏高原年平均气温的地带性规律类似，祁连山区的年平均气温也呈现出随着纬度增大、经度增大、海拔增大而降低的趋势（周幼吾等，2000）。这种气温分布格局基本决定了多年冻土发育的地带性规律。因此，确定祁连山区多年冻土分布范围，其核心是查明祁连山各流域内的多年冻土下界高程。

在大尺度上，与气温分布大体类似，多年冻土分布服从地带性分布规律。但是在局地尺度，受地形地貌、地表覆被、土质等影响，多年冻土的发育往往呈现出不连续特征。在多年冻土边缘区域这种特征尤为明显。在多年冻土区边缘附近，随着海拔的升高，气温逐渐降低，首先在利于发育多年冻土的小环境下（阴坡、细颗粒土、植被覆盖度高等）发育多年冻土，形成多年冻土岛，而其他区域并不发育多年冻土。随着海拔的进一步升高，气温降低，发育多年冻土的环境条件限制降低，多年冻土岛逐渐增多，达到一定高度后多年冻土可普遍发育，仅在一些最不利环境条件下形成融区，海拔越高，则多年冻土连续性越好（图 3-51）。这种规律在高海拔多年冻土区普遍存在，因此也便有了多年冻土下界的概念。

实际工作中，往往把在一个区域发现多年冻土存在的最低海拔定义为该区域多年冻土分布下界。这个下界的概念通常是岛状多年冻土发育的下界海拔（图 3-51 中 H_2），岛状多年冻土下界海拔以上一定范围内真正发育多年冻土的区域实际上很有限。因此，若以此界限作为多年冻土分布界限，则会夸大多年冻土的分布面积，尤其是当把该下界界限应用到高原平坦区域时可能将大片季节冻土划分为多年冻土。当达到普遍发育多年冻土的海拔时（图 3-51 中的 H_1），意味着只在少数区域或局部存在融区，其余区域一般均发育多年冻土。因此，采用此海拔确定多年冻土分布范围对于地下冰的估算更为合理。本书将 H_1 定义为普遍发育多年冻土下界，H_2 定义为岛状多年冻土下界。H_1～H_2 的区域定义为多年冻土过渡区，H_2 以上区域定义为多年冻土分布区。

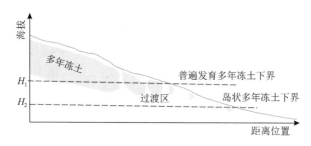

图 3-51　高海拔多年冻土发育形式示意图

祁连山地区跨越范围广，地形起伏大，气候差异明显，影响多年冻土发育的局地因素分布复杂，各地的多年冻土下界变化较大，虽然前期有很多工作对祁连山多年冻土分布下界有所涉及，但是多集中在中、东部地区，广大的西部区域内控制点少、代表性差。过去多次根据不同模型完成的青藏高原多年冻土分布图虽然都涉及祁连山地区，但是其数据资料大多来源于青藏高原主体部分，对祁连山代表性较差，与实际分布状况存在一定差异。

过去半个世纪以来，在祁连山地区由于不同的工作目的，不同的研究者开展了有关多年冻土不同方面的研究和调查工作，其中有些工作涉及多年冻土分布下界。虽然这些工作大部分完成时间较早，但是考虑到多年冻土退缩速度在近百年的时间里并不是特别显著，所以这些早期调查的下界海拔对目前多年冻土分布仍然具有指导意义。另外，因为过去文献中没有详细交代调查方法、调查手段或者资料来源等有效信息，这些下界海拔数据需要验证和核实。

早从 2004 年开始，研究者就先后开展了祁连山中东部数条公路沿线的多年冻土工程勘察、疏勒河流域多年冻土分布调查、德令哈市怀头他拉北部山区及塔塔棱河流域多年冻土调查等工作，通过钻探方式对相关区域内多年冻土下界进行了分析和判断。

1. 希格尔曲谷地（天峻—木里公路）

希格尔曲是汇入青海湖最大河流——布哈河的一条二级支流，在阳康乡汇入阳康曲。希格尔曲自阳康曲开始，向东北方向溯源而上，海拔逐渐升高，天峻—木里公路在谷底坡脚位置沿河谷上行。希格尔曲谷地两侧山势高峻，河谷深切，公路处于阴坡坡脚缓坡，由崩积形成的倒石堆前缘，坡面上覆盖坡积细颗粒土，地表水分条件较好，发育沼泽化草甸。钻探发现，多年冻土以岛状形式发育在这些倒石堆堆积体中，受坡向、地貌类型、地表植被、水分条件的影响。在河谷宽阔处，河流阶地（或高漫滩）上地面较干燥，植被为高山草甸，发育季节冻土。根据沿线密集钻探结果，统计沿线多年冻土分布情况，如图 3-52 所示。从图 3-52 中可以看出，该线路沿线，普遍发育多年冻土下界为 3842 m a.s.l.，岛状多年冻土下界为 3670 m a.s.l.。

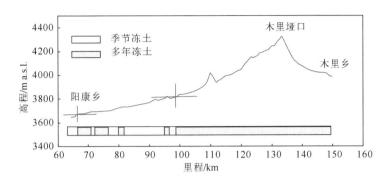

图 3-52　天峻—木里公路沿线（希格尔曲谷地）多年冻土分布（图中红色"十"线为多年冻土界限的标记）

2. 大通河上游谷地 [热水—江仓公路，G213 国道热水—祁连段]

大通河上游（默勒镇以上流域）河谷宽阔，两岸是宽阔的冰水沉积和冲洪积堆积的倾斜平原。热水—江仓公路翻越大通山进入大通河谷地，沿南岸冰水扇前缘和主河道河漫滩交叠部位向西北方向缓慢上升。热水—江仓公路沿线主要为沼泽化草甸，地表发育大片冻融草丘，大部分地段夏季积水。在海拔最低的河谷末段，地表稍干，冻融草丘不发育，以高寒草甸植被为主。热水—江仓公路勘察统计的状况如图 3-53 所示。从图 3-53 中可以看出，大通河南岸岛状多年冻土下界为 3560 m a.s.l.，普遍发育多年冻土下界为 3700 m a.s.l.。

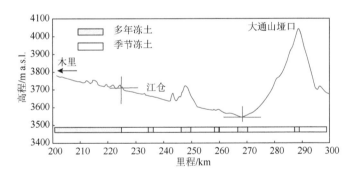

图 3-53　大通河谷地热水—江仓公路沿线冻土分布图（"十"线为多年冻土界限的标记）

热水—祁连公路进入大通河谷地后，先在北岸低缓丘陵顶部与高山衔接部位穿行，后转入托来南山山前冲洪积扇中上部，地面波状起伏，沟谷内发育沼泽化湿地。谷间低缓的脊状坡面上较干，发育高寒草甸。根据勘察结果，分析大通河北岸岛状冻土下界为 3566 m a.s.l.，普遍发育多年冻土的连续多年冻土下界为 3700 m a.s.l.。

3. G227 扁都口—俄博段（童子坝河谷）

G227 南出张掖，自扁都口进入祁连山，溯童子坝河谷一路上行，翻越俄博岭，海拔从 2800 m a.s.l. 上升至 3698 m a.s.l.，是祁连山北坡为数不多的多年冻土调查剖面之一。

2004 年钻探沿着既有公路开展，其处于童子坝谷地东侧坡脚，勘察路段大部分坡向为西南，处于阳坡位置。2015 年 11 月，在 G0611 高速公路勘察中，在童子坝谷地内开展了探地雷达探测，主要目的是寻找多年冻土界限位置。G0611 与 G227 平行展布，大部分路段布设在童子坝河西侧坡脚，坡向为东北，处于阴坡位置。在 2004 年勘察中，确定了童子坝河谷内阳坡侧多年冻土基本呈岛状分布，主要发育在冲沟出口的冲洪积扇缓坡上，坡面发育湿地草甸或沼泽化草甸，部分草甸呈退化趋势，地面鼠洞密集，山脊延伸的残坡积缓坡上一般为季节冻土，阳坡侧没有连续分布区，岛状冻土发育的下界海拔为 3394 m。2015 年地质雷达调查中，结合勘察单位钻探资料，利用地质雷达分段调查了童子坝河谷阴坡多年冻土分布状况，发现多年冻土下界海拔为 3420 m。

4. 疏勒河源头多年冻土考察

疏勒河位于大通河源头西北方向，流向与大通河相反。疏勒河上游谷地宽阔，两岸由冲洪积物和冰碛物堆积形成平缓斜坡，受后期流水冲刷，形成一列列低缓浑圆的丘陵自高山出口向河道伸展。由于位置更加偏西，疏勒河河谷较大通河干燥，地表植被以稀疏的针茅草原为主，表层几乎没有有机质积累，覆盖了很薄的一层细颗粒粉质土，以下地层多以卵石、块石为主。

2008 年在执行国家"973"项目时，科研人员对疏勒河谷地中的多年冻土下界进行了钻探勘察。勘察结果表明，疏勒河多年冻土分布下界在 3750 m a.s.l. 左右。由于地表条件基本相同、地层情况相似，在多年冻土下界以下的地段，没有发现明显的冰缘现象和多年冻土发育的迹象，在多年冻土下界海拔以上地下水出露地段发育季节性冻胀丘，两岸一级阶地地势平坦，多处发育多年生开放型冻胀丘（图 3-54），说明本

图 3-54　疏勒河河谷中的多年生冻胀丘

地区地下水比较丰富。通过分析，认为在干旱条件下，多年冻土分布格局与东部较湿润条件下有所不同。因为没有地表水分、植被、表层有机质等局地因素的影响，除了一些阴坡地带外，多年冻土下界以下没有岛状冻土分布，多年冻土下界以上几乎为连续多年冻土区。

5. 德令哈市怀头他拉北部（宗务隆山南坡谷地）

德令哈市怀头他拉北部的宗务隆山是一条大致自东向西延伸的山脉。沿着一条季节性河流谷地上溯，两侧山坡上为荒漠植被，谷地底部为稀疏的干旱草原，沟谷顶部垭口海拔 4300 m，翻越垭口即进入塔塔棱河源区。2009 年，在冻土工程国家重点实验室自主项目的支持下，在垭口两侧沟谷中分别开展了多年冻土钻探调查。在垭口东侧，沿着海拔升高的方向，在谷底较平坦的地面上，分别选择海拔 3973 m 和 4050 m 的位置进行调查，但均没有发现多年冻土，在位于海拔 4260 m 的一小片湿地中发现多年冻土。然而，在垭口西侧，塔塔棱河源区开阔盆地中海拔 4050 m 处多年冻土连续分布，在海拔 4163 m 处一阳坡坡脚缓坡上，地面为干燥的碎石质荒漠，存在多年冻土。垭口东侧山区谷地和西侧开阔高平原，由于地形影响下的微气候差异和地貌影响下的地层岩性差异，多年冻土下界海拔受到影响。根据钻孔测温结果和对地面状况的推测，东侧沟谷中谷底阳坡多年冻土下界海拔约为 4100 m。在本次调查中，在垭口东侧谷地阴坡的冲沟中发现了一系列石冰川（图 3-55），活动型石冰川末段海拔大致在 3859 m，这可看作是该区域坡向影响下岛状多年冻土下界。

图 3-55　德令哈市怀头他拉北部山区阴坡山谷中冲出的石冰川

3.2.2 多年冻土分布下界的科考调查资料

1. 黑河谷地

黑河流域是河西走廊最大的内陆河流域。其上游西支由西北流向东南，野牛沟以上河段河谷宽阔，谷底地势平坦，河流坡降缓慢，多以辫状水系为主。随着海拔升高，地表植被景观随之发生变化。西出野牛沟不远，地面干燥，基本以针茅草原植被为主；随后逐渐转变为小嵩草草甸，呈斑块状分布，出现退化迹象，海拔大约为3598 m a.s.l.；继续前行不远，海拔升至3644 m，地面出现大致呈圆形、直径约1 m的裸露斑土，这是下伏卵石层翻出表层覆盖的厚度不大的粉细砂质土所致[图3-56(a)]，沥青路面出现间断修补的痕迹，路面出现轻微波浪变形，在海拔3672 m处，植被中出丛生的藏嵩草，未见明显冻融草丘；海拔接近3723 m时，植被以藏嵩草为主，地面冻融草丘发育，地表见积水，种种迹象说明此处已经处于大片连续分布的多年冻土区内[图3-56(b)]。根据在此段曾经开展的多年冻土钻探工作和前人研究成果，判断黑河河谷中多年冻土下界海拔为3650 m。

(a) 多年冻土下界附近
(38.78°N，99.07°E，3644 m a.s.l.) 　　(b) 多年冻土带内
(38.82°N，98.99°E，3723 m a.s.l.)

图 3-56　黑河上游多年冻土下界附近地表

2. 讨赖河源头

讨赖河自东南流向西北，是祁连山中东部受西北—东南走向大地构造控制的一系列河流之一，向西南隔托来南山与疏勒河源头谷地相邻。S204省道在黑河源头继续向西，翻越热水达坂（托来山），进入讨赖河流域。源于热水达坂的热水河是讨赖河的支流之一。河谷中地面干燥，植被以草原为主，没有发现明显的冻土发育迹象。讨赖河谷地宽阔，谷底海拔3500 m，根据地面状况和初步模型判断，无多年冻土发育。向南进入发源于托来南山的小央隆沟，在海拔3710 m处，发育小嵩草草甸，坡面上有融冻泥流迹象，在海拔3809 m处，谷地缓坡上见冻融草丘，地表蠕流迹象明显，判断可能已经进入普遍发育多年冻土区域（图3-57）。

图 3-57　讨赖河源头地面状况（38.67°N，98.52°E，3809 m a.s.l.）

3. 刚察沙柳河谷地

沙柳河是汇入青海湖的内流河之一，源于大通山南坡，自西北流向东南，在刚察县旁边出山。该河流流程较短，下游河谷宽展，河流呈辫状水系，漫滩宽阔，发育湿地草甸，顺河谷溯源而上，随着海拔上升，河流漫滩或支沟出口洪积扇等平缓、富水的地段发育小型冻融草丘。在海拔 3786 m，河谷东侧高山顶部处出现岩屑坡，坡脚堆积物以碎石为主，前缘凸起，形成陡坡，具有石冰川向前蠕动的特征。坡上植被覆盖较好，初步判断可能为停止活动的石冰川，或者为古石冰川遗迹 [图 3-58（a）]。河谷西侧，山顶平坦，可能为冻融夷平面，山坡上部发育岩屑坡，坡向东南的坡脚缓坡上，发育湿地草甸或沼泽化草甸，地表冻融草丘比较发育 [图 3-58（b）]。沿着河谷继续上行，至海拔 4025 m 处（37.79°N，99.72°E），公路路基出现沉降变形，两侧较平缓的冲洪积扇上发育沼泽化草甸，地表积水随处可见，已经处于明显的多年冻土区。由此判断，3786 m a.s.l. 左右是该区域普遍发育多年冻土的下界。

(a)河谷东侧地貌
(37.71°N，99.79°E，3786 m a.s.l.)

(b)河谷西侧地貌
(37.71°N，99.79°E，3786 m a.s.l.)

图 3-58　沙柳河冻土下界附近地貌

4. 冷龙岭北坡西营河河谷

西营河发源于冷龙岭中段,向北经武威西侧出山,是武威市西部绿洲的主要水源。西营河上游河谷深切,山高谷狭,山坡上生长茂密的灌丛植被,未见多年冻土发育迹象。翻越垭口段,谷底坡脚缓坡处出现小片沼泽化草甸,发育冻融草丘,海拔 3424 m,道路盘山而上,山坡上普遍发育湿地草甸,冻融草丘发育,接近垭口段高山阴坡部位海拔 4200 m 以上发育现代冰斗冰川;低于海拔 4200 m 的冰斗中冰川已经消融,成为空冰斗;周围寒冻风化的碎石堆积、蠕动形成石冰川(图 3-59)。

图 3-59　西营河源头空冰斗中的石冰川(37.54°N,101.86°E,4005 m a.s.l.)

5. 冷龙岭南坡宁缠河上游

宁缠河源于冷龙岭南坡,与黑营河源头之间由一片鞍形湿地相连,汇入大通河。垭口位置与黑营河相似,发育现代冰川,空冰斗中形成石冰川。从垭口向南,海拔急剧降低,河谷呈"V"形,两侧山坡上顶部被岩屑坡覆盖,下部覆盖较密的金露梅灌丛,坡脚缓坡处发育湿地草甸,局部发育冻融草丘(图 3-60),海拔 3486 m 左右,河谷底部漫滩中出现灌木,以黑刺为主,山坡上的灌丛转变为柽柳,判断此区域岛状多年冻土分布下界海拔为 3486 m。

图 3-60　宁缠河河谷地表形态(37.50°N,101.92°E,3486 m a.s.l.)

6. 阳康曲源头

阳康曲是布哈河上游主要支流，在阳康与希格尔曲汇合。从阳康向北，沿着阳康曲河谷上行，在海拔 3770 m 处，河漫滩大片湿地草甸上冻融草丘发育，河谷阴坡部位见冻融泥流迹象，坡面上发育泥流阶坎（图 3-61），判断此处为岛状多年冻土分布下界。穿过一条峡谷，进入一片山间盆地，东、北、西三个方向分别各有一条支流在盆地中汇集。盆地总体上为荒漠化草原植被，局部水分较好的地面发育湿地草甸、密布冻融草丘。地表积水随处可见，细小溪流纵横，已经进入普遍发育多年冻土的景象（图 3-62），判断该区域普遍发育多年冻土下界海拔为 3821 m。

图 3-61　阳康曲上游左岸地面状况（37.85°N，98.44°E，3770 m a.s.l.）

图 3-62　阳康曲上游盆地地面状况（37.90°N，98.40°E，3821 m a.s.l.）

7. 哈拉湖流域

沿着阳康曲源头盆地西支继续向西，翻越和缓的分水岭，进入哈拉湖流域。哈拉湖盆地位于祁连山中心位置，湖面海拔 4081 m。盆地内属于大片连续多年冻土分布区，地表以高寒荒漠植被为主（图 3-63），地表土质较粗，部分汇水地段地表覆盖薄层细颗粒土，形成沼泽化湿地草甸，发育小型冻融草丘。盆地周围高山发育现代冰川，山坡上普遍覆盖岩石风化碎屑。

图 3-63　哈拉湖盆地地表景观

8. 巴音郭勒河上游阿让郭勒河河谷

哈拉湖向南穿过哈拉湖盆地南侧边缘的一列剥蚀残余的山脉，山顶阴坡分布着小块冰川，山坡上岩屑覆盖，碎屑有向下蠕动迹象，形成一层层前缘较陡呈叠瓦式排列的舌状蠕流，穿出山谷，进入巴音郭勒河流域。一片广阔的平缓起伏的花岗岩质蚀余平原被一条条源于北部残余山脉的河流切割，形成谷梁相间的平缓台地，台面上分布着大片花岗岩块石，形成石海（图 3-64）。花岗岩风化产物就地堆积，充填于块石空隙中，对块石产生冻拔，或发生冻融分选，形成一些近乎直立的冻拔石和大致成形的分选石环。该区域海拔 4469 m，多年冻土普遍分布。从台地向南，海拔降低，进入阿让郭勒河主河道，坡脚海拔 4004 m，见小片湿草甸，冻融草丘发育其间。主河道南岸宽阔漫滩海拔 3899 m，发育大片荒漠化草原（图 3-65），地表干燥，未见冻融扰动迹象，可能属于季节冻土区。横穿阿让郭勒河宽展的主河道后，进入一条发源于南部高山的支流山谷，海拔 4086 m处坡脚缓坡水分条件较好的地段，地表分布小片湿地草甸，冻融草丘发育，山坡坡面上见有冻融泥流蠕滑迹象（图 3-66）。根据地表状态分析，此段已经进入多年冻土分布区域，判断此地多年冻土下界可能在海拔 4000 m 左右。

图 3-64　阿让郭勒河北岸台地上石海（37.86°N，97.41°E，4469 m a.s.l.）

图 3-65　阿让郭勒河主河道谷地地表景观（37.70°N，97.33°E，3899 m a.s.l.）

9. 巴音郭勒河支流

翻越阿让郭勒河南侧高山，进入另一条河谷，为巴音郭勒河的一条支流。顺河谷而下，海拔逐渐降低。河谷两侧缓坡上覆盖着针茅草原，阴坡坡面上有明显冻融泥流迹象，阳坡上出现大片白色盐斑，河谷漫滩上为湿地草甸，发育冻融草丘（图 3-67），海拔降至 3936 m 以下时，植被变为干旱的草原植被，地表无蒸发遗留的盐斑。在干旱地区，大部分地段潜水位埋藏较深，毛细作用上升不到地表，地表盐渍化现象微弱，尤其是阳坡地段，地表存在盐斑，说明存在隔水层，而且埋藏较浅，在山前坡积缓坡上发育隔水层很可能是存在多年冻土层，由此推断海拔 3936 m 可能为冻土分布下界。

图 3-66　阿让郭勒河支沟沟口坡脚和坡面（37.64°N，97.27°E，4086 m a.s.l.）

图 3-67　巴音郭勒河支流河谷地表状况（37.53°N，97.40°E，3936 m a.s.l.）

10. 德令哈北部柏树沟

柏树沟是德令哈北部一条长度不大的山谷，谷中零星生长着祁连圆柏，沟谷呈东西方向，阳坡多为石灰岩质陡崖，坡脚堆积倒石堆。阴坡顶部较陡位置形成岩屑坡，部分雪蚀洼地中或山谷中岩石碎屑堆积较厚，形成石冰川（图 3-68）。该石冰川表面以裸露碎石为主，前缘鼓起，活动痕迹比较明显，代表地形坡向影响下的岛状多年冻土发育界限。山谷阴坡下部和坡脚缓坡部位多被高山草甸覆盖，坡面上有冻融泥流痕迹（图 3-69）。从地表冰缘现象发育情况判断，该山谷中阳坡没有多年冻土分布迹象，阴坡多年冻土分布比较广泛，下界可能在 3800 m a.s.l. 左右，属于局地因素（坡向）影响下的岛状冻土下界。

图 3-68　柏树沟阴坡山谷中的石冰川（37.50°N，97.46°E，3869 m a.s.l.）

图 3-69　柏树沟阴坡坡面（37.49°N，97.41°E，3826 m a.s.l.）

11. 塔塔棱河谷地（喀克吐郭勒谷地）

塔塔棱河谷地属于宽阔的山间盆地，大致呈东西走向，河流南北两侧是宽阔的冲洪积平原，发育着众多季节性支流。盆地底部平坦干燥，主要为荒漠、戈壁，河流南岸主要为干旱的荒漠化草原。研究者在盆地南部边缘海拔 4040 m 钻孔，揭示多年冻土年平均地温为 −0.3℃，厚度大约为 25 m。在河谷西段南岸谷地有多边形草环发育（图3-70）。横切草环边缘的探坑显示，植物生长较好的草环下部发育砂楔，楔口宽约 0.5 m，开裂深度超过 1.5 m，这是曾经发育多年冻土的标志。

图 3-70　塔塔棱河谷地西段南岸草环（37.49°N，97.41°E，3826 m a.s.l.）

12. 大头羊煤矿矿区

大头羊煤矿位于大柴旦东山，处于祁连山西南角边缘与柴达木盆地衔接区域，山势高峻，峡谷深切。大头羊煤矿在大头羊沟半山处，山坡陡峭，坡上覆盖的松散层瘠薄，生长稀疏的荒漠植物。在山坡顶部发育岩屑坡，山谷狭窄，坡降较大。在海拔 4041 m 的谷底，由冲洪积物堆积形成一小片山间洪积扇，由于有利的汇水地形，洪积扇上覆盖了一层坡积细颗粒土，地表植被以小嵩草草甸为主，发育冻融草丘（图 3-71）。山顶形成的岩屑坡下缘延伸至海拔 4270 m 处。

图 3-71　大头羊煤矿山间小片湿地（37.78°N，95.52°E，4041 m a.s.l.）

13. 党河谷地（盐池湾自然保护区）

党河发源于祁连山北坡，向西北在肃北县出山。党河谷地河谷宽展、平缓，河道两侧宽阔的冲洪积平原向现代河床缓慢倾斜，地表干燥，稀疏地生长着荒漠植被。盐池湾乡海拔 3221 m，河道中及两侧河漫滩发育湿地草甸，见冻融草丘发育。但是此处沥青路面下，民房建筑均比较完好，没有发生热融沉降的迹象。河漫滩以外的大片冲洪积平原上未见冻融迹象。为获得较高海拔处地面信息，沿洪积扇缓坡向河谷南侧的党河南山黑刺沟前行，随着海拔上升，地表植被逐渐发生变化，由黑刺灌丛转为低矮的金露梅灌丛，地表开始出现白色盐斑，表明地面蒸发增大（图 3-72）。坡脚处海拔 3858 m，阴坡坡面上有蠕滑迹象，坡脚出现小嵩草草甸，发育冻融草丘。随后，又在扎子沟向南进入山区，在海拔 3743 m 向东的山间冲沟中见小片洪积扇覆盖的湿地草甸，发育冻融草丘，有冻融泥流蠕滑迹象（图 3-73），坡面上见斑块状白色盐斑，阴坡发育高山草甸。

图 3-72　盐池湾黑刺沟山前（38.80°N，96.04°E，3858 m a.s.l.）

图 3-73　扎子沟山间冲沟及坡面（39.21°N，95.39°E，3743 m a.s.l.）

　　基于文献资料、已有调查数据分析以及祁连山区冻土科考获得的资料，基本把握了涵盖祁连山区各个区域的多年冻土分布下界。

3.2.3 多年冻土分布规律

多年冻土分布下界分为普遍发育多年冻土下界和岛状多年冻土下界两类，这两类多年冻土下界可将祁连山区按照冻土条件划分为三个区域：多年冻土区（普遍发育多年冻土的区域）、过渡区（岛状多年冻土下界与普遍发育多年冻土下界之间的区域）和季节冻土区（岛状多年冻土下界以下区域）。通过建立两类多年冻土分布下界的地带性模型，即可得到祁连山区多年冻土的分布范围。

将所有获取的祁连山区多年冻土分布下界数据按照普遍发育多年冻土下界和岛状多年冻土下界分类（表3-14），基于对涵盖祁连山区这些下界数据的统计分析，建立下界海拔在祁连山不同地理位置的计算模型。

普遍多年冻土下界：$H_1 = 15810.65 - 78.05 \times Long - 113.30 \times Lat$ $R=0.93$

岛状多年冻土下界：$H_2 = 14670.43 - 75.78 \times Long - 92.73 \times Lat$ $R=0.87$

式中，Long为东经经度（°）；Lat为北纬纬度（°）。

表 3-14 多年冻土下界海拔数据汇总表

区域	地表类型	经度 (°E)	纬度 (°N)	下界 /m a.s.l.	资料来源
普遍发育多年冻土	德令哈 草甸	96.68	37.63	4000	冻土监测
	疏勒河 草原	98.10	38.63	3750	冻土监测
	喀克图 荒漠草原	96.37	37.84	3950	王绍令，1992
	热水—祁连 草甸	100.43	37.87	3700	道路勘察
	天峻—木里 草甸	98.82	37.91	3842	道路勘察
	西格尔曲盆地	98.70	37.83	3840	吴吉春等，2007a
	江仓盆地	99.83	38.00	3700	吴吉春等，2007a
	扁都口	100.88	38.05	3600	吴吉春等，2007a
	黑河源头 草甸	99.05	38.77	3650	王庆峰等，2013
	刚察沙柳河 沼泽化草甸	99.79	37.71	3786	科考
	讨赖河源区 湿地草甸	98.52	38.67	3809	科考
	阳康曲源区 荒漠化草原	98.40	37.90	3821	科考
	巴音郭勒河干流 石海	97.33	37.72	4004	科考
	柴达木大羊头煤矿 岩屑坡	95.52	37.78	4041	科考
	冷龙岭北坡西营河 沼泽化草甸	101.85	37.56	3559	科考
岛状多年冻土	大通河南岸 沼泽草甸	100.23	37.86	3560	冻土监测
	大通河北岸 沼泽草甸	100.23	37.86	3566	冻土监测
	热水 沼泽草甸	100.42	37.61	3591	道路勘察
	天峻—木里 草甸	98.66	37.67	3670	道路勘察
	俄博岭 沼泽	100.89	38.02	3500	道路勘察
	冷龙岭百花掌	101.75	37.72	3450	Cheng，1987

续表

区域	地表类型	经度 (°E)	纬度 (°N)	下界 /m a.s.l.	资料来源
青海南山橡皮山口		99.4	36.67	3678	Cheng，1987
柴达木大羊头煤矿		95.52	37.78	3850	Cheng，1987
热水煤矿		100.40	37.67	3480	Cheng，1987
走廊南山		99.98	39.23	3520	Cheng，1987
冷龙岭白蛇沟		101.75	37.97	3500	Cheng，1987
拉脊山尕让		101.55	36.23	3700	Cheng，1987
西格尔曲谷地	沼泽化草甸	98.70	37.83	3670	吴吉春等，2007a
扁都口	湿地草甸	100.88	38.05	3400	吴吉春等，2007a
默勒	沼泽化草甸	100.58	37.83	3470	吴吉春等，2007a
党河黑刺沟	盐渍化表土	96.04	38.80	3858	科考
党河扎子沟	湿地草甸	95.39	39.21	3743	科考
冷龙岭南坡宁缠河	沼泽化草甸	101.92	37.50	3486	科考
冷龙岭北坡西营河	沼泽化草甸	101.85	37.57	3424	科考
德令哈	草甸，石冰川	97.46	37.50	3869	科考
德令哈怀头他拉	石冰川	97.41	37.49	3826	科考
巴音郭勒河	盐渍化表土	97.46	37.51	3868	科考
阳康曲上游	冻融泥流	98.44	37.85	3770	科考
黑河西支	沼泽化草甸	99.11	38.76	3598	科考

（区域首列整体标注：岛状多年冻土）

　　统计分析表明，两类多年冻土下界海拔与经纬度之间存在很好的关系，尤其是普遍发育多年冻土下界模型相关性更佳（图 3-74），岛状多年冻土下界相关性相对稍差，主要是因为岛状多年冻土的发育除了气候因素影响外，其受局地因素影响较大，还与调查或工作到达的地点、路线有关。数据点是不是岛状多年冻土发育的最低点并不确定。相反，普遍发育多年冻土下界更主要地反映了气候的变化规律，因此一致性更好一些。

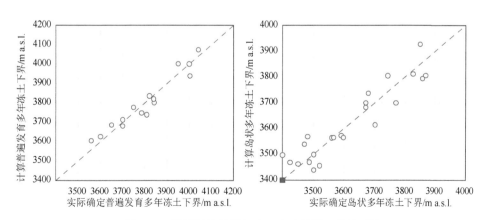

图 3-74　模型计算结果与实际确定结果一致性对比

借助于 DEM 数据、GIS 分析平台，采用多年冻土分布下界模型即可完成祁连山区多年冻土分布图的制作（图 3-75）。

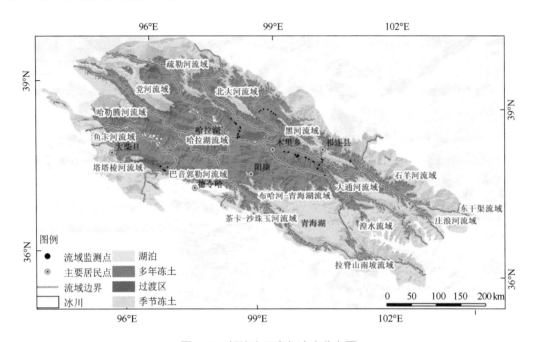

图 3-75 祁连山区多年冻土分布图

根据多年冻土分布下界模型及制作完成的祁连山区多年冻土分布图，得到对祁连山区多年冻土空间分布特征的基本认识，归纳如下：

（1）祁连山区多年冻土分布的下界海拔具有很好的地带性规律，表现为随纬度增加下界海拔降低、随经度增加下界海拔降低的基本规律。纬度增加 1°，普遍发育多年冻土的下界海拔下降约 113 m，经度增加 1°，普遍发育多年冻土的下界海拔下降约 78 m。

（2）祁连山区东段北侧多年冻土下界海拔最低，如冷龙岭一带普遍发育多年冻土下界海拔约为 3540 m，岛状多年冻土的下界海拔仅 3410 m 左右；西段南侧多年冻土下界海拔最高。在大柴旦附近，普遍发育多年冻土下界海拔达到了 4050 m，岛状多年冻土下界海拔也达到了 3900 m。岛状多年冻土下界与普遍发育多年冻土下界海拔之间的差值（代表着过渡区）在祁连山西北部最小，约为 122 m，在祁连山东南部最大，约为 178 m。

（3）祁连山区多年冻土空间上呈现出以哈拉湖为中心向四周扩散的分布格局。哈拉湖至祁连山外围山区多年冻土连续分布，外围山区多年冻土受山体、河谷的地形控制逐渐呈不连续分布，直至过渡到季节冻土区。

（4）根据模型分析，祁连山区多年冻土面积约为 8.03 万 km²，从多年冻土普遍发育区域向季节冻土区过渡的区域发育岛状多年冻土，过渡区面积约为 1.45 万 km²。

3.2.4　多年冻土区的地下冰

1. 多年冻土中地下冰发育的一般规律

多年冻土有别于一般岩土的主要特征之一是包含地下冰。地下冰是多年冻土形成过程中地层中的地下水和土壤水分冻结形成的。地下冰的分布状况理论上仅仅与多年冻土形成时的地层含水状况有关，而与多年冻土的其他特征要素没有明显的相关性。按照地层时代与多年冻土形成时期的关系，多年冻土可分为后生型和共生型两类。在青藏高原地区，绝大部分多年冻土层属于后生型，即地层的形成时代早于多年冻土形成时代，冻土层中地下冰含量决定于多年冻土形成时地层中的含水量。共生型多年冻土多存在于逐渐加积的坡积、冲洪积、冰碛、风积等地层中，地下冰含量与当时的气候条件有关。

青藏高原多年冻土层主要存在于地表以下数十米的岩石圈表层。基岩区构造带和表层风化破碎带中具有较大的地下水赋存空间，而较完整的基岩中孔隙率很小。一般松散堆积物的孔隙度远大于完整基岩，其是表层地下水的主要赋存空间。岩石圈表层的地下水主要来自大气降水的补给。松散沉积物在重力作用下，受流水、冰川、风力等介质的搬运，一般堆积在地形上相对低洼的地方，也就是水分容易汇集的地带，地形是决定地层含冰量的前提条件。细颗粒土较粗颗粒土具有更大的孔隙率和持水性，细颗粒土透水性比较差，水分含量较粗颗粒土中的大，而且细颗粒土在多年冻土形成过程中容易发生地下冰的分凝作用，从而促使水分向冻结锋面迁移，发生聚冰作用，形成高含冰地层。相对于细颗粒土，粗颗粒土中的水分容易疏干，在多年冻土形成时，几乎不会发生分凝作用，除非处于饱和状态，其含冰量通常较少。

多年冻土分布、地温等特征受显著的地带性规律控制，地下冰的分布则不同，地带性因素对多年冻土地下冰含量的影响很小。在水平空间分布上，地下冰含量受地形、地貌、岩性、地下水运移和赋存等因素构成的系统控制。一般高山地区，地形坡度较大，以基岩剥蚀为主要地质过程，地下冰主要赋存在表层厚度不大的残积层中，下伏完整基岩中地下冰含量较少，而且坡面上排水顺畅，地下冰含量很少，除非在分水岭等具有一定汇水功能且坡度较缓的地方，才能形成含冰量较高的地层。高山山麓地带，一般由崩塌堆积的块石和坡积的细颗粒土混杂堆积，或者由山中冲出的洪积扇围绕，形成冲洪积平原，坡度较山坡减缓，地下水容易滞留，有可能发育高含冰地层。平原地区，主要由冲积、冰水沉积、湖积等沉积物组成，这里一般是地下水赋存的主要场所，往往能够形成高含冰地层。

受多年冻土发育过程的影响，多年冻土层中的地下冰在地层深度方向上的分布具有一定的规律。一般多年冻土形成以后，在上限位置形成埋藏较浅的隔水层，地表水下渗被阻滞，在上限以上形成一层饱和含水层。由于地层加积、气候变冷、地表植被覆盖、有机质堆积等因素影响，多年冻土上限上移，原来的高含水层被冻结，从而在新的上限附近形成高含冰地层。另外，多年冻土上限即使不移动或者下移，但由于上限附近冻融速度很慢，重复分凝充分发挥作用，也容易造成上限附近形成高含冰地层。

所以，一般情况下，多年冻土上限附近一般容易形成含冰量较高的冻土层（图 3-76）。

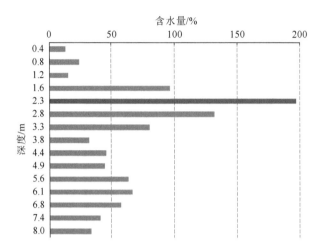

图 3-76　热水—江仓公路 K204+800 钻孔不同深度质量含水量（红色柱表示上限位置）

　　上限以下的地层中含冰状况受地形和岩性的影响比较明显。对于粗颗粒土，在分选良好、级配较差的情况下，如河流冲积的卵石层，持水性很差，大多数情况下，含水量低于 10%，即使在上限附近，也很难形成高含冰土层。一般粗颗粒土中总含有数量不等的细颗粒土充填于孔隙中，其具有较好的持水能力。在多年冻土形成时，水分就地冻结，分凝作用比较微弱，含冰量最大能够达到地层的饱和含水量。大部分情况下，由于冻土的发育阻隔了地表水的补给，这两类地层中的含冰量随着深度增加而逐渐减少。在以细颗粒土为主的地层中，多年冻土形成时，会发生强烈的分凝作用，迫使下部未冻区的水分向冻结锋面迁移、冻结，往往会形成厚度不等的纯冰层。这种情况下，冻结锋面的发展可能具有跃移性，在分凝作用下，冻结锋面上水分冻结，导致冻结速度极大减缓，从而促使分凝作用充分发挥，锋面以下一定深度内的水分减少，形成疏干层。当冻结锋面移动到该层内时，地层内的水分已经大为减少，所以冻结速度比较快，也不利于分凝作用的发展，形成一层含冰量较少的地层。冻结锋面越过疏干层再次发生分凝作用，这样不断重复，可以形成多层纯冰层。不同土质含水情况和分凝作用强弱不同，可能会形成含冰量、地下冰形态各异的高含冰地层（图 3-77）。

　　在一些地段，由于不同原因，往往形成较厚的地下冰层。一类是埋藏作用，湖冰、河冰、风吹雪、冰碛物中裹挟的冰川冰在合适的地形条件下，如果在风尘、洪水、泥流等作用下被掩埋，往往形成加积型多年冻土，其埋覆的冰层则发育成埋藏冰，这类地下冰分布范围很小，偶然性比较大。另一类是冻胀丘冰核，主要由纯冰层或含土冰层构成。冻胀丘冰核是多年冻土发育过程中冻结锋面上有持续不断的水分补给，造成冰层厚度不断加积，形成厚度很大的地下冰层。石冰川是一类含冰量相对较高的冰缘地貌类型，石冰川一般发育在高山坡脚、沟谷或空冰斗中，主要由寒冻风化形成的崩积碎块石构成，地下冰充填其间的孔隙，形成以冰为基质的混合体，在重力作用下，地下冰发生蠕动，带动其包裹的块石运动，其体积含冰量可达到30%以上。图3-77示意了几种地下冰含量较高地段的分布情况。在青藏高原地区，由于气候干燥，冬季降水量很小，在高纬度地区广泛存在的冰楔冰极少发育。

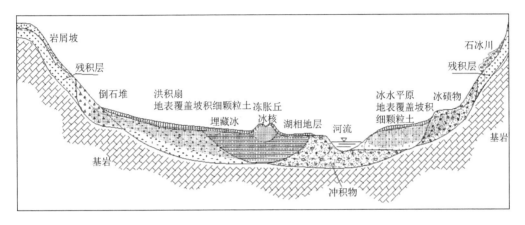

图 3-77　地下冰分布示意图

图中蓝色阴影区域为高含冰地层；红线为多年冻土上限

地下冰的存在，使得多年冻土工程性质有别于一般岩土，在气候变化或工程活动改变地表状况的背景下，多年冻土融化，造成工程建筑物和构筑物基础失稳，这一直是冻土工程研究的重点内容。另外，大部分高含冰地层中的地下冰融化以后，地层含水量超过其融化之后的土层饱和含水量，把这种地下冰叫作过剩冰。过剩冰的存在，对于较干旱的青藏高原地区来说，是一种潜在的水源。相对于冰川来说，多年冻土分布面积更加广泛，地下冰总储量大于冰川冰，但是其融化过程和对区域水资源的补给方式与冰川冰融化存在很大差异。在青藏高原地区，研究地下冰的分布及储量具有很现实的意义。然而，地下冰埋藏在地下一定深度范围内，空间三维方向上的分布异质性很大，而且分布规律性比较弱，造成了研究的困难。利用统计规律研究多年冻土区地下冰分布和冰储量是常用的方法，这需要大量的钻探资料和含水量测试数据作为基础。2004年研究者在祁连山地区多年冻土调查项目中积累了大量的钻孔勘察资料，为这一工作提供了数据支撑，研究者选择了代表性较好的176眼钻孔，对地下冰赋存规律进行了分析。

2. 祁连山多年冻土地下冰赋存的影响因素

祁连山地区基本的地形受大地构造控制，形成高大山脉和宽阔河谷、盆地相间的基本格局，山脉和谷地走向与祁连山整体走向一致。各类基岩构成高山主体，山顶和坡面上部以寒冻风化地貌为主，覆盖厚度不大的石海和岩屑坡，以下为残积地层，总体上含冰量较低。谷地和盆地中堆积了厚度不等的各类松散沉积物，是地下冰赋存的主要场所。进入第四纪以来，祁连山长期处于冰冻圈环境下，在不同地貌部位，分别堆积了冰碛物、冰水沉积物、流水搬运的冲洪积物、风沙堆积物。在一些高山坡脚由崩积作用形成倒石堆；平坦的谷地、盆地底部可能存在湖积地层。全新世以来，黄土类风积细颗粒土覆盖比较普遍，大多数地区地表都覆盖一层较薄的粉质土和细砂质土；陡坡上的覆盖层受坡面片流的冲刷，堆积在坡脚较平缓的缓坡上形成坡积层。祁连山东部降水条件较好，这层细颗粒土持水性良好，堆积坡度较缓，水分充足，促使植被生长，地表发育成沼泽化草甸，接受生物化学作用改造，表层堆积一定厚度的腐殖层和泥炭层；中部地区，降水较少，一般发育干旱草原，有机质积累较差；西北地区，地势较高，地形较开阔，地表细颗粒土容易遭受风蚀和搬运，地表砂砾化，形成荒漠地表。

祁连山地区多年冻土勘察钻孔主要集中在东部，以天峻—木里—江仓—热水—祁连一线公路冻土工程勘察钻孔为主，大部分分布在大通河谷地、西格尔曲谷地、童子坝河谷地和八宝河源头区中。中部疏勒河和西部的塔塔棱河上游为冻土调查孔，钻孔数量较少。公路一般沿着沟谷边缘较平缓的坡脚布设，涉及的地貌类型主要包括崩积倒石堆、河漫滩和河流阶地、山前冲洪积扇和冲洪积平原以及冰碛台地和冰水沉积平原。在钻探编录中，主要通过目视估计体积含冰量，确定多年冻土的含冰类型，按照工程分类，分为少冰、多冰、富冰、饱冰和含土冰层五类，对应的体积含冰量大致以 10%、20%、30% 和 50% 为划分界限。由于地下冰在深度上分布不均，在编录中，一般按照观察到的最高含冰量进行定名分类，采用就高不就低的原则。从理论上，这种方法有可能对钻孔含冰量形成高估。但是考虑到钻探过程中，对岩芯扰动可能会导致地下冰融化，致使一些地下冰观察不到；同时，钻探岩芯只观察到地层很小的区域，对地层整体含冰状况认识不全。通过对新开挖的地层露头观察，可以发现，往往在岩芯目测中会造成对含冰状况的低估。所以，采用就高不就低的原则很可能更加接近地层真实情况。

根据钻孔记录的含冰情况，首先对不同地形、地貌、地表覆盖条件下的地下冰状况进行统计分析，寻找影响地下冰含量的主要因素。在统计中，把富冰以上的冻土层作为高含冰地层。

通常的认识中，地形在水分运移和汇集过程中具有决定作用。坡向对多年冻土发育影响显著，对地表水分条件也有明显的影响。通过钻孔位置信息和含冰量测试结果，统计地形坡度和坡向因素对地下冰含量的影响。

为了研究坡向对地下冰含量的影响，对坡向进行了分类，主要分为 8 个方向。不同坡向的钻孔数如图 3-78(a)，图 3-78(b) 为高含冰钻孔在各坡向所占比例。从图 3-78 中可以看出，钻孔在各坡向均有分布，在西向和南向坡中钻孔数较多，这和道路走向以及选线原则有关。钻孔反映的坡向比较全面，基本上能够代表各个坡向的含冰状况。高含冰钻孔所占比例在东北向坡上较低，在其他坡向相近，其中阴阳坡（南北坡向）没有明显差异，说明坡向对地下冰含量影响不显著。

坡度是影响水分运移的另一关键要素。勘察中钻孔位置所处的最大坡度为 25°、最小坡度接近 0°，首先按照 0°～2°、2°～5°、5°～8°、>8° 将坡度分为平地、平坡、缓坡和中坡四种类型，对各个坡度的钻孔数、高含冰钻孔数、高含冰钻孔所占比例进行统计，结果如图 3-79 所示。各坡度地形条件下，钻孔数都有相当数量的分布，符合统计要求。从图 3-79 可以看出，高含冰钻孔所占比例随着坡度的增加有增加趋势，在缓坡处达到最大，然后随着坡度增加迅速减小。这种现象和不同坡度的坡型所处的位置有关，一般缓坡处于山坡坡脚位置，从山坡上汇集的水分首先进入该段，在多年冻土发育地段，水分即被固定在该段中，形成高含冰地层比较集中的地段。

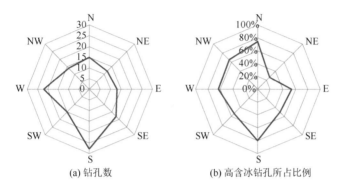

(a) 钻孔数　　　　　　　　　　(b) 高含冰钻孔所占比例

图 3-78　不同坡向钻孔数和高含冰钻孔所占比例

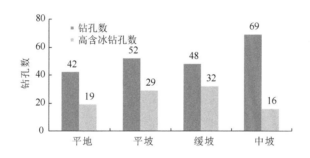

图 3-79　不同坡度条件下钻孔数和高含冰钻孔数分布

地表植被类型反映了当前环境下的地表水分状况。通常，地表水分充足的地段发育沼泽化草甸，冻融草丘比较发育；地表水分较好的地段形成草甸植被，覆盖度较高；在较干旱的地区，一般发育草原植被；在祁连山西部，在极端干旱条件下，地表呈荒漠状态，植被稀疏。对不同植被类型条件下的钻孔数和高含冰钻孔数进行统计，结果列于表 3-15 中。从表 3-15 中可以看出，虽然代表干旱和极端干旱条件下的草原和荒漠地表钻孔数较少，但是其高含冰钻孔所占比例却没有显著降低。荒漠地表的 3 个钻孔均为高含冰地层。地表有冻融草丘发育说明地表水分十分丰富，这是地表经历了强烈冻融扰动的直接证据。单独对比地表有无冻融草丘情况下高含冰钻孔所占比例，发现冻融草丘发育地段钻孔数 87 眼，高含冰钻孔数 56 眼，占比达到 64.4%；无冻融草丘发育地段钻孔数 84 眼，高含冰钻孔数 42 眼，占比 50%，比冻融草丘发育地段略低，但是没有显著差距。结果表明，现代地表水分状况对地下冰分布影响不显著。

表 3-15　地表植被对高含冰地层分布的影响

项目	沼泽化草甸	草甸	草原	荒漠
钻孔数 / 眼	84	72	7	3
高含冰钻孔数 / 眼	50	40	4	3
高含冰钻孔所占比例 /%	59.5	55.6	57.1	100

　　地下冰赋存在特定的岩土介质中，土质是影响地层持水性的主要因素，而土质又决定于地貌类型。不同地貌类型条件下，土颗粒粒径、分选性、孔隙度、颗粒级配等因素各有特征。地下冰信息表中的各钻孔涉及的主要地貌类型包括河流冲积地貌（河漫滩和河流阶地）、冰碛物台地、冰水沉积平原、崩积形成的倒石堆和洪积扇。统计发现，各类地貌类型中，河流冲积地貌中高含冰钻孔所占比例最小，大多为少冰和多冰冻土，富冰以上的钻孔很少。其余各类地貌类型中，高含冰钻孔所占比例大致相当（图 3-80）。图 3-80 中显示，洪积扇中高含冰钻孔所占比例最高，达到 70%，除了河流冲积地貌，其他四类地貌类型中，冰碛物台地中高含冰钻孔所占比例略低，约为 58%，主要原因可能是从高山汇集的水分首先进入洪积层中，并且被洪积物所固定。

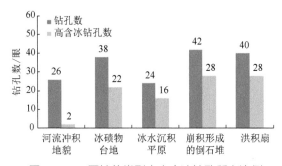

图 3-80　不同地貌类型中高含冰钻孔所占比例

　　从局部地形来看，倒石堆沿着高山坡脚分布比较广泛，但是其水平尺度较小，在地质图上没有反映出来。为了根据地质图反映的沉积类型计算祁连山多年冻土区地下冰总储量，考虑到冰碛物和崩积物沉积物物质来源、粒径构成大致相同，基本土质相似，将崩积物合并到冰碛物中，在后面的分析中，主要以河流冲积地貌、冰碛物台地、冰水沉积平原和洪积扇四种地貌类型进行分析和计算。

　　实际情况下，地形 - 地貌 - 地表植被 - 地层水分是相互影响、相互制约的地下冰赋存环境，以上分析某一单一因素对地下冰分布的影响时，并没有排除其他因素的作用，可能会导致分析结果出现偏差。为了消除各因素的相互影响，在相同地貌类型条件下，对其他因素的影响进行对比。由于钻孔数的限制，对地貌划分以后，某些单一因素下钻孔数很少或缺失，增加了统计分析中的偶然性。因此，选择了钻孔数较多的地貌类型，对一些单一因素进行了适当合并。

　　为了消除各影响因素的相互干扰，应固定某一因素，再分析其他因素的影响。以洪积地貌为例，单独选取植被类型和坡度的影响分别进行分析。将坡度数据合并为两类，小于 5° 的为缓坡，大于 5° 的为中坡，缓坡钻孔数 22 眼，其中高含冰钻孔数 15 眼，约占 68%，中坡钻孔数 18 眼，其中高含冰钻孔数 13 眼，约占 72%。这种分布格局和前面的分析并不矛盾，地下冰的空间分布在适当的坡度上最大。在植被类型的影响中，由于干旱草原和荒漠数量很少，将它们统一合并为草原，则沼泽草甸中高含冰钻孔所占比例为 55%，草甸中为 92%，草原中为 80%。虽然高含冰钻孔所占比例与前面分析中有较大出入，但是并没有呈现出明显的规律，这和前面分析结果一致。

在冰碛物中，对坡向对高含冰钻孔数分布的影响进行分析，统计结果如图 3-81 所示。从图 3-81 中可以看出，阴坡高含冰钻孔数占比高于阳坡，可能是因为阴坡地面水分蒸发较小、入渗较多，形成加积型高含冰地层，说明坡向对地下冰含量有一定影响。

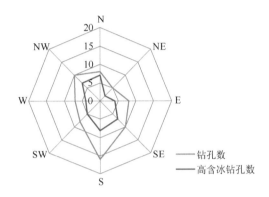

图 3-81　冰碛物中不同坡向条件下高含冰钻孔数的分布

祁连山地区地形起伏大，地貌类型复杂，地区间气候特征差别显著，生态植被区域分异明显，这些环境因素对祁连山多年冻土特征均有明显的影响。多年冻土地下冰分布不受地带性因素的控制，其分布在水平空间上差异很大。统计分析发现，地表植被类型对地下冰的分布影响不显著，说明当前地面水分条件与多年冻土中的地下冰的形成没有直接联系，也间接证实了祁连山多年冻土大多都是历史时期的遗留。地形因素中，坡向不但对多年冻土的发育有显著影响，而且对地下冰含量也有一定影响，阴坡在上限位置更容易形成加积型高含冰地层，上限以下深度的地下冰分布应该没有明显的优势方向。坡度决定了地层中水分的运移速率和存储能力，对地层含水量有明显的控制作用。正常情况下，坡度越缓，地下水运移速度越慢，地层中含水量相对越高，但是对钻孔地下冰的统计表明，高含冰地层最容易发育的地段并不是坡度最缓的地段，地下冰含量有随着坡度增加先增大而后迅速减小的趋势，存在地下冰最容易发育的最佳坡度。地貌类型决定了地层岩性，是地下冰赋存的载体，对地下冰分布具有较大影响。统计发现，河流冲积土中发育高含冰地层的概率最小，对应的含冰量也最低。容易发育高含冰地层的地貌依次为洪积地层 > 崩积地层 > 冰水沉积地层 > 冰碛物 > 冲积地层。

3.2.5　多年冻土地温

祁连山地区多年冻土的主要控制因素是海拔，地温随着海拔升高而逐渐降低。

图 3-82 是大通河源区地温监测钻孔的年平均地温与海拔关系的散点图。图中钻孔多集中在大通河源区谷地内宽展、平缓的冰水冲积平原上，处于不同地表条件下，纬度最大相差约 0.5°。从图 3-82 中可以看出，在不考虑纬度影响的情况下（实际上谷地内纬度与海拔同时升高，两者的影响是叠加的），年平均地温随着海拔升高有降低趋势，递减率大约为 0.31℃/100 m，大约是气温递减率的一半。年平均地温虽然受海拔控制，但是数据离散性比较大，相同海拔条件下，地温相差可达 3℃，反之，相同地温分布的海拔范围相差可达 500 m。这种差异在一定程度上已经超过了地带性规律的影响。之所以出现很大分异，是因为大通河源区谷地大部分地段海拔较低，多年冻土处于冻土区边缘地带。大通河流域植被良好，表层有机质积累较厚，在气温已经不适宜多年冻土存在的地段，由于生态系统的保护，多年冻土以岛状形式继续保留。在较大范围内融区和多年冻土岛相间分布，多年冻土地温基本上处于零梯度状态。在这种状态下，多年冻土地温即使在气温变暖背景下也基本保持不变，冻土对气候的响应主要表现为上限加深。相应地，疏勒河源区与大通河源头相邻，位置更偏西，气候较干燥，地表植被较差，地层中很少积累有机质，对多年冻土保护作用很微弱，局地因素的作用不如大通河显著，多年冻土与气温（海拔）的关系相对比较单一，具有很好的线性规律（图 3-83）。从图 3-83 中可以看出，疏勒河源区多年冻土年平均地温随海拔的递减率约为 0.94℃/100 m，较大通河源区大得多，相同海拔条件下，地温差异大约在 1℃，相同的地温对应的海拔高差大约在 200 m。如果排除地形因素的影响，地温与海拔的线性统计规律更好，在图中红色方块点表示阳坡钻孔的年平均地温，在统计中没有考虑。

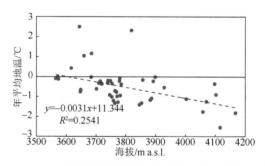

图 3-82　大通河源区多年冻土年平均地温与海拔的关系

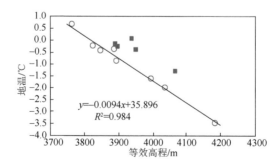

图 3-83　疏勒河源区多年冻土年平均地温与海拔的关系
图中红色方块点表示阳坡钻孔的年平均地温，在线性统计中没有考虑

在空间上，地温除主要受气温（主要由海拔控制）影响以外，坡向与坡度、地表植被（实际上反映地表水分状况）、表层有机质积累（强烈的热补偿机制具有热二极管效应）等因素对多年冻土地温的影响也较为突出，即使距离很近的两个位置，地温也有可能存在显著差异，在更广泛的空间对比地温，其差异更明显。由于祁连山东西部气候差异显著、地面景观变化明显，很多影响地温的局地因素无法排除，在整个祁连山区域内对比多年冻土地温随纬度变化的规律和随经度变化的规律比较困难。

3.2.6　多年冻土厚度

多年冻土厚度是多年冻土地带性特征的另一个表现形式。理论上，多年冻土厚度与地温直接受气温的制约，气温越低（在高山地区意味着海拔越高），地温越低，多年冻土厚度也越大。然而，多年冻土厚度的变化除了受地温的诸多因素的影响外，还受地层物质的热物理性质及大地热流的影响。这意味着多年冻土厚度在反映多年冻土地带性规律方面比年平均地温更加复杂。

根据勘察资料，祁连山多年冻土下界附近，多年冻土厚度仅有数米，不排除可能存在更薄的多年冻土层。例如，在大通河源区的多年冻土下界附近，多年冻土厚度仅为 8m 左右，而在黑河源头钻探勘察揭露的下界处（3650 m a.s.l.），多年冻土厚度仅为 2 m。目前已知（钻孔揭露）的祁连山多年冻土最厚的地方在黑河源头洪水坝，厚度达 139 m。在年平均地温更低的高山地区，多年冻土的厚度可能更大。

统计发现，与地温变化相似，祁连山东部地区在 3550 ～ 3700 m a.s.l. 的岛状多年冻土区内，海拔每升高 100 m，多年冻土厚度增加值为 8 m；而在 3700 m a.s.l. 以上的连续冻土区内，海拔每升高 100 m，多年冻土厚度增加值为 10.9 ～ 42.5 m。多年冻土厚度与海拔之间近似呈抛物线函数关系（图 3-84）。

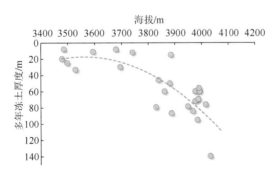

图 3-84　祁连山东部多年冻土厚度与海拔的关系

祁连山西部地区能够揭示冻土厚度的监测孔不多，在木里盆地和德令哈塔塔棱河源头分别有两眼穿透多年冻土层的钻孔。木里盆地钻孔布设在河流阶地上，地表发育沼泽化湿地，多积水坑，地面植被盖度接近 100%，平均盖度超过 60%，年均地温 -0.6℃，多年冻土底板深度 50 m。塔塔棱河钻孔位于河流阶地，地表为沙砾质荒漠，植被盖度约 20%，年均地温 -0.3℃，多年冻土底板深度 24 m。两孔比较，木里盆地钻孔海拔略低，但纬度略高，地带性因素对多年冻土厚度差异的影响不是主要原因，其厚度和年平均地温的差异很大程度上是地表状况的差异引起的。

3.2.7 多年冻土上限

活动层是多年冻土层和外界大气间水热交换的主要场所。夏季外界的热量通过活动层向多年冻土层传递，冬季多年冻土层中的热量也要通过活动层向大气中散失。大气降水入渗主要在活动层中运移。活动层厚度也作为表征多年冻土状态的一项重要指标。对于多年冻土来说，活动层厚度－多年冻土地温－多年冻土厚度是热量交换过程中相互联系的一个表征多年冻土状态的系统，影响多年冻土的各因素，同样也影响活动层厚度。气候变化的结果最先体现在活动层厚度的变化上，然后才引起多年冻土层地温的变化，最后再导致多年冻土厚度发生变化。

在祁连山区，从每年 4 月中旬到 5 月上旬开始，活动层在日均气温转为正温后开始融化。随着气温逐渐升高，融化深度也随之增加。从 10 月中下旬开始，日均气温转为负温以后活动层又开始自上而下冻结，活动层下伏多年冻土为负温，同时对多年冻土上限以上的土层进行冷却，并发生自下而上的冻结。所以，在多年冻土区，活动层的融化是单向的，而冻结过程是双向的。大部分活动层回冻在 12 月到次年 1 月完成，与下伏多年冻土层衔接，多年冻土层向外散失热量，年变化深度以上的地温开始下降。这种情景下活动层厚度就等于多年冻土上限深度。多年冻土边缘区或者地面状况发生改变，导致每年进入活动层中的热量大于活动层向外散失的热量，即每年回冻的深度并不能达到前一年融化的深度，则形成活动层与多年冻土层不衔接的状态，此时，活动层厚度不再代表多年冻土上限深度。

理论上，影响多年冻土发育的各因素均可对活动层厚度产生影响。然而，构成多年冻土发育环境的诸因素之间又是相互影响和相互制约的一个复杂系统。某一因素的变化必然影响其他各因素做出适应性的调整。在分析活动层厚度时并不能就一种因素影响下的变化做出判断。简单来说，对活动层厚度影响比较显著的因素有两个：一个是气温，另一个是地表植被条件。

气温是影响活动层厚度的外因，从宏观尺度上看，地表获得能量的多少决定了传入地下的能量大小。一般情况下，祁连山地区海拔越高，年平均气温越低，一方面，意味着每年融化开始的时间越晚，而开始冻结的时间越早，即每年的融化时间越短；另一方面，意味着气温越低，地表温度越低，传入地层中的热量越少。两个方面综合作用，使得多年冻土区的活动层厚度具有随着年均气温降低而减小的趋势。这种趋势可能会因为地面条件和地层性质的差异而被掩盖。在疏勒河源区，地表条件相差不大的情况下，地层岩性相近，排除已经处于不衔接状态的两个钻孔数据，其他钻孔中监测的多年冻土上限深度与海拔的关系如图 3-85 所示。虽然疏勒河各钻孔之间在地表状况、地形方面存在一些差异，但是上限深度随海拔升高而减小的趋势很明显是存在的。

能够影响地表温度的各因素都可以对活动层厚度造成影响，除了海拔，还有如坡向、坡度、地表土质以及地表覆被等。

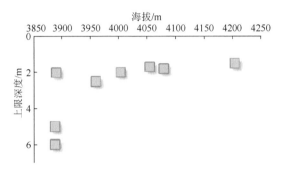

图 3-85　疏勒河源区多年冻土上限深度与海拔的关系

　　地层岩性及含水量是影响活动层厚度的内因。一般情况下，地形-地貌-水分条件-地层岩性-地层含水量-地表植被形成了一个相互影响的水热交换系统，坡度平缓地段，接受坡积或冲洪积沉积，容易堆积细颗粒土，水分条件也较好，地表植被发育，有机质对矿物质土进行改造，生物和化学风化作用盛行，使土颗粒更细，持水性更好。自然界中，水的比热很大，而且冰在融化时需要吸收大量的热量，进入地层中的热量大部分用于水分的感热和潜热，从而极大地延缓了活动层的融化速度和深度，其对活动层厚度具有决定作用。图 3-86 为祁连山大通河源区近 10 年来不同地表生态环境下的多年冻土上限深度统计结果。除了不衔接冻土（此时多年冻土上限不再与活动层厚度一致），地表生态环境与多年冻土上限（也等于活动层厚度）呈现很好的关联性。沼泽草甸下活动层厚度一般不超过 2 m，草甸下活动层厚度目前约为 3 m，而退化草甸下活动层厚度已经达到了 4 m 左右。裸地下活动层厚度与退化草甸相当。

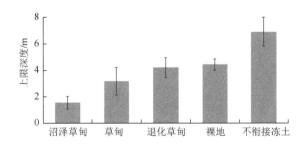

图 3-86　祁连山大通河源区不同地表生态环境下多年冻土上限深度

　　从祁连山整体来看，从东向西随着降水量减少，活动层中的水分也随之减少，而且西部云量较少，地面获得的辐射更多，活动层厚度有增加趋势。在东部的大通河源头，降水条件较好，植被发育，主要生态景观表现为沼泽草甸，活动层厚度多在 1.0～2.0 m，植被稍差的地带内，在 3.0 m 以内，而在中西部的疏勒河流域和西部的塔塔棱河源区，多年冻土活动层多在 2.0 m 以上，最大可达 4.5 m，只有极少数水分条件较好的地点在 2.0 m 以内。

3.2.8 多年冻土变化

1. 近 10 年来祁连山区多年冻土地温变化

多年冻土对气候变化的响应首先从多年冻土地温变化开始显现。在一段时期的气候变暖过程中，地表热量收入增加，在热传导作用下热量进入多年冻土层，促使地温升高。冻土地温的升高可以从地温曲线上直观显示。以年变化深度为界，可将地温曲线分为上下两部分：上部的地温随着外界气温的年周期变化而发生波动，波动幅度随着深度增加而减小，在年变化深度处减小为 0。年变化深度以下的地温在气候稳定的情况下，一段时期内保持不变，地温梯度也保持稳定，地温曲线呈直线状态，当外界气候持续变暖时，此段地温才逐渐自上而下升高，地温梯度逐渐减小。祁连山两眼贯穿多年冻土层的钻孔 JC-12 和 ML-12 地温曲线（图 3-87）显示，钻孔年变化深度均在10 m 左右，近 10 年来，年变化深度以下的地温在逐渐升高，其中 ML-12 孔 10～20 m，JC-12 孔 10～30 m 地温曲线向正温方向弯折，地温梯度减小，说明近几十年以来多年冻土经历了显著的升温过程。

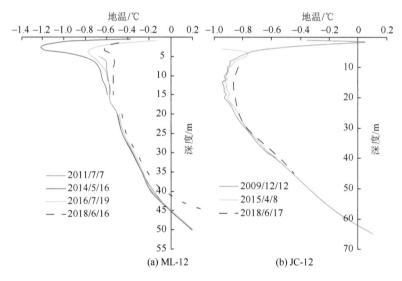

图 3-87 典型多年冻土地温曲线形态

按照 15 m 深度的地温代表多年冻土年平均地温，来评价近 10 年来多年冻土地温的升温状况。目前，在祁连山区大通河源区（江仓、木里等地）、疏勒河源区、宗务隆山区及黑河（西支）源区监测的几十个多年冻土地温监测孔，虽然监测时间不一致（布设时间不同、连续监测程度不同、部分损坏），但是几乎均表现出多年冻土年平均地温逐渐升高的规律（图 3-88）。图 3-89 给出了大通河源区一些代表性监测点钻孔测得的近 10 年来多年冻土年平均地温升温率的对比。

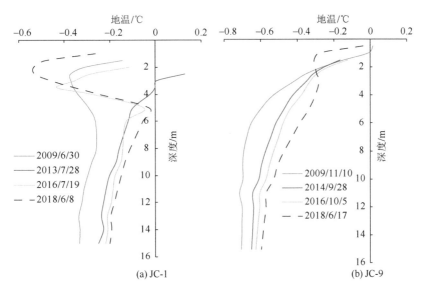

图 3-88　多年冻土地温逐渐升高图

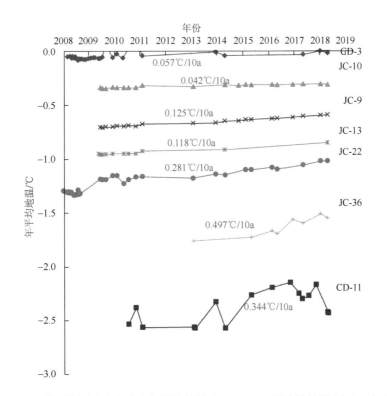

图 3-89　典型监测点多年冻土年平均地温（10 ～ 15 m 深度处地温）近 10 年变化

1990 年以来祁连山区气温呈显著升温趋势，尤其在祁连山区中段和东段升温率约为 0.5℃ /10a。年变化深度附近的多年冻土地温变化主要是对近 20～30 年来气候变化的响应，因此，多年冻土地温的升高与近几十年气温升高是相对应的。多年冻土层中的未冻水含量随着温度升高而增加，意味着在冻土层升温过程中总是伴随着相变，尤其对于高含冰量的多年冻土而言，相变潜热远大于土层温度变化的感热的耗热，传递到土层中的热量主要消耗于潜热，延缓了土层温度的升高。所以，冻土层地温越高，升温速度越慢，而且一般而言冻土的升温率是远小于气温的。多年冻土地温较低时，未冻水含量变化较小，需要的相变潜热也较小，传入地下的大部分热量主要用于地层感热升温，表现为低温冻土升温较快，表观上对气温变化响应更敏感。当地温接近于冻土的冻结温度时（通常稍低于 0℃，可近似认为是 0℃），冻土处于剧烈相变区内，热量的积累主要用于地下冰的融化潜热，多年冻土地温升高不明显，即使气温仍然在升高，多年冻土地温会维持在 0℃附近，升温率很低，表观上对气温变化不敏感。多年冻土升温率与多年冻土地温有关，图 3-90 揭示了祁连山区大通河流域监测点多年冻土地温与相应升温率之间的关系，表现为：多年冻土地温越低，升温率越高；不同地表条件下的监测点数据表明，多年冻土升温率对地表条件的依赖性不强。

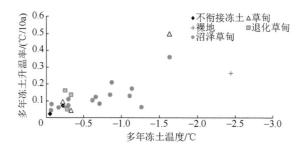

图 3-90　多年冻土升温率与多年冻土温度关系

当多年冻土融化后，原有土层转变为正温状态。此时，上部能量交换平衡早已经处于吸热状态。融化多年冻土中的冰而滞缓的土层温度（持续在 0℃附近）会迅速升高，且其升温率可超过气温升温率。祁连山大通河源区监测点 CD-2 现在已经位于季节冻土区，对应其 15 m 深度的土层温度（与多年冻土监测孔多年冻土温度选取深度相同）同样呈现出升高趋势（图 3-91），而且其升温率达到 0.77℃ /10a。此值不但远高于多年冻土升温率，而且也高于气温升温率。这说明，此处几十年前为多年冻土，在过去一段时间内，在气候变暖背景下逐渐退化，地温转变为正温，地温出现补偿性升高，其升温率远大于多年冻土层升温率。

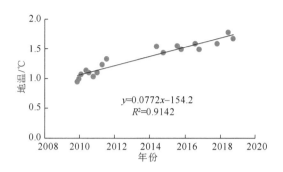

图 3-91　多年冻土消失后地温升高过程

2. 近 10 年来祁连山区多年冻土上限变化

多年冻土上限变化是多年冻土变化的另一个主要反映特征。图 3-92 为祁连山大通河源区一些监测点近年来多年冻土上限的变化情况。整体上，多年冻土上限均呈下降趋势。这种下降趋势反映了其对近期气候变暖的响应。多年冻土上限的下降并没有如同多年冻土温度的变化那样呈现很好的线性关系。究其原因，多年冻土上限变化主要与当年的气象条件有关，受之前年份气象条件影响相对较小，说明多年冻土上限的变化并不是持续进行的，而是与气温变化直接相关，具有波动性，只有在较长时段内才能显现出趋势性特征。因此，多年冻土上限的变化速率只代表一定时段范围的变化趋势，这也暗示着在考察多年冻土上限的变化时应该在尽量长的时段范围内进行分析。

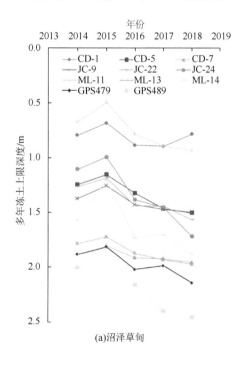

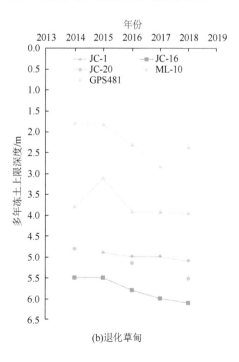

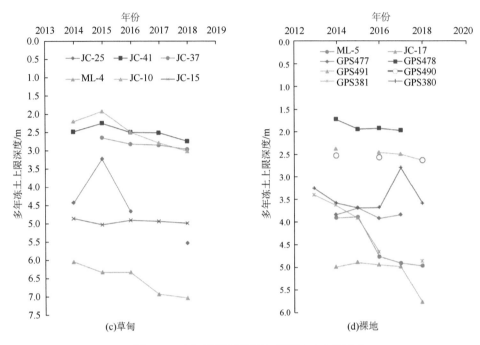

图 3-92　大通河源区监测点多年冻土上限变化

　　根据监测点的多年冻土上限变化，获得了近 10 年来祁连山区多年冻土上限的变化速率。对每个监测点多年冻土上限平均深度与其变化速率进行分析，可以发现多年冻土上限变化速率随着上限埋深的增加而增大（图 3-93），即多年冻土上限埋深越大，则在气候变暖背景下，其上限下降速率越快。近 10 年来，祁连山区多年冻土上限下降速率大多介于 0 ～ 20 cm/a。

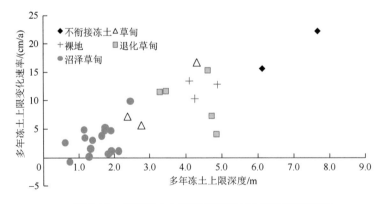

图 3-93　多年冻土上限变化速率与上限埋深的关系

　　由于多年冻土上限深度受地表生态环境影响较大，因此多年冻土上限变化速率与地表生态环境有一定关系。沼泽草甸地表下多年冻土上限一般在 2 m 以内，其上限变化速率整体较小，多年冻土上限平均下降速率约为 3.3 cm/a。即使同为沼泽草甸地表，上限深度越大，则上限下降速率越快。当多年冻土上限埋深大于 5 m 时，多年冻土层与活动层之间实际上处于不衔接状态，这种类型的多年冻土处于强烈退化阶段，多年冻土上限下降加快，多年冻土上部进入迅速消失阶段。监测到的这类多年冻土上限下降速率达到了 15 ~ 20 cm/a。退化草甸地表监测点得到的多年冻土上限下降速率表现出较大的差异性，可能与退化程度有关。草甸和裸地地表下的多年冻土上限平均下降率分别为 9.8 cm/a 和 12.2 cm/a。它们也呈现出上限下降速率随上限深度增大而增加的趋势。除了沼泽草甸类型，其他生态环境的监测点较少，因此还较难定论其上限变化速率。

青藏公路沿线天然地表下 10 个活动层监测场 1998 年以来的监测资料表明（监测场地活动层厚度等于多年冻土上限深度），近 20 年来，多年冻土区的活动层厚度均呈现增加趋势，活动层厚度增加了 9 ~ 78 cm；沿线监测点活动层厚度增加速率介于 0.48 ~ 9.2 cm/a，平均增加速率为 2.8 cm/a。可见，祁连山区多年冻土上限深度变化范围与青藏高原相比略偏快。

从目前的观测资料看，全球各处的多年冻土区均表现出活动层厚度增加的趋势。俄罗斯北极地区 37 个台站 1959 ~ 1990 年活动层厚度增加了约 22 cm，增加速率约为 0.6 cm/a，而蒙古库苏古尔山区多年冻土活动层厚度在过去 10 年的变化率达 4.0 cm/a。

3. 多年冻土边缘的退化状态

在多年冻土分布边缘区域，多年冻土往往处于完全退化的临界状态。典型的特征是多年冻土地温曲线呈接近于 0℃ 的零梯度形态，多年冻土上限埋深大，且通常处于不衔接状态，多年冻土厚度较小。目前，在大通河源区北侧山前冲洪积平原与河流阶地交叠区域均已经出现此类现象。在冷季，表层冻结深度不超过 4 m，4 m 以下深度多年冻土温度基本呈 0℃［图 3-94（b）中温度坐标比例较大，测试探头的精度为 0.05℃，因此土层温度放大后表现为波浪状］，即冻结期间土层释放的热量不足以使下部土层冻结。而在暖季，接近 10 m 范围的土层温度较高。因此，下部多年冻土层与上部土层之间的热交换冷季处于停滞状态、暖季处于吸热状态，多年冻土上限附近不断获取热量，致使多年冻土上限快速下降。冷季冻结深度（约 4 m）至多年冻土上限之间实际上已经形成了融化夹层（融区）。由于此区域处于山前汇水区，尽管多年冻土上限已经下降至 5 m 以下，但地表沼泽化草甸目前仍然处于积水状态。

在气候变化驱动下，多年冻土发生显著变化，地温升高、上限下降、厚度减薄等变化只是量变，持续发展最终会引起多年冻土完全消融，造成质变。在水平空间上，由于多年冻土存在极强的空间异质性，在相同的气候变化背景下，不同地形地貌、地表覆被条件下多年冻土响应不同，退化速度差异明显。人类活动对地面条件的改变对多年冻土的影响十分显著，虽然影响范围有限，但也会造成多年冻土退化空间异质性增加。多年冻土退化的空间差异最终造成多年冻土空间分布趋于破碎化，在多年冻土边缘地区，处于临界状态的多年冻土层消失，分布范围萎缩。在垂直空间上，对部分处于临界状态的多年冻土监测，发现已经出现了不衔接状态。根据监测数据，多年冻土处于不衔接状态，多年冻土上限会加速下降，这类冻土厚度一般均较小，在十年尺度上，多年冻土层可完全消融。由于这类冻土分布范围很小，持续保存时间极短（相对于多年冻土保存时间尺度而言），在一般调查中很少发现。

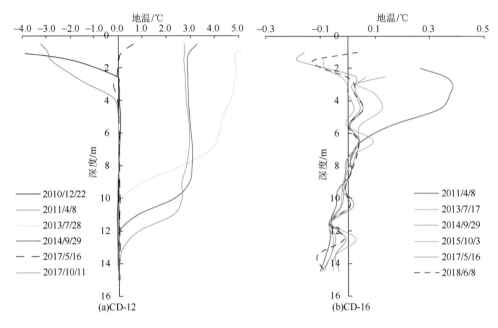

图 3-94　大通河源区北侧多年冻土边缘区地温曲线

3.3　积雪变化

3.3.1　积雪范围变化分析

1. 积雪面积遥感反演方法

1）积雪面积遥感反演进展

积雪范围是重要的积雪参数之一，它是全球许多气候模型的重要输入参数（Cohen and Entekhabi，2001；Douville and Royer，1996），对水资源管理和水文预报具有重要作用（Martinec，1975；Tekeli et al.，2005；Rodell and Houser，2004）。卫星遥感由于其宏观快速、全天时、全天候、周期性观测的特点，已被广泛应用在积雪各项参数的反演研究中，能够大面积地监测积雪范围在时空上的变化（König et al.，2001），大大地弥补了传统观测手段的不足。遥感卫星积雪观测开始于 20 世纪 60 年代，随着空间信息技术的发展，通过卫星遥感来识别大范围积雪已经成为目前最主要的观测手段。相对于传统的观测来说，遥感观测面积大，重返周期短，并且可以测量人类很难到达的地区。利用光学遥感技术进行积雪制图和监测已有 50 多年的研究历史，也发展了一系列的积雪范围产品，如 AVHRR（Hartman et al.，1995）、VEGETATION（Xiao et al.，2001，2002）、MODIS（Hall et al.，2002）。目前，我国可使用的光学遥感积雪范围产品主要有 AVHRR、MODIS、FY-2C、VEGETATION，但这些产品均受云影响较大。这些产品对流域分析准确性较低，特别是祁连山地区，由于受到云的影响较大，这些产品在长序列分析中都受到限制。郝晓华等基于 NOAA-AVHRR 数据发展了一套空间分辨率为 5 km、时间分辨率为逐日，并且完全消除了云的影响，可准确地用于分析流域的积雪范围变化的产品（Hao et al.，2021）。

2）积雪范围遥感产品制备方法

制作中国 5 km 逐日积雪面积数据集采用的原始数据为 NOAA-AVHRR 地表反射率数据产品，它来源于美国国家环境信息中心（https://www.ncei.noaa.gov/），是由 NOAA-7、NOAA-9、NOAA-11、NOAA-14、NOAA-16、NOAA-17 和 NOAA-18 卫星搭载的 AVHRR 辐射计获取的辐射数据经过一系列处理后得到的地表反射率数据集。该数据集包括自 1981 年 6 月 24 日至今逐日的各个波段的地表反射率、亮温、太阳天顶角以及观测方位角等数据，空间分辨率为 5 km；本次研究主要采用地表反射率以及亮温数据来作为基本反演数据，数据格式为 HDF 格式，它是由 NOAA GAC（全球区域覆盖）L1 辐射数据经过一系列的地理提取、辐射校正以及大气校正后得到的地表反射率数据和亮温数据。

该产品主要是基于 NOAA-AVHRR 地表反射率的数据产品，通过一系列的云阈值识别算法和雪阈值识别算法获得。雪阈值算法涉及的变量主要有 Ref1、Ref3/Ref2 和 BT11 三个一级阈值变量，NDVI、NDSI、Ref2、Ref3 和 Ref3-Ref2 五个二级阈值变量。其中，Ref1、Ref2 和 Ref3 经过前期阈值测试已经能够很好地区分有雪和无雪，NDVI 的阈值设置在不同植被环境下有效地区分有雪和无雪。阈值变量的改进主要集中在 Ref3/Ref2、Ref3-Ref2 和 NDSI 三个组合变量以及 BT11 亮温变量之中。选取 Landsat-5 TM 数据作为训练样本真值，叠合 Ref3/Ref2、Ref3-Ref2、NDSI 和 BT11 四种变量并统计在有雪和无雪区值的分布。根据统计的分布情况，分析得出最优阈值，具体流程如图 3-95 所示。通过改进的算法，生成了流域 1981 ~ 2018 年的逐日积雪覆盖数据。

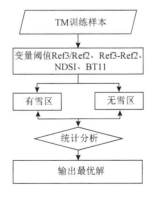

图 3-95　积雪区分训练最优阈值示意图

初级 AVHRR 积雪产品分析表明，在中国区域，特别是主要积雪区，云覆盖率年平均为 60% 左右，很大程度上限制了产品的使用。基于隐马尔可夫时空建模方法进行产品去云处理，处理流程如图 3-96 所示。改进后积雪产品的 SCA（即包含积雪信息的影像）逐日记录数据层为第 t 天的初始 SCA 影像。通过对整个初始 SCA 影像上的所有像元采用时空最优参数和隐马尔可夫算法，分别计算云像元归类后属于雪像元和非雪像元的每个像元的总能量。如果属于雪像元的总能量大于非雪像元，则该像元被定义为雪像元。如果非雪像元的总能量更大，则该像元被定义为非雪像元。如果一个像元的雪能量与非雪能量相同，则无法判别，依旧还是云像元。隐马尔可夫算法对初始 SCA 影像进行迭代运算、云下积雪信息的时空重建，其迭代收敛的准则为在连续的迭代中，本次迭代运算较上一次迭代运算类别被更改的像元百分比小于 0.1%。隐马尔可夫算法的最优参数和时空权重系数由迭代条件模式算法（iteration condition model，ICM）训练所得。时空建模方法在第一轮采用 3×3×3 的立方体时空邻域。如果在更新后当前的 SCA 中仍然为原始云像元，则这些云像元的立方体邻域将在空间和时间上进一步扩展到 3×3×5 的立方体邻域，如果仍然存在数据空白，则被判定为云像元，不再扩展。最终生成去云积雪范围产品，研究表明，通过时空建模去云处理，目前中国积雪范围产品云覆量低于 5%，大大地增加使用可信度。最终通过去云算法获取流域内逐日无云、空间分辨率为 5 km 的积雪范围产品。图 3-97 显示了流域去云前和去云后的 AVHRR 积雪范围产品的对比。可以看到，通过去云算法，基本消除了所有的云，产品可以更好地应用于水文和气候模型。

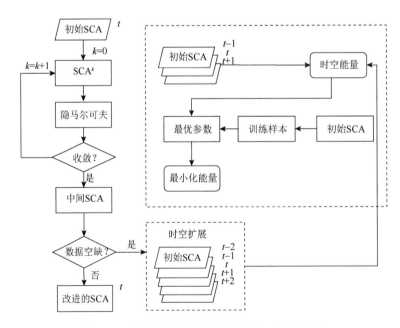

图 3-96　时空建模方法的积雪产品去云处理流程

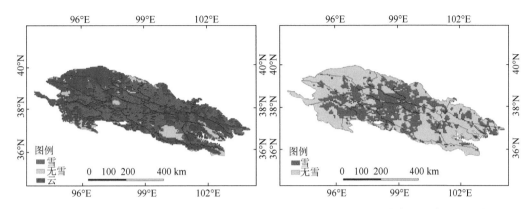

图 3-97　AVHRR 去云前后祁连山流域影像对比（1997 年 1 月 7 日，左图为有云，右图为完全去云）

3）产品精度评估

利用 Landsat-5 TM 影像以及气象台站雪深数据作为真值，在点和面上验证 AVHRR 改进积雪产品并进行精度评估。精度评估采用构建误差矩阵的方法，将 AVHRR 积雪范围产品结合高分辨率影像数据在我国三大积雪区做一个总体评估（表 3-16）。分析积雪产品的总体精度（OA）、漏分误差（UE）和多测误差（OE）（TM 数据和站点观测雪深数据被当作真值，以下均用 OA、UE 或 OE 代替）。

$$OA = \frac{a+d}{a+b+c+d} \tag{3-6}$$

$$UE = \frac{b}{a+b+c+d} \tag{3-7}$$

$$OE = \frac{c}{a+b+c+d} \tag{3-8}$$

式中，a，b，c，d 表示各分类像元的个数；OA 为雪像元和非雪像元被正确分类的总体精度；UE 为实际雪像元却被误分为非雪像元的漏分误差；OE 为实际非雪像元却被误分为雪像元的多测误差。

表 3-16　雪像元和非雪像元分类误差矩阵

分类		AVHRR	
		雪	非雪
TM 数据 / 站点数据	雪	a	b
	非雪	c	d

注：a，b，c，d 表示各分类像元的个数。

（1）Landsat-5 TM 影像验证结果

基于面上的验证评估，本书选取 Landsat-5 TM 影像作为真值，评估 AVHRR 积雪范围产品在三大积雪区的精度。为了能够对两种产品的积雪信息做更好的评估，

Landsat-5 TM 真值验证影像筛选条件为无云及雪面积比例大于 50%。最终选择 1985 ～ 1999 年中国三大主要积雪区多景影像作为真值，统计了总计精度、漏分误差和多测误差，验证结果如表 3-17 所示。

表 3-17 1985 ～ 1999 年我国三大积雪区 AVHRR 积雪范围产品总体验证评估结果

	中国三大积雪区	
	积雪	非积雪
积雪	419771	40870
非积雪	62529	28247
总体精度 (OA)/%	81.2	
漏分误差 (UE)/%	7.4	
多测误差 (OE)/%	11.3	

由表 3-17 评估结果可知，改进后的积雪产品在北疆、东北和青藏高原地区的总体精度（OA）为 81.2%，总体精度均有所提高，其中北疆地区两种产品的总体精度最高，可以满足流域积雪范围变化分析需求。

（2）气象台站评估结果

利用三大积雪区 278 个气象台站的雪深数据集来评估 AVHRR 积雪范围产品在三大积雪区的精度。为了更好地通过气象台站来评估积雪产品的精度，本节将引入积雪季的概念，将一个积雪季定义为当年 11 月 1 日至次年 3 月 31 日这个时间段，如 1990 年的积雪季为 1990 年 11 月 1 日～ 1991 年 3 月 31 日。选取三大区积雪季期间的站点雪深数据用于本次的分析验证，设置雪深大于 3 cm 为判断有雪的条件。

由表 3-18 评估结果可知，利用地面站点的验证表明，改进后的积雪产品在北疆、东北和青藏高原地区的总体精度（OA）为 86.1%。

表 3-18 1985 ～ 1999 年我国三大积雪区总体气象台站验证评估结果

	三大积雪区（改进后）		三大积雪区（JASMES）	
	积雪	非积雪	积雪	非积雪
积雪	40377	7533	46975	3639
非积雪	16752	110132	24976	107905
总体精度 (OA)/%	86.1		84.4	
漏分误差 (UE)/%	4.3		2.0	
多测误差 (OE)/%	9.6		13.6	

注：JASMES 的全称是 JAXA Satellie Monitoring for Environmental Studies，这里是指日本环境研究卫星监测中心生产的基于 AVHRR 生产的积雪面积产品。

目前 AVHRR 产品也存在一些不确定性，首先是波段质量问题，原始数据本身波段较少，反射率仅仅有三个波段，而且有很多数据缺失和坏数据，虽然利用数据融合方法可以在很大程度上改善，但仍然存在一些不确定性，特别是 2001 ～ 2003 年 3.7μm 通道关闭，导致数据缺失；其次，混合像元的影响，由于其每个像元 5 km，这个尺度上对于包含混合像元严重的山区，很多像元很难识别为雪像元，特别是 2 cm 以下的薄雪，存在严重的混合像元问题，识别精度不高。通过高分辨率遥感影像和站点实测两种方式对产品进行评估，结果表明，该产品总体精度在 80% 以上，并且使用的方法可以完全消除云的影响，以用于祁连山流域水文分析。

2. 祁连山水塔积雪范围变化分析

研究积雪范围变化对于区域水文和气候具有重要的意义，本节研究将利用已有的积雪范围长序列数据，分析祁连山区积雪的空间分布特点以及六大流域的积雪范围近 40 年的年际变化情况。

1）祁连山区积雪范围空间分布特点

图 3-98 是祁连山区及其辐射的六大流域 1980 ～ 2017 年多年平均积雪覆盖日数图。由图 3-98 可知，该区域的积雪主要分布在祁连山脉，海拔相对较低的盆地和平坦区域积雪较少。山区大部分区域年积雪覆盖日数在 30 天以上。由此可见，山区积雪水资源对 17 个子流域水资源的意义重大。

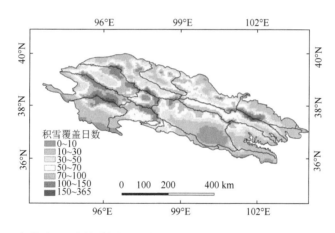

图 3-98　祁连山区及其辐射的六大流域 1980 ～ 2017 年多年平均积雪覆盖日数

2）祁连山区积雪范围变化分析

利用 AVHRR 逐日无云积雪范围产品提取祁连山区及其 17 个子流域 1980 年 1 月 1 日～ 2017 年 1 月 1 日的每日积雪面积变化情况。图 3-99 统计了积雪期（每年的 11 月 1 日到次年的 3 月 31 日）年平均积雪面积。祁连山流域 38 个积雪期平均积雪面积为 4 万 km^2，其中 1981 ～ 1989 年、1990 ～ 1999 年、2000 ～ 2009 年及 2010 ～ 2017 年四个阶段，平均积雪面积分别为 4.6 万 km^2、3.3 万 km^2、4.6 万 km^2 和 3.3 万 km^2，可以看到十年为一个波动期，其间也有枯雪年和丰雪年，但从趋势线来看，这种波段变化下总体上祁连山积雪面积呈现减少的趋势，即总体上自 20 世纪 80 年代以来，祁连山积雪面积以每年 217.48 km^2 的速度减少。

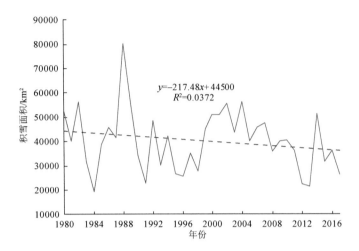

图 3-99 祁连山 1980 ~ 2017 年平均积雪面积变化趋势图

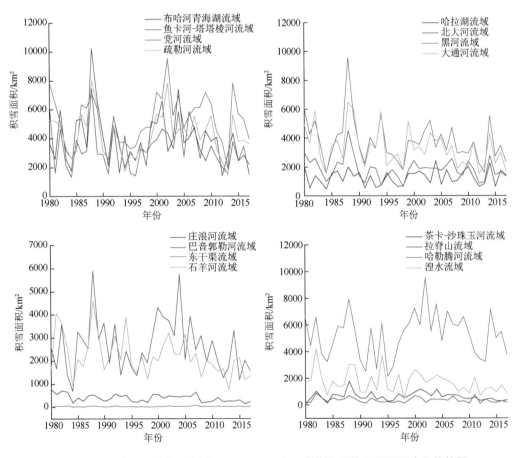

图 3-100 祁连山水塔各子流域 1981 ~ 2017 年积雪期年平均积雪面积变化趋势图

图 3-100 统计了祁连山水塔 17 个子流域积雪期（每年的 11 月 1 日到次年的 3 月 31 日）年平均积雪面积，可以看到，这种流域内积雪面积的波动趋势也影响到子流域。特别是一些积雪较多的流域，这种变化趋势是由人类活动引起还是由自然活动引起值得进一步研究。

3. 小结

祁连山流域积雪范围分析结果表明，20 世纪 80 年代至今，祁连山积雪面积存在明显的波动，如果以 10 年为一个周期，1980～2017 年近 38 年的变化趋势呈现降低—增加—降低—增加的波动趋势，且存在一定的丰雪年和枯雪年，但在这种波动趋势下，38 年积雪面积总体呈现降低的态势。这种变化一方面随全球气候变化而变化，另一方面区域的人类活动是否对此有影响，仍然值得进一步研究。积雪面积减少带来的后果是流域融雪量减少，对当地及其中下游地区生产、生活、经济有重要影响。

3.3.2　积雪水当量变化分析

1. 雪深遥感数据

利用"中国雪深长时间序列数据集"分析了祁连山 1980～2017 年 38 年的积雪水储量的年内和年际变化。"中国雪深长时间序列数据集（1980—2017）"是 Che 等（2008）利用被动微波亮度温度梯度法，从星载被动微波亮度温度提取的 1980 年 1 月 1 日～2017 年 12 月 31 日的中国地区逐日雪深，其空间分辨率为 0.25°×0.25°。长时间序列的星载被动微波数据来自不同的传感器，传感器的更替势必造成亮度温度数据在时间上的不一致，从而也导致由其反演的地表参数存在不一致。因此，在进行地表参数反演之前，首先要对不同传感器的亮度温度进行交叉订正。该数据集使用到的传感器各参数见表 3-19。从表 3-19 可以看出，相邻传感器或相邻平台之间有一定的重叠时间，交叉订正方法采用相邻传感器的重叠时段进行线性回归分析（Dai et al.，2015）。结果表明，不同平台相同传感器的亮度温度相差很小，可以不用交叉订正，但不同传感器的数据之间差异较大，需要进行交叉订正。

表 3-19　"中国雪深长时间序列数据集"用到的被动微波传感器各参数

传感器	SMMR	SSM/I (F08)	SSM/I (F11)	SSM/I (F13)	SSM/I (F17)
平台	NIMBUS-7	DMSP-F08	DMSP-F11	DMSP-F13	DMSP-F17
运行时间	1978.10～1987.08	1987.08～1991.11	1991.12～1995.09	1995.10～2007.12	2008.01～2013.12
频率/GHz 和 FOV/(km×km)	6.6:148×95	19.35: 69×43	19.35: 69×43	19.35: 69×43	19.35: 69×43
	10.7:91×59	22: 60×40	22: 60×40	22: 60×40	22: 60×40
	18.7:55×41	37: 37×28	37: 37×28	37: 37×28	37: 37×28
	21:46×30	85:16×14	85:16×14	85:16×14	85:16×14
	37:27×18				
极化	V & H	V & H	V & H	V & H	V & H

续表

传感器	SMMR	SSM/I (F08)	SSM/I (F11)	SSM/I (F13)	SSM/I (F17)
采样间隔 /(km×km)	26×26	25×25	25×25	25×25	25×25
视角 /(°)	50.2	53.1	53.1	53.1	53.1
带宽 /km	780	1400	1400	1400	1700
轨道	降轨	升轨	降轨	降轨	降轨

通过交叉订正后获取了 1980 ～ 2017 年的逐日被动微波亮度温度数据，1980 ～ 2013 年的亮度温度数据来自 NASA 发布的 EASE-Grid 格式的逐日被动微波数据，其中 1980 年第 1 天到 1987 年第 189 天亮度温度数据来自 Nimbus 搭载的 SMMR 传感器；1987 年第 190 天到 1991 年第 337 天亮度温度数据来自 DMSP-F08 上的 SSM/I 传感器；1991 年第 338 天到 1995 年第 124 天的亮度温度数据来自 DMSP-F11 的 SSM/I 传感器；1995 年第 125 天到 2007 年第 365 天的亮度温度数据来自 DMSP-F13 的 SSM/I 传感器；2008 ～ 2017 年的亮度温度数据来自 DMSP-F17 的 SSMI/S 传感器。

基于时间上一致的亮度温度数据，利用 Che 算法（Che et al.，2008）提取雪深。该算法的核心理论是雪颗粒的散射。土壤辐射的微波信号经过积雪层时，受到雪颗粒的散射导致强度减弱；雪深越深削弱越强，频率越高削弱强度越大。因此，随着雪深的增加，低频和高频之间亮度温度差异增大。该算法首先对积雪进行识别，然后利用亮温梯度法提取积雪像元的雪深，在林区采用森林覆盖度因子对算法进行修正，雪深反演的具体流程如图 3-101。利用实测数据对其进行验证，验证结果显示，该数据集的标准偏差为 5.61 cm。与 MODIS 积雪面积比较，总体精度大于 0.8。

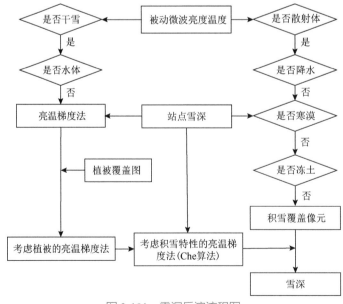

图 3-101　雪深反演流程图

2. 雪水当量计算方法

直接反演积雪水储量的物理量是雪水当量，而从雪深数据集获得的是雪深。因此，需要将雪深转化成雪水当量。雪水当量可以用雪深乘以雪密度得到。根据祁连山多年的积雪密度观测，其平均积雪密度为 180 kg/m³，因此，利用雪深和平均积雪密度计算得到雪水当量。

根据"中国雪深长时间序列数据集"和平均积雪密度计算祁连山区及各流域的逐日雪水当量网格分布，然后根据流域边界，对每个流域的积雪水量做每日总和，得到祁连山区及每个流域积雪水量逐日曲线（图 3-101）。每个流域的积雪水储量的计算公式为

$$w = d \cdot \rho_{雪} \cdot s / \rho_{水} \tag{3-9}$$

式中，d 为区域平均雪深（m）；$\rho_{雪}$ 为积雪密度（kg/m³）；s 为区域面积（m²）；$\rho_{水}$ 为水密度（kg/m³），取 1000 kg/m³，根据公式获得积雪水储量（m³）。

3. 积雪水储量年内和年际变化

根据式（3-9）区域积雪水储量计算方法计算每个区域的积雪水储量。图 3-102 展示了各个区域的积雪水储量 1980～2018 年的逐日变化。总体上，积雪水储量年际变化波动较大，呈非显著的递减趋势，并且季节变化明显。

东干渠流域是祁连山区最小的流域，其次是拉脊山南坡流域，这两个流域积雪季节短，并且没有稳定的积雪覆盖时间，以瞬时积雪为主，东干渠流域一些年份甚至无积雪出现。黑河流域和石羊河流域积雪水储量年际波动特征相似，总体上波动稳定，都是在 1989～1990 年、2015 年出现积雪的高峰，1998～1999 年出现低值。但高值和低值之间差异较其他流域差异较小，但 1980～1987 年石羊河流域处于积雪低谷年，导致年平均积雪水储量的年际变化出现显著上升的趋势。

北大河流域积雪水储量年际波动很大，最大值出现在 2015 年，最小值出现在 1998～1999 年两年，1991～2006 年是枯雪年，1991 年之前和 2006 年之后降雪丰富，并且表现出强烈的年际波动。疏勒河流域、党河流域以及哈勒腾河流域的年际波动和北大河流域相似，丰雪和枯雪年份基本相同。这四个流域都分布在祁连山区的西北角，2015～2019 年呈现出显著的下降趋势。

鱼卡河-塔塔棱河流域积雪水储量除了 2005 年和 2007 年出现异常高值外，其他年份波动较小，并且呈现缓慢下降的趋势。茶卡-沙珠玉河流域和巴音郭勒河流域属于祁连山南面的流域，年际波动特征相似，前者积雪相对较少，积雪季节较短。1989 年和 2005 年是两个高值年，1989 年之前积雪呈上升趋势，1989～2005 年积雪较少，呈现下降—回升趋势，2005 年之后一直处于下降趋势。哈拉湖流域和布哈河-青海湖流域相邻，1991～2004 年是这两个流域的枯雪年，1991 年之前和 2004 年之后积雪比较丰富，2004 年之后的积雪水储量波动较大。从积雪水储量上看，布哈河-青海湖流域的积雪比哈拉湖流域丰富。

　　大通河流域和庄浪河流域是两个相邻流域，其年际变化趋势类似，1980 ～ 2018 年呈现递减—上升趋势。1988 年、1992 年、1994 年、1999 年是这 39 年中积雪水储量最少的年份。大通河流域的积雪比庄浪河流域丰富，1991 ～ 2006 年这个时间段庄浪河流域呈现明显的低谷，而大通河流域在 1991 年之后积雪相对比较稳定。湟水流域积雪水储量在 1992 年之前波动较大，并且高值年份也都集中在 1992 年之前，之后年际波动较小，积雪水储量值也较小。1999 年积雪水储量达到最小，1980 ～ 2018 年这 39 年间呈下降趋势。

东干渠流域

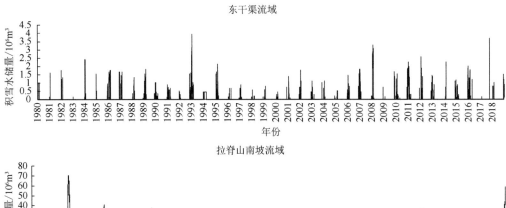

拉脊山南坡流域

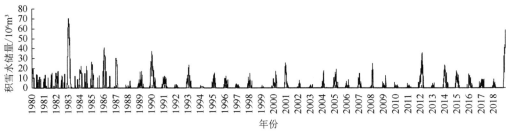

黑河流域

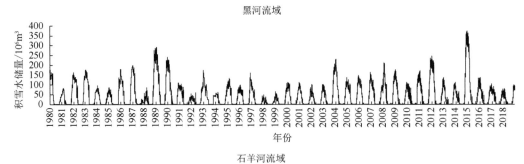

石羊河流域

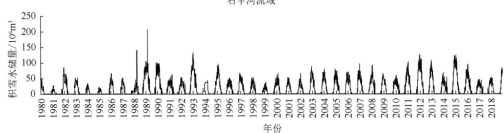

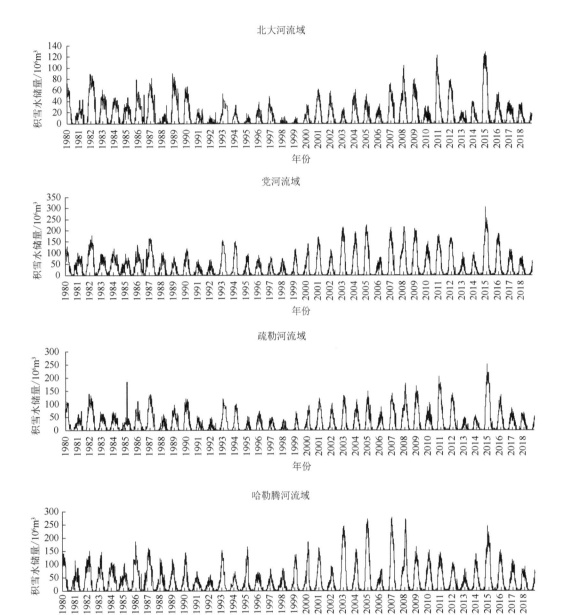

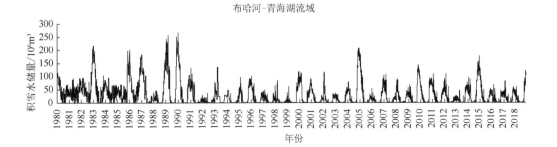

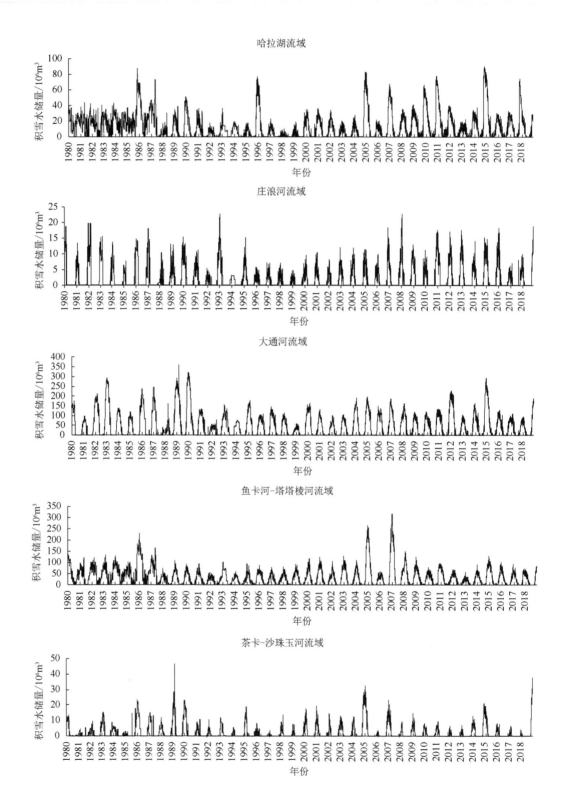

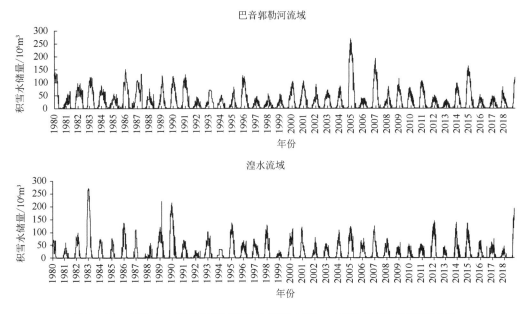

图 3-102　祁连山水塔各子流域积雪水储量 1980 ～ 2018 年逐日变化曲线图

　　以一个水文年（7 月 1 日到次年的 6 月 30 日为一个水文年）对年平均积雪水储量做统计，获取 1980 ～ 2018 年各个区域的年平均积雪水储量变化（图 3-103）。除了拉脊山南坡流域、布哈河－青海湖流域、湟水流域积雪水储量一直保持下降趋势外，其他大部分流域在这 39 年中呈现明显的下降—上升的变化格局。总体趋势上，祁连山区积雪水储量出现下降趋势，1991 ～ 2004 年是积雪的低谷年份，1991 年之前的积雪水储量大于 2004 年之后。积雪水储量最大出现在 1990 年和 1988 年，平均约为 $6.3 \times 10^8 \, \mathrm{m}^3$；最小出现在 1998 年，平均约为 $1.8 \times 10^8 \, \mathrm{m}^3$。在各子流域中，石羊河流域、疏勒河流域以及哈勒腾河流域呈现明显的上升趋势；党河流域、庄浪河流域、东干渠流域、黑河流域以及哈拉湖流域积雪水储量变化不显著；其他流域都呈现稳定下降趋势。

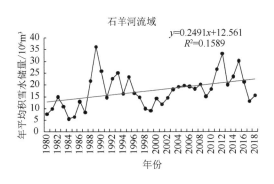

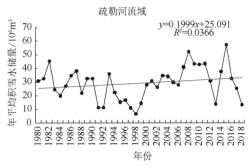

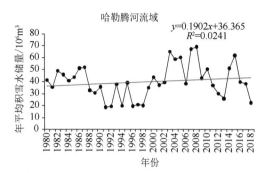
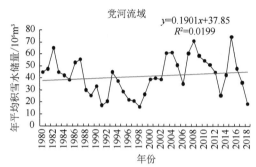
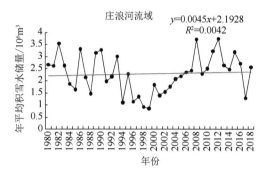
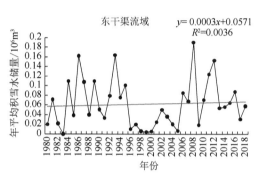
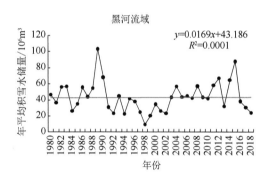
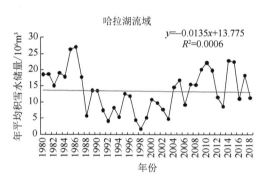
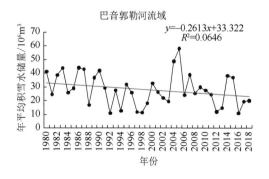
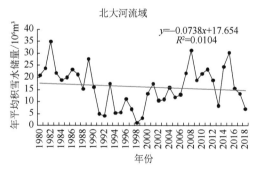

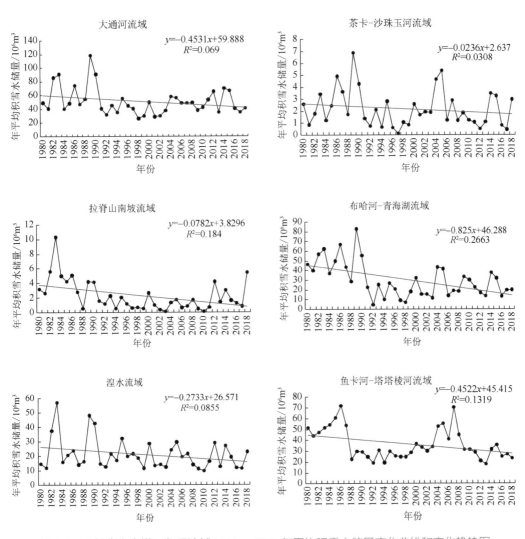

图 3-103　祁连山水塔区各子流域 1980 ～ 2018 年平均积雪水储量变化曲线和变化趋势图

提取每个区域每个水文年的最大积雪水储量,获得各区域最大积雪水储量年际变化(图 3-104)。祁连山最大积雪水储量和年平均积雪水储量的年际变化趋势相似,1990 ～ 2004 年是年最大积雪水储量的低谷期,一直处于 1.5×10^9 m³ 以下。1990 年之前年最大积雪水储量稳居高位,2004 年之后呈现波动下降趋势。2014 年积雪水储量出现最大值,约为 2.4×10^9 m³,1991 年出现最小值,约为 8×10^8 m³,和年平均积雪水储量分布一致。不同的流域年际变化趋势、波动特征不同。庄浪河流域、党河流域、鱼卡河 - 塔塔棱河流域、巴音郭勒河流域在这 39 年间最大积雪水储量基本没变,并且这几个流域都是在 2004 ～ 2008 年出现积雪水储量的高峰时期。除了庄浪河流域外,其他几个流域在 2004 ～ 2008 年是异常的高峰年,并且 1990 ～ 2004 年是 39 年的最大积雪水储量的低谷年。

疏勒河流域、哈拉湖流域、东干渠流域以及哈勒腾河流域在这 39 年间出现明显的波动上升趋势,但它们的波动特征各不相同。哈勒腾河流域在 2002 ～ 2008 年出现积雪水储量的高峰期，2002 年以前一直处于枯雪期。疏勒河流域 1980～1998 年呈下降趋势，而 1998～2018 年呈现上升趋势。后面的上升趋势较大，使得整个 39 年呈上升趋势。其他两个流域没有明显的波动特征，但 1998～2004 年是这两个流域的枯雪期。

石羊河流域、北大河流域和黑河流域最大积雪水储量呈现微弱的上升趋势。北大河流域和黑河流域的变化特征相似，这两个流域在中下游时合成了一个流域。1991～2002 年这 10 年是这两个流域的积雪低谷期，2002 年之后积雪水储量上升，1991 年之前积雪水储量也处于相对稳定的高峰。石羊河流域的丰雪期是 1988～1994 年，但2002 年之前的其他年份积雪水储量较小，导致 1980～2018 年出现不明显的上升趋势。

布哈河-青海湖流域、大通河流域、拉脊山南坡流域以及湟水流域的最大积雪水储量出现明显的下降趋势，1992 年之前积雪水储量较大，并出现较大的年际波动，1992 年之后积雪水储量相对比较稳定。

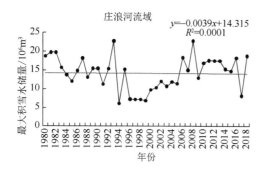 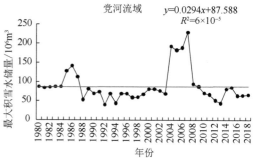
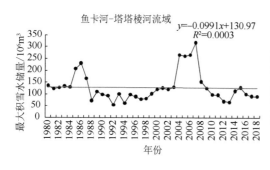 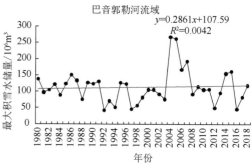
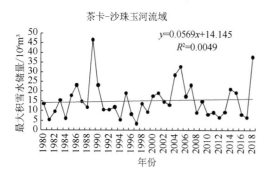 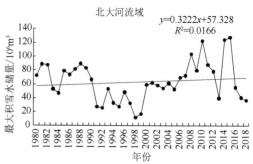

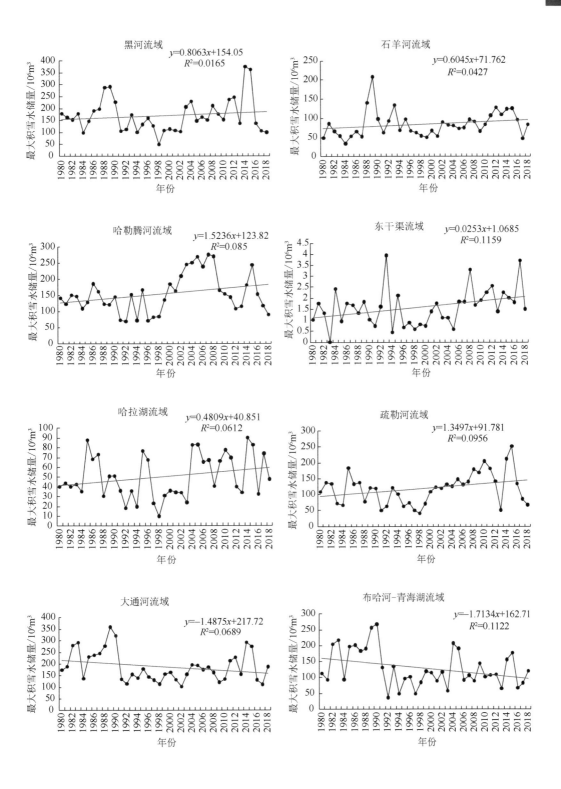

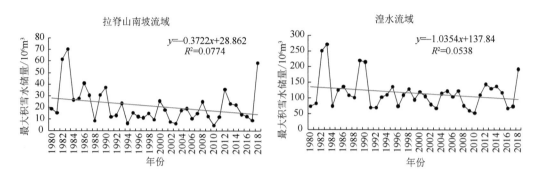

图 3-104　祁连山水塔各子流域 1980～2018 年最大积雪水储量变化曲线和变化趋势图

对 1980～2018 年的积雪水储量进行季节变化分析，获取每个区域 7 月到次年 6 月每个月的月平均积雪水储量（图 3-105）。从月平均积雪水储量看，各区域积雪水储量呈明显的季节变化，9 月到次年 1 月呈上升趋势，1 月达到最大，1～6 月呈下降趋势，但在党河流域、哈勒腾河流域以及茶卡 - 沙珠玉河流域 1 月和 2 月没有明显的变化，两个月都保持在最大。

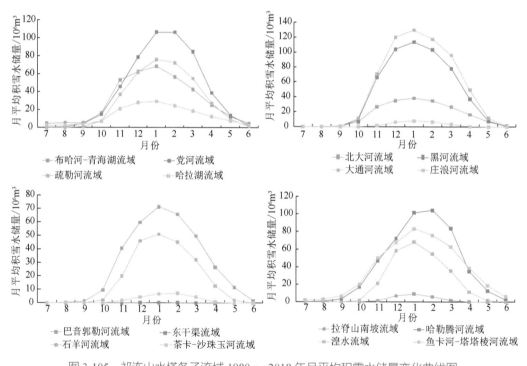

图 3-105　祁连山水塔各子流域 1980～2018 年月平均积雪水储量变化曲线图

4. 小结

综上所述，祁连山区及各子流域积雪水储量呈明显的季节变化：每年 9 月开始积雪水储量上升，次年 1 月达到最大，从 3 月开始显著下降。积雪水储量年际波动较大，整体上祁连山积雪水储量呈下降趋势。1990～2002 年是积雪水储量的低谷时期，1990 年之前和 2002 年之后为积雪水储量高峰时期。年最大积雪水储量的年际变化和年平均积雪水储量的年际变化相似。但不同的流域趋势有所不同，有的流域增加，有的流域减少，还有部分流域变化不明显。

3.4　湖泊变化

近几十年来，随着全球气候的变暖以及我国西北地区的暖湿化，祁连山地区的湖泊面积、水位、水量发生了一系列显著变化。祁连山地区高寒缺氧、人口稀少，湖泊变化受人类活动的直接影响微乎其微。不同研究者基于多种数据与方法对祁连山地区青海湖、哈拉湖等典型湖泊开展了面积、水位、水量变化研究，并探究了湖泊水量变化的潜在影响因素。湖泊面积变化的研究主要依赖对光学遥感影像的解译，既有 Landsat MSS/TM/ETM/OLI、哨兵卫星等长时间序列的资料，也有国产高分系列、资源卫星等新的高分辨率资料，主要通过地理信息平台或谷歌地球引擎（Google Earth Engine，GEE）平台实现；水位变化研究在前期主要依赖水文观测站的直接观测，在 2000 年之后则加入了 ICESat-1&2、CryoSat-2、高分七号等测高卫星资料并与水位站观测资料相互验证；湖泊水量变化研究则主要基于面积与水位的观测结果，采用水位－面积－容积曲线计算或基于水位与面积变化估算水量平衡。

随着星载雷达测高技术和数据处理方式的改进，测量精度不断提高，如 Jason-2、ENVISAT/GDR（Geophysical Data Record）、ICESat-1/GLAS（geoscience laser altimeter system）、CryoSat-2 和 ICESat-2/ATLAS（advanced opographic laser altimeter system）等可达到厘米级精度，能够满足湖泊水位与水量变化研究的精度要求。因此，这里基于 Landsat 系列光学影像，采用归一化水体指数（normalized difference water index，NDWI）提取湖泊面积，基于水文站水位观测资料与卫星测高资料获取水位，基于湖泊面积－水位－水量波动变化关系估算水储量变化，分析了青海湖、哈拉湖近 20 年来的面积、水位与水量变化。同时，本书汇总了不同研究者对青海湖、哈拉湖以及祁连山区其他湖泊长期变化的研究结果。

3.4.1　研究数据

1. 卫星测高资料

湖泊水位变化估算采用 ICESat-1/GLAS 和 ENVISAT/GDR 资料。GLAS 资料为 GLA01 和 GLA14 产品，数据版本分别为 33 和 34，青海湖观测时段为 2003 年 10 月 14 日～2009 年 10 月 2 日，有效光斑共计 10678 个（图 3-106），哈拉湖水位观测时段为 2003 年 10 月 27 日～2009 年 4 月 9 日，水面有效光斑共计 2867 个（图

3-107）。GLA01 和 GLA14 数据来源于美国国家冰雪数据中心（National Snow and Ice Data Center，NSIDC），其中，GLA01 产品记录了测高仪所发送和接收的波形特征数据（Abshire et al.，2005）。GLA14 产品记录了每个激光束的 40 个激光脉冲，每帧脉冲在地面形成一个直径约 70 m 的圆形 GLAS 光斑，光斑脚点间隔为 170 m，包含其经度、纬度、高程、反射率及大气辐射等。此外，还使用欧洲太空局（European Space Agency，ESA）提供的 ENVISAT/GDR 的水位高程数据，借助下社站和浮标观测数据对 ICESat-1/GLAS 的水位估算结果进行对比验证。

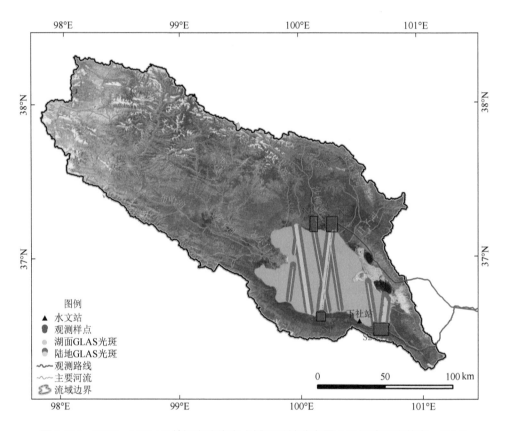

图 3-106　ICESat-1/GLAS 数据在青海湖水域和陆地分布图（吴红波和陈艺多，2020）

2. Landsat TM/ETM/OLI 影像

选取 2000 ～ 2015 年哈拉湖流域、1988 ～ 2018 年青海湖流域的 Landsat TM/ETM/OLI 系列影像用于湖泊水域面积提取。为提高提取精度，选取哈拉湖和青海湖上空及周边地区无云、无积雪覆盖的影像。Landsat 系列影像获取于美国地质调查局（USGS）（https://glovis.usgs.gov/），最终在哈拉湖使用 TM 影像 81 景、ETM 影像 23 景、OLI 影像 17 景，在青海湖使用 TM 影像 90 景、ETM 影像 29 景、OLI 影像 56 景。

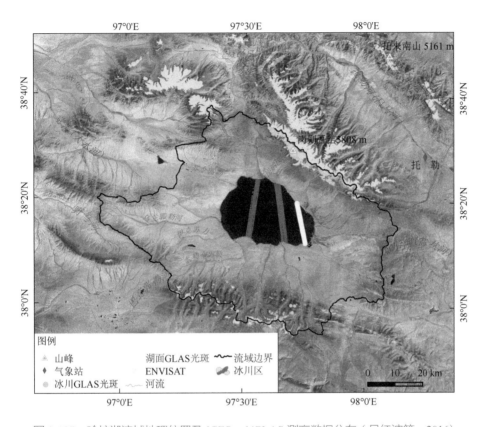

图 3-107　哈拉湖流域地理位置及 ICESat-1/GLAS 测高数据分布（吴红波等，2016）

3. 水位观测资料

青海湖年初、年末、年均水位和水量变化数据来源于《青海省水资源公报》和青海水利信息网（http://slt.qinghai.gov.cn/），其中水域面积包括青海湖大湖区、沙岛湖和海晏湾，不含尕海、果错。下社站的水位观测时段为当年 5 ～ 10 月，使用当日水位观测值与 ICESat-2 的水位估计值进行对比验证。刚察站的风速日值、时值记录资料来源于国家气象科学数据中心（http://data.cma.cn/），包括最大风速、最小风速和平均风速等。2018 年 9 ～ 10 月和 2019 年 4 ～ 5 月，在青海湖湖泊水域南缘和北缘（图 3-106），使用厘米级差分 GPS 采集仪对湖泊水域边界和平地高程进行测量，并随机选取 53 个地面控制点用于 ATL13 产品光斑脚点高程的精度分析。湖泊水面波浪高度采用 SBF3-1 型波浪浮标遥测系统测量，测量范围 0.1 ～ 2 m，采样周期 15s。

此外，还使用法国地球物理学和海洋学太空观测研究中心（Laboratoire d'Etudes en Géophysique et Océanographie Spatiales，LEGOS）发布的 1995 ～ 2018 年青海湖湖泊水位资料，用于本研究水位提取结果的验证。

3.4.2 研究方法

首先，借助 2000 ~ 2015 年、1988 ~ 2018 年 Landsat TM/ETM/OLI 影像和 NDWI 指数提取湖泊水域面积；其次，联合 2003 ~ 2009 年 ICESat-1/GLAS 数据中的 GLA01 和 GLA14 产品提取湖泊水域瞬时水位高程和地表高程，并结合青海湖下社站水位数据和地表高程 GPS 测量值，对 GLAS 光斑脚点高程做配准误差和标准误差分析；再次，通过湖泊水位 - 面积的关系建立线性回归关系式，用于重建非监测时段内的湖泊水位；最后，根据湖泊面积 - 水位 - 水量的绳套关系，构建 2000 ~ 2015 年哈拉湖、1988 ~ 2018 年青海湖湖泊水量时变序列，具体反演与计算过程见图 3-108。

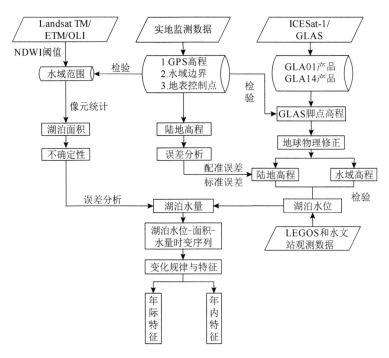

图 3-108 基于卫星遥感资料估算湖泊水位、面积和水量变化的技术路线图

湖泊水域识别采用 NDWI 指数，利用波段比值法，将水体反射峰值所在的绿色波段和近红外反射谷处所在的波段分别作为分子和分母，进一步使水体比值差扩大和亮度增强。McFeeters（2013）给出归一化水体指数 P_{NDWI} 的计算公式为

$$P_{\text{NDWI}} = \frac{R_{\text{Green}} - R_{\text{NIR}}}{R_{\text{Green}} + R_{\text{NIR}}} \tag{3-10}$$

式中，在 Landsat TM/ETM 影像中，R_{Green} 为绿色波段（0.78 ~ 0.90 μm）的反射率，无量纲；R_{NIR} 为近红外波段（1.2 ~ 2.5 μm）的反射率，无量纲。当 $P_{\text{NDWI}}>0$ 时，所对应的像元为水体像元投影面积。当 $P_{\text{NDWI}}>0.3$ 时，像元的地物类型为水体。在 P_{NDWI} 计算过程中，对不同传感器和过境时间的 NDWI 值进行了统一拉伸，使 P_{NDWI} 结果具有可比性。

虽然 ICESat-1 卫星激光高程测量精度达～ 5 cm，相邻测量轨道间距为 12 ～ 20 km，但湖泊水面水位变化需排除解冻期和封冻期湖面浮冰对 GLAS 回波的变形，当垂直振幅 ≥ 30 cm 时，GLAS 光斑脚点高程不可用。星载雷达测高资料对湖泊瞬时水位 H_{lake} 的估计见式 (3-11)：

$$H_{lake} = H_{sat} - C_{range} + C_{delay} + C_{presure} + C_{wet} + C_{st} + C_{pt} + e \tag{3-11}$$

式中，H_{sat} 为卫星飞行高度，km；C_{range} 为卫星到地表距离，km；C_{delay} 为电离层传播延迟校正值，m；$C_{presure}$ 为大气气压变化所引起的信号延迟校正，m；C_{wet} 为大气湿度变化引起的信号延迟校正值，m；C_{st} 为地壳运动所引起的垂直高度修正值，m；C_{pt} 为潮汐变化所引起的高程修正值，m；e 为在计算过程中未考虑的不确定性误差，m。为了使多源雷达测高资料在星下点的高程参考系统具有一致性和可比性，这里分别将不同时段的 ICESat-1/GLAS、ENVISAT、ERS 和 Jason-1&2 的水面高程值做一元线性回归修正，修正后的瞬时水位估计值 $\hat{H}_{lake}$ 用式 (3-12) 估计：

$$\hat{H}_{lake} = a \times h_{alt,lake} + b \tag{3-12}$$

式中，$h_{alt,lake}$ 为地球重力场模型 EGM2008（Earth Gravitational Model 2008）下的自然表面高程（Pavlis et al.，2012），m；a 为斜率；b 为高度偏移常数（Ray and Beckley，2012）；TOPEX、Jason-1、Jason-2、ICESat-1、ENVISAT&ERS 测高数据的高度偏移斜率分别为 0.16±0.10 cm/a、0.52±0.17 cm/a、0.39±0.62 cm/a、0.06±0.04 cm/a、0.39±0.62 cm/a。

任一时段 $T_{t_{i+1}-t_i}=t_{i+1}-t_i$ 内湖泊水量变化值 ΔV_{lake} 由湖泊水位和湖泊水域面积决定（Wang et al.，2015）：

$$\Delta V_{lake} \approx \left[\frac{1}{3} \times \left(A_{lake,t_{i+1}} + \sqrt{A_{lake,t_{i+1}} \times A_{lake,t_i}} + A_{lake,t_i} \right) \times \left(\overline{H}_{lake,t_{i+1}} - \overline{H}_{lake,t_i} \right) \right] + \delta v_{lake} \tag{3-13}$$

式中，$A_{lake,t_{i+1}}$ 为 t_{i+1} 时刻的湖泊水域面积，km²；A_{lake,t_i} 为 t_i 时刻的湖泊水域面积，km²；$\overline{H}_{lake,t_{i+1}}$ 为 t_{i+1} 时刻的湖泊平均水位，m；$\overline{H}_{lake,t_i}$ 为 t_i 时刻的湖泊水位，m；δv_{lake} 为 $T_{t_{i+1}-t_i}=t_{i+1}-t_i$ 时段内，湖泊水量变化的不确定偏差，km³。

选择青海湖调查样区 N1 区 49 个、N2 区 94 个、S1 区 71 个、S2 区 202 个 ICESat-1/GLAS 光斑（图 3-106）进行误差分析，结果表明，标准误差平均值分别为 0.19 m、0.12 m、0.17 m 和 0.14 m，如图 3-109（a）所示（吴红波和陈艺多，2020）。随机选择青海湖水域周边的 32 个陆地 ICESat-1/GLAS 光斑中心，测量光斑脚点高程和 SRTM3 高程，分析 ICESat-1/GLAS 脚点高程与 SRTM3 高程、GPS 测量点高程的绝对误差，由图 3-109（b）可知，ICESat-1/GLAS 脚点高程与 SRTM3 高程的绝对误差平均值为 0.26 m，绝对误差最大值为 0.78 m，复相关系数为 0.9976；ICESat-1/GLAS 脚点高程与 GPS 测量点的绝对误差平均值为 0.14 m，最大值为 0.46 m，复相关系数为 0.9676，且存在线性相关关系。这类误差主要受坡度、粗糙度、地表覆被变化、卫星姿态等因素影响。

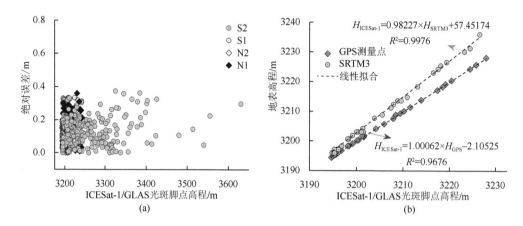

图 3-109 ICESat-1/GLAS 光斑与 SRTM3、GPS 测量点的高程误差（吴红波和陈艺多，2020）

（a）ICESat-1/GLAS 光斑脚点高程绝对误差；（b）ICESat-1/GLAS 光斑脚点高程与 SRTM3、GPS 测量点高程拟合曲线

　　建立湖泊水位-面积关系，便可利用早期遥感资料反演的湖泊面积来计算其水位，进而估算湖泊水量变化。图 3-110（a）为 2003～2009 年青海湖 LEGOS 日均水位观测值与 ICESat-1/GLAS 的日均水位估计值的拟合，二者日均水位值呈显著正相关，复相关系数 R^2 为 0.8799；通过显著性水平 $P<0.05$ 检验。由图 3-110（b）可知，观测的湖泊面积与 ICESat-1/GLAS 的日均水位估计值呈正相关，复相关系数 R^2 为 0.9332，通过显著性水平 $P<0.05$ 检验。Landsat 影像估计的湖泊面积与 ICESat-1/GLAS 的日均水位估计值呈线性正相关，复相关系数 R^2 为 0.7891，通过显著性水平 $P<0.05$ 检验，见图 3-110（c）。当青海湖湖泊水位持续上升较快时，湖泊面积增加较快，导致湖泊水位和面积时间匹配不一致，出现拟合异常点，偏离拟合曲线，见图 3-110（d）。从湖泊面积和 ICESat-1/GLAS 的年均水位估计值、年均水位观测值的拟合效果来看，水位观测值和湖泊面积的拟合曲线的相关性优于 ICESat-1/GLAS 的估计水位与面积的拟合效果，ICESat-1/GLAS 回波信号在水体表面的透射深度、波浪形状、重力位变化、湖流、风力作用的直接影响下，使 ICESat-1/GLAS 脚点高程产生一定随机误差。

　　与建立上述青海湖水位-面积关系一样，基于哈拉湖 2003～2009 年 ICESat-1/GLAS 测高数据与同期 Landsat 影像反演的湖泊面积资料，可以建立其水位-面积关系（吴红波等，2016）。由图 3-111 可知，2003～2009 年哈拉湖 ENVISAT 估计水位与 ICESat-1/GLAS 测高数据估计的水面高程存在一定高程差，但其变化过程具有较好的一致性和相关性。需要对哈拉湖湖区 ICESat-1/GLAS 光斑脚点的水位估计值做潮汐、湖泊水动力学和地球物理修正，使 ICESat-1/GLAS 光斑脚点高程数据与 ENVISAT 测高数据绝对误差小于 0.2 m，二者的日均水位估计值更具有可比性。选择与 ICESat-1 卫星过境时间相同的 24 景 Landsat 遥感影像（图 3-112），建立湖泊面积与水位高程的线性拟合关系式 $y=0.031x+4059.4$，复相关系数 0.8134，重建研究时段内 ICESat-1/GLAS 光斑脚点估计的湖泊日均水位和所对应的湖泊面积。

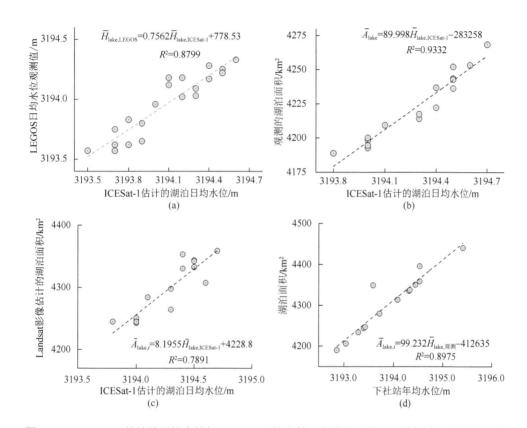

图 3-110　ICESat-1 估计的日均水位与 LEGOS 日均水位、湖泊面积关系（吴红波和陈艺多，2020）

(a)ICESat-1 估计的湖泊日均水位与 LEGOS 湖泊日均水位观测值；(b)ICESat-1 估计的湖泊日均水位与观测的湖泊面积；
(c)ICESat-1 估计的湖泊日均水位与 Landsat 影像估计的湖泊面积；(d) 下社站年均水位与当年湖泊面积

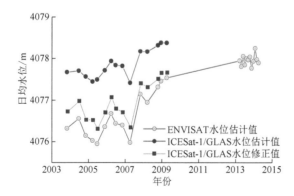

图 3-111　ICESat-1/GLAS 和 ENVISAT 资料的哈拉湖水位估计值（吴红波等，2016）

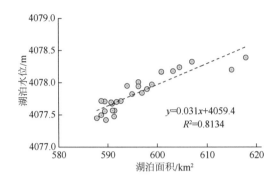

图 3-112　2003 ~ 2009 年哈拉湖湖泊面积和水位高程估计值关系（吴红波等，2016）

3.4.3　近 60 年来青海湖水位、面积与水量变化

青海湖水源补给主要依靠大气降水，因此气候变化会直接影响湖泊面积与水位。图 3-113 为青海湖 1988 ~ 2018 年水位、面积和水量年际变化曲线，基于 ICESat-1/GLAS 估计的青海湖水位、面积、水量变化与 LEGOS 资料中的水位、面积、水量变化在总体趋势与曲线峰谷节点都保持一致，充分验证了本研究估算结果的可靠性。1988 ~ 2018 年青海湖水位、面积、水量在总体上呈上升或增加趋势，湖泊水位由 1988 年的 3194.19±0.15 m 上升至 2018 年的 3196.13±0.18 m，增幅为 1.94±0.22 m；湖泊面积由 1988 年的 4282.25±8.5 km² 扩张为 2018 年的 4480.0±12 km²，增加了 197.75±6.3 km²；相应的湖泊水量也增加 8.93±0.12 km³。青海湖水位、面积、水量变化可以 2004 年为界分为两个阶段：① 1988 ~ 2004 年，青海湖水位、面积、水量以相对较小的速率下降或减少，其中水位由 1988 年的 3194.19±0.15 m 下降到 2004 年的 3193.0±0.16 m，下降速率约为 0.07 m/a，面积萎缩速率为 2.20 km²/a；② 2004 ~ 2018 年，青海湖水位、面积、水量又以较快的速率回升或扩张，湖区年均水位上升速率达到了 0.19 m/a，湖区水域面积扩张速率达到了 16.64 km²/a，是此前下降或萎缩速率的数倍。

另外，我们选取观测时段连续性较好的 2010 年 Landsat 卫星遥感资料，对青海湖湖泊水位、面积和水量的年内变化特征进行分析，见图 3-114。由图 3-114 可知，当年 1 ~ 4 月，湖泊水量补给较少，导致水位降低，面积萎缩；5 ~ 6 月，山区积雪、冻土层的地下冰开始融化，补给湖泊水量，但湖泊水域内的湖冰开始融化，水位会略有下降；7 ~ 10 月，受到山区降水、冰雪融水的补给，湖泊水量增加，水位逐渐回升；11 ~ 12 月，山区开始降雪，降雨径流和冻土层的地下冰融水量逐渐减少，湖泊水位逐渐下降，湖面开始封冻。

由于青海湖重要的生态环境作用，近年来对青海湖面积、水位、水量等变化进行了大量研究。尽管相关研究结果存在一定的差异，但对近半个世纪以来青海湖水量平衡的认识却达到了高度一致。总体上，以 2004 年为界，青海湖的面积、水位、水量变化可以分为两个阶段（表 3-20）。1956～2004 年青海湖水位下降、面积萎缩、水量减少，但在 2004 年达到最低点后，湖水水位、面积、水量又迅速回升，而且回升速率远超此前的下降速率。例如，Zhang 等（2021）基于多源影像解译与水位观测资料的研究发现，1976～2005 年青海湖面积以 6.24 km²/a 的速率萎缩，水位以 0.11 m/a 的速率下降，而 2005～2019 年湖泊面积又以 18.15 km²/a 的速率扩张，水位以 0.28 m/a 的速率回升，达到了之前萎缩或下降速率的近 3 倍。孙永寿等（2021）利用下社水位站的水文观测资料，

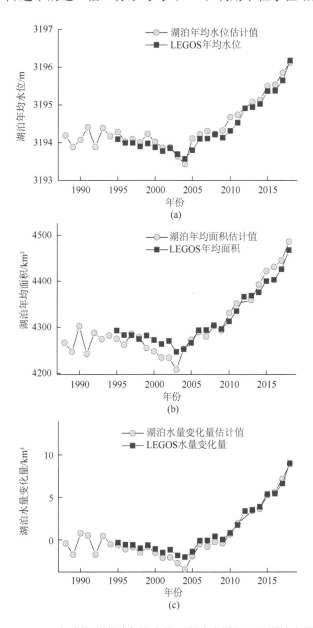

图 3-113　1988～2018 年青海湖湖泊年均水位、湖泊水域面积和湖泊水量变化量曲线
（吴红波和陈艺多，2020）

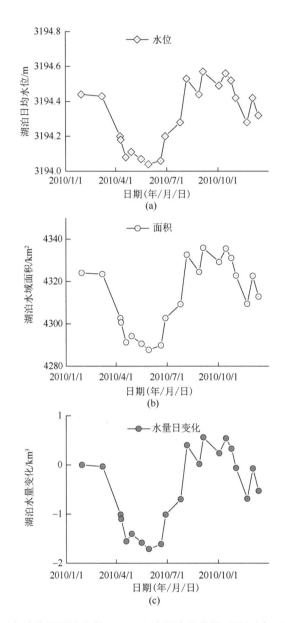

图 3-114　2010 年青海湖湖泊水位、面积和水量变化曲线（吴红波和陈艺多，2020）

基于青海湖的面积-水位-水量曲线，重建了 1956 ～ 2019 年青海湖面积、水位、水量变化，发现 1956 ～ 2004 年青海湖面积以 7.53 km²/a 的速率萎缩，水位以 0.09 m/a 的速率下降（图 3-115），水量以 0.38 km³/a 的速率减少，而在 2004 ～ 2019 年又分别以 20.79 km²/a、0.21 m/a 和 0.97 km³/a 的速率迅速增加或回升。近年来，青海湖水位回升的速率还在加快，2017 ～ 2019 年共累计上升 1.44 m，年均上升 0.48 m，因此在可预见的未来数年内，青海湖将有望恢复甚至超过 20 世纪 50 年代的水平（孙永寿等，2021；郭丰杰等，2022）。

表 3-20　近几十年来青海湖面积、水位、水量变化

数据与方法	研究时段（年份）	面积变化 /(km²/a)	水位变化 /(m/a)	水量变化 /(km³/a)	来源
Landsat-NDWI	2000 ~ 2019	15.01	—	—	郭丰杰等，2022
GEE-NDWI	1999 ~ 2019	11.11	—	0.70	杨璟等，2022
多源影像	2005 ~ 2019	18.15	0.28	—	Zhang et al.，2021
遥感影像解译	2004 ~ 2019	12.45	0.23	—	杨显明等，2021
观测数据	2005 ~ 2015	—	0.14	—	王欣语和高冰，2021
面积 - 水位 - 水量曲线	2005 ~ 2019	20.79	0.21	0.97	孙永寿等，2021
Landsat-NDVI-SVM	2004 ~ 2019	6.53	—	—	刘奇，2021
Landsat-NDWI	2005 ~ 2017	12.63	—	—	郝美玉和罗泽，2021
GEE-NDVI-ICESat	2004 ~ 2018	16.30	0.16	0.70	王大钊，2020
Landsat 影像解译	2003 ~ 2018	16.52	—	—	周柯，2019
Landsat 影像解译	2004 ~ 2016	11.95	—	—	骆成凤等，2017
观测数据	2005 ~ 2015	—	0.14	—	王欣语和高冰，2021
Landsat-ICESat	2004 ~ 2018	16.64	0.19	—	本书研究
多源影像	1976 ~ 2005	-6.24	-0.11	—	Zhang et al.，2021
观测数据	1961 ~ 2004	—	-0.07	—	杨显明等，2021
观测数据	1961 ~ 2004	—	-0.08	—	王欣语和高冰，2021
面积 - 水位 - 水量曲线	1956 ~ 2004	-7.53	-0.09	-0.38	孙永寿等，2021
Landsat-NDVI-SVM	1986 ~ 2004	-4.63	—	—	刘奇，2021
Landsat-NDWI	1987 ~ 2005	-3.77	—	—	郝美玉和罗泽，2021
GEE-NDVI	1990 ~ 2004	-9.95	-0.10	-0.42	王大钊，2020
Landsat 影像解译	1987 ~ 2003	-5.06	—	—	周柯，2019
Landsat 影像解译	1974 ~ 2004	-8.46	—	—	骆成凤等，2017
Landsat-ICESat	1988 ~ 2004	-2.20	-0.07	—	本书研究

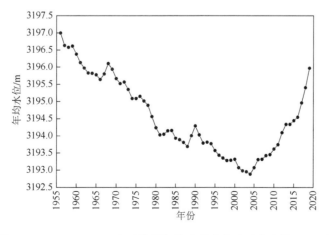

图 3-115　1956 ~ 2019 年青海湖年均水位变化（孙永寿等，2021）

3.4.4　近40年来哈拉湖水位、面积与水量变化

利用 Landsat 卫星资料提取湖泊水域面积，可知2000年以来哈拉湖湖泊面积呈扩张趋势 [图3-116(a)]，从2000年的 589±5.8 km² 扩张至2015年的 615±5.8 km²，面积增加了 26.0±4.8 km²，平均每年增加 1.73±0.33 km²。在此期间，湖泊水位呈波动上升趋势，2000～2015年累计上升了 1.68±0.26 m，平均每年上升 0.11±0.15 m [图3-116(b)]。根据湖泊面积－水位－水量曲线估算，2000～2015年哈拉湖水量增加

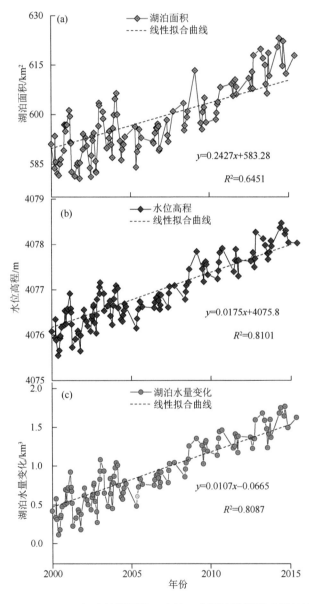

图 3-116　2000～2015年哈拉湖面积－水位－水量波动情况（吴红波等，2016）

1.61 ± 0.03 km^3，见图 3-116(c)。分析湖泊面积、水位的年际波动变化可知，2005 年后湖泊水位上升和面积扩张的趋势有所加速。就湖泊水量的年内变化而言，受冰川融水和夏季降水的共同影响，湖泊面积和水位在 8 ～ 9 月会存在一个峰值。冬季时哈拉湖湖面处于冰封期，积雪或者冰层冻胀会导致湖面高程略有增加，造成较大的测量误差。

近几十年来，哈拉湖的水量平衡变化趋势类似于青海湖，但与之不同的是，哈拉湖水量平衡发生转折的年份出现在了 2000 年前后，且变化趋势更加明显。基于多源影像解译的研究发现，1976 ～ 2000 年哈拉湖面积以 0.52 km^2/a 的速率萎缩，水位以 0.03 m/a 的速率下降，2000 ～ 2019 年却又分别以 2.43 km^2/a 和 0.22 m/a 的速率迅速扩张和回升（Zhang et al.，2021）。基于 Landsat 和 GF-1 影像的联合研究发现，1986 ～ 2001 年和 2002 ～ 2019 年哈拉湖面积分别约以 0.87 km^2/a 和 2.35 km^2/a 的速率萎缩和扩张（王仁军等，2021），见图 3-117 和表 3-21。近年来，观测研究表明，哈拉湖面积的扩张速率还在增加，当前湖泊面积已达到1976年以来的最高水平（刘宝康等，2020）。因此，总体上 1976 ～ 2000 年哈拉湖处于缓慢萎缩状态，2000 年之后进入了快速扩张状态，近年来的扩张速率还在增加。

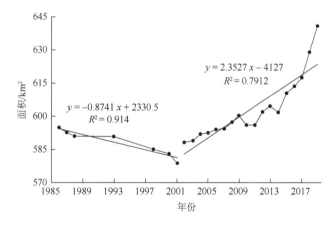

图 3-117　1986 ～ 2019 年哈拉湖面积变化（王仁军等，2021）

表 3-21　近几十年来哈拉湖面积、水位、水量变化

数据与方法	研究时段（年份）	面积变化 /(km^2/a)	水位变化 /(m/a)	水量变化 /(km^3/a)	来源
多源影像	2000 ～ 2019	2.43	0.22	—	Zhang et al.，2021
Landsat-GF1 解译	2002 ～ 2019	2.35	—	—	王仁军等，2021
GF1-NDWI	2013 ～ 2019	5.69	—	—	刘宝康等，2020
Landsat 解译	2001 ～ 2018	2.60	—	—	周柯，2019
Landsat-ICESat	2000 ～ 2015	1.43	0.12	0.12	本书研究
多源影像	1976 ～ 2000	-0.52	-0.03	—	Zhang et al.，2021
Landsat-GF1 解译	1986 ～ 2001	-0.87	—	—	王仁军等，2021
Landsat 解译	1987 ～ 2001	-0.61	—	—	周柯，2019

3.4.5　近几十年来祁连山区其他湖泊的变化

小柴旦湖位于青海省北部、祁连山西段南坡，是一个咸水湖，2019 年时水域面积 130.29 km²，湖面高程 3181.17 m a.s.l.（图 3-118）（张国庆，2021）。1976～2000 年，小柴旦湖面积由 46.03 km² 缓慢扩张为 49.90 km²，2000 年之后水域面积开始急剧扩张，2015 年增加到 87.82 km²，2019 年急剧增加到 130.29 km²（Zhang et al.，2021）。近年来，小柴旦湖的水域面积还在急剧扩张，已严重威胁到 G3011 和 G315 的安全运行。大柴旦湖位于小柴旦湖西北部，2019 年水域面积 41.08 km²，湖面高程 3149.45 m a.s.l.（张国庆，2021），2000 年以来大柴旦湖水域面积有所增加，但由于 2006 年之后开始大规模的盐业开采，因此，湖泊面积的自然变化已被人类活动严重干扰。除青海湖、哈拉湖、大小柴旦湖外，祁连山区的其他湖泊发育规模极为有限，近几十年以来这些湖泊的水域面积也有所扩张。

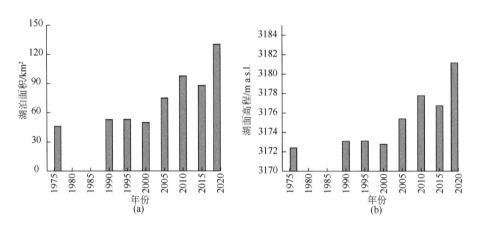

图 3-118　1976～2019 年小柴旦湖水域面积（a）与湖面高程变化（b）（Zhang et al.，2021）

上述基于多源遥感数据和相关观测数据，通过湖泊面积－水位－水量的相关关系，重建了近 20 年来哈拉湖和青海湖的面积、水位、水量波动变化序列，并结合其他研究分析了祁连山湖泊更长时间序列的变化。主要研究结论如下：

（1）2000～2015 年哈拉湖水量平衡处于净收入状态，湖区水域面积以 1.73±0.33 km²/a 的速率扩张，水位以 0.11±0.15 m/a 的速率上升，水量则以 0.12 km³/a 的速率增加，且 2005 年后湖泊水位上升和面积扩张的趋势有所加速。更长时间序列的研究则表明，1976～2000 年哈拉湖处于缓慢萎缩状态，2000 年之后进入快速扩张状态。

（2）青海湖面积－水位－水量变化可以 2004 年为界分为两个阶段：① 1988～2004 年，青海湖水量平衡处于净亏损状态，湖泊水位、面积分别为 0.07 m/a 和 2.20 km²/a 的速率下降和萎缩；② 2004～2018 年，青海湖水量平衡处于净收入状态，湖泊水位、面积以较快的速率回升和扩张，水位上升速率达到了 0.19 m/a，面积扩张速率达到了 16.64 km²/a。更长时间序列的研究同样表明，1954～2004 年青海湖处于萎缩状态，

2004 年之后进入了快速扩张状态。

(3)1976～2000 年小柴旦湖水域面积缓慢增加，2000 年之后则发生快速扩张。2000 年以来大柴旦湖水域面积有所增加，但 2006 年之后湖泊变化被人类活动严重干扰。除青海湖、哈拉湖、大小柴旦湖外，祁连山区的其他小型湖泊在近几十年以来有所扩张。

3.5　主要河流出山径流变化

在气候变暖背景下，冰冻圈的动态变化显著影响了祁连山地区出山径流的水文情势，但各流域冰冻圈对径流的贡献差异巨大。因此，分析径流的年内和年际变化规律，有助于深入理解气候变化对不同流域径流的影响过程。

在祁连山各流域中，除哈拉湖流域、拉脊山南坡流域、茶卡-沙珠玉河流域缺乏长期水文观测数据以外，其余流域均以主要河流的出山口水文站径流实测资料作为参考，来分析其径流的年内和年际变化规律。

3.5.1　径流的年内分配特征及变化

在降水、冰雪融水和地下水的共同作用下，尽管各河流径流一致呈现出夏季最高、冬季最低的季节分布特征（湟水河和巴音郭勒河稍有不同），但各季节径流对年径流的贡献程度各异（表 3-22）。具体来看，以冰雪融水补给为主的河流，降水和冰雪消融同期发生，径流集中在夏季，其径流的季节分配不均匀程度最大，如位于祁连山西南角的大哈勒腾河、鱼卡河和塔塔棱河，夏季径流是全年总径流量的 66.11%～85.62%，而冬季径流占比不足 5%（杨纫章和章海生，1963）。以降水补给为主的河流分布在祁连山中部和东部地区，包括布哈河、湟水河、大通河、庄浪河以及石羊河上游，因年降水量大部分集中在每年的 6～9 月，故这些河流夏秋季的径流量较大，占比普遍超过全年的 70%（庄浪河除外）。受降水、冰雪融水和地下水共同补给的混合型河流，包括黑河上游、讨赖河、疏勒河上游和党河上游，其基流一般比较丰，如党河上游冬季流量也能保持在 7 m³/s 左右（蓝永超等，2011）。以地下水补给为主的河流，径流的年内分配比较均匀，各月都保持着一定的水量，如巴音郭勒河，夏季径流量仅为冬季径流量的 1.7 倍（刘燕华，2000）。

表 3-22　祁连山主要河流径流的年内分配及变化趋势

河流	径流变量	春	夏	秋	冬	年	时间（年份）	参考文献
石羊河上游	占比 /%	18.06	48.75	24.60	8.59	100	1960～2018	薛东香，2021；Xue et al.，2021
	趋势 /（亿 m³/10a）	-0.35	-0.10	0.06	0.35	-0.17		
黑河上游	占比 /%	14.40	53.30	25.40	6.90	100	1960～2018	刘琴等，2021
	趋势 /（亿 m³/10a）	0.11	0.49	0.38	0.07	1.04		

续表

河流	径流变量	春	夏	秋	冬	年	时间（年份）	参考文献
讨赖河	占比 /%	16.68	44.17	23.75	15.40	100	1961~2010	张耀宗等，2008；徐浩杰等，2014
	趋势 /(亿 m³/10a)	-0.08	-0.31	-0.23	-0.02	-0.10	季节：1955~2000 年际：1961~2010	
疏勒河上游	占比 /%	13.84	58.76	19.11	8.29	100	—	甘肃省水文水资源局，2020；孙栋元等，2020
	趋势 /(亿 m³/10a)	0.11	0.58	0.26	0.12	1.08	1956~2016	
党河上游	占比 /%	29.00	34.00	21.00	16.00	100	1956~2010	蓝永超等，2011；Li Z J et al.，2019
	趋势 /(亿 m³/10a)	0.17	0.40	0.17	0.04	0.17	季节：1956~2010 年际：1966~2016	
大哈勒腾河	占比 /%	13.50	66.11	17.73	2.66	100	1956~1961	杨纫章和章海生，1963；胡士辉和张照玺，2022
	趋势 /(亿 m³/10a)	—	—	—	—	增加	1956~2016	
鱼卡河	占比 /%	13.15	66.40	15.52	4.93	100	1956~1961	杨纫章和章海生，1963；王小佳，2019
	趋势 /(亿 m³/10a)	—	—	—	—	0.11	1956~2016	
塔塔棱河	占比 /%	2.42	85.62	11.44	0.52	100	1956~1961	杨纫章和章海生，1963
	趋势 /(亿 m³/10a)	—	—	—	—			
巴音郭勒河	占比 /%	20.36	34.61	24.48	20.55	100	1954~1961	杨纫章和章海生，1963；文广超等，2018
	趋势 /(亿 m³/10a)	—	增加	—	—	0.19	1959~2013	
布哈河	占比 /%	5.84	65.77	25.94	2.45	100	1959~2000	张农霞，2002；崔步礼等，2011；孙永寿等，2021
	趋势 /(亿 m³/10a)	-0.11	-0.19	0.03	-0.01	0.98	季节：1961~2007 年际：1956~2019	
湟水河	占比 /%	14.72	35.76	36.01	13.42	100	1952~2008	王静和胡兴林，2011
	趋势 /(亿 m³/10a)	下降	下降	下降	增大	-0.93		
大通河	占比 /%	15.95	47.37	29.57	7.10	100	1960~2019	魏国晋等，2021；王静和胡兴林，2011；王大超，2019
	趋势 /(亿 m³/10a)	下降	下降	下降	增大	-0.65	季节：1952~2008 年际：1956~2013	
庄浪河	占比 /%	7~10月，占全年的 51.4%					—	徐文，2019
	趋势 /(亿 m³/10a)	—	—	—	—	-0.05	1956~2016	

注：石羊河上游指表 2-2 中所属石羊河流域的 8 条支流的总和；春、夏、秋、冬季分别指 3~5 月、6~8 月、9~11 月、12 月至次年 2 月。

各季节径流的变化趋势方面（表 3-22），在河西走廊内陆河流域，疏勒河上游、黑河上游和党河上游的四季径流自 20 世纪五六十年代以来均增加（Zhang A et al.，2015），夏季增速最大且均不低于 0.4 亿 m³/10a，其次是秋季和春季，冬季增速最小，相应地，四季径流占比也发生了变化，其中疏勒河上游和黑河上游春季和夏季径流占比微弱减小，秋季径流占比有所增加（孙栋元等，2020；刘琴等，2021），而党河上游夏季径流占比在20 世纪 80 年代以后增长 4%，秋季径流占比下降 3%（蓝永超等，2011）；讨赖河的各季径流量均下降，夏季和秋季降速较快，速率分别为 -0.31 亿 m³/10a 和 -0.23 亿 m³/10a；石羊河上游总径流表现为春、夏季减少，秋、冬季增加的趋势，径流年内分配的不均匀程度下降（薛东香，2021）。在大通河流域和布哈河流域，四季径流在 2010 年以前大多呈下降趋势，引起年内分配不均匀程度的轻微下降（王大超，2019；刘小园等，2020）。其余河流（主要是柴达木盆地地区）径流的季节变化研究相对较少，目前仅清楚巴音郭勒河夏季径流自 20 世纪 60 年代以来呈显著增加态势，导致该河流径流的年内分配趋于集中、不均匀程度增强（文广超等，2018）。

3.5.2　径流的长期变化趋势

年径流量随时间变化的离散程度以及长期趋势是识别径流变化规律和推测其未来演变趋势的重要内容。本书研究利用年径流的变差系数和年极值比（最丰年与最枯年的径流之比）来定量描述年径流的年际波动。祁连山主要河流年径流量的变差系数和年极值比大多分别低于 0.4 和 4（刘燕华，2000；张耀宗等，2008；贾翠霞和邓居礼，2010；王静和胡兴林，2011；孙栋元等，2020；刘琴等，2021；薛东香，2021），说明该区域径流的年际变化幅度总体上比较稳定。其中，以降水补给为主的河流变差系数普遍较大，变化范围为 0.2 ~ 0.6，最大值出现在石羊河流域上游的西营河（薛东香，2021）。与之相比，以地下水补给为主的巴音郭勒河，其年际变化较小，年径流变差系数仅为 0.19（刘燕华，2000）。

自 20 世纪五六十年代以来，祁连山地区各河流的年际变化趋势具有显著的空间差异（表 3-22 和图 3-119）。发源于祁连山东部的石羊河上游、湟水河、大通河和庄浪河年径流量均呈下降态势，变化速率在 -0.93 亿 ~ -0.05 亿 m³/10a，其中石羊河上游下降趋势通过 P<0.05 的显著性检验，突变年份出现在 20 世纪 70 年代（贾翠霞和邓居礼，2010；李育鸿等，2017；Chang et al.，2018；李兴宇等，2020；Xue et al.，2021；魏国晋等，2021）。位于西部的大哈勒腾河、鱼卡河、疏勒河上游和党河上游流域径流均明显增加，突变年份多发生在 80 年代、90 年代（Li Z J et al.，2019；孙栋元等，2020）；其中，疏勒河上游径流增速最快，达到 1.08 亿 m³/10a，且由图 3-119（d）可以看出，其径流在2000 年后明显增加，与 1956 ~ 2016 年的多年平均径流量相比，2001 ~ 2016 年的平均年径流量增加了 33.8%。而处于祁连山中段的河流径流变化趋势不一，大多河流多年来年径流量有所增长，如黑河上游、巴音郭勒河和布哈河，年径流变化趋势分别是1.04 亿 m³/10a、0.19 亿 m³/10a 和 0.98 亿 m³/10a，其中黑河上游年径流量的突变年份出现在 1979 年；仅北大河流域的讨赖河年径流量呈微弱的减少趋势，减少速率为 0.10亿 m³/10a（Cui and Li，2015；Wang et al.，2017；Cong et al.，2017；文广超等，2018；王金凤，2019）。

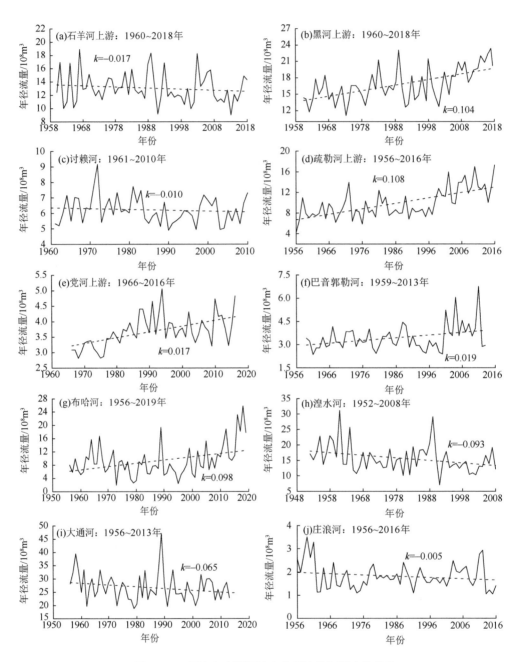

图 3-119　祁连山主要河流出山径流的年际变化趋势

资料来源：(a) Xue 等 (2021)；(b) 刘琴等 (2021)；(c) 徐浩杰等 (2014)；(d) 孙栋元等 (2020)；(e) Li Z J 等 (2019)；
(f) 文广超等 (2018) 和 Zhang 等 (2022)；(g) 孙永寿等 (2021)；(h) 蓝云龙 (2007)、王静和胡兴林 (2011) 和张调风等 (2014)；
(i) 王大超 (2019)；(j) 徐文 (2019)

3.6　水储量变化

地球重力场是一个反映地球物质分布特性的物理场，重力场随时间的变化能够反映地壳运动、海平面升降、陆地水储量变化和冰盖物质平衡变化等重要信息，对全球变化研究具有非常重要的意义。20 世纪 80 年代开始，国际上致力于制定国际卫星重力梯度测量计划，经过 30 多年的科学研究，卫星重力梯度测量技术已日趋成熟。近20 年来，国外陆续发射了测定地球重力场的卫星，如美国国家航空航天局（NASA）和德国航空航天中心联合研制的重力场恢复和气候实验卫星（gravity recovery and climate experiment，GRACE）、欧洲太空局的地球重力场和海洋环流探测卫星（gravity field and steady-state ocean circulation explorer，GOCE）、德国的挑战性小卫星有效载荷卫星（challenging minisatellite payload，CHAMP）等。新一代 GRACE 重力卫星是继全球定位系统（GPS）技术后开创的高精度全球重力场观测与气候变化试验的新纪元，是空间大地测量技术的又一项突破，是连续监测全球环境变化的有力手段。

研究表明，GRACE 重力卫星能够识别出陆地水储量 1.5 cm 等效水柱高的变化（Wahr et al.，2004），且当研究区面积大于 4×10^5 km^2 时，GRACE 重力卫星的识别精度能够达到 1 cm 等效水柱高（Swenson et al.，2003）。Chang 等（2020）利用 GRACE 重力卫星数据监测全球陆地水储量变化状况，结果表明，2002～2017 年全球干旱区陆地水储量总损失达到 15.9 ± 9.1 mm。Wang J D 等（2018）定量估算了全球内流区总陆地水储量及地表水、土壤水与地下水三个主要水文要素的储量变化，发现 2002～2016 年全球内流区的总水储量以约 1000 亿 m^3/a 的速率减少，其下降速率约为外流区（除南极和格陵兰冰盖区以外）的两倍。Wei L Y 等（2021）基于 GRACE 和 GRACE Follow-on 数据探究柴达木盆地陆地水储量的变化状况，结果表明，2002～2020 年该区域陆地水储量以每月 0.43 mm 的速率持续增加。Yang 等（2022）进一步探究柴达木盆地陆地水储量时空变化的主要影响因素，发现降水量的增加是水储量随时间变化的主导因素，而冰川物质亏损是引起水储量空间变化的主导因素。许民等（2014）基于 GRACE 数据，分析了 2003～2010 年祁连山区的陆地水储量变化，发现该区域水储量以每月 0.72 mm 的速率持续增加，8 年间水储量增加约 1.36×10^9 m^3。下面基于 GRACE 资料分析近 20 年来祁连山区水储量的变化情况。

3.6.1　数据与方法

GRACE 重力卫星由美国国家航空航天局（NASA）和德国航空航天中心联合研发，于 2002 年 3 月成功发射。该卫星计划由两颗距离 220 km 的低轨卫星组成，轨道高度300～500 km，受地球时变重力场的影响，GRACE 双星的运行轨道相对于静态重力场出现偏移，这些位移信息通过 K 波段精确测量，并通过载波传输到地面，从而实现对地球时变重力场的反演。GRACE 卫星于 2017 年底退役，为了延续 GRACE 卫星的监测，得到更高精度的重力场信息，GRACE Follow-on 卫星于 2018 年 5 月成功发射。该卫星采用激光测距系统代替原微波测距系统，观测精度达到纳米级。

目前，GRACE 重力卫星的数据产品主要由美国得克萨斯大学空间研究中心（University of Texas Center for Space Research，CSR）、美国喷气推进实验室（Jet Propulsion Laboratory，JPL）和德国地学研究中心（Geo-Forschungs-Zentrum，GFZ）这三大地球科学中心处理与发布。数据产品共分为 Level-0、Level-1A、Level-1B、Level-2、Level-3 等类型。这里采用 CSR 和 JPL 提供的 RL06 Level 2 重力场球谐系数产品（GSM 模型）（下载于 http://isdc.gfz-potsdam.de/grace），时间跨度为 2002 年 4 月～ 2020 年 12 月，其中 2002 ～ 2017 年为 GRACE 数据，2018 ～ 2020 年为 GRACE Follow-on 数据。

利用 GRACE 重力场球谐系数反演陆地水储量变化的基本原理如下（Swenson and Wahr，2002）：

$$\Delta\sigma(\theta,\varphi) = \frac{\alpha\rho_{ave}}{3}\sum_{l=0}^{\infty}\sum_{m=0}^{l}\frac{2l+1}{1+k_1}\overline{P}_{lm}(\cos\theta)\times(\Delta C_{lm}\cos m\varphi + \Delta S_{lm}\sin m\varphi) \qquad (3\text{-}14)$$

式中，$\Delta\sigma(\theta,\varphi)$ 表示陆地水储量变化；α 为赤道半径（常数为 6378136.33 m）；ρ_{ave} 为地球平均密度（常数为 5517 kg/m³）；l 和 m 分别为重力场的阶数和次数；θ 和 φ 分别为余纬和经度；k_1 为负荷勒夫数；$\overline{P}_{lm}$ 为归一化缔合勒让德函数；ΔC_{lm} 和 ΔS_{lm} 分别为 GRACE 提供的无量纲大地水准面球谐系数变化量。

将式（3-14）转换为用等效水柱高表示的陆地水储量变化：

$$EWT(\theta,\varphi) = \frac{2\alpha\rho_{ave}}{3\rho_{water}}\sum_{l=0}^{\infty}\sum_{m=0}^{l}\frac{2l+1}{1+k_l}\overline{P}_{lm}(\cos\theta)\times(\Delta C_{lm}\cos m\varphi + \Delta S_{lm}\sin m\varphi) \qquad (3\text{-}15)$$

式中，$EWT(\theta,\varphi)$ 为等效水高表示的陆地水储量变化量（mm）；ρ_{water} 为水的密度（常数为 1000 kg/m³）。

对 GRACE 球谐系数产品做如下处理：①利用卫星激光测距观测所得的 C_{20} 项对原始 C_{20} 项予以替换（Cheng and Tapley，2004）；②由 Swenson 等（2008）提出的大气海洋模型对 GRACE 数据的一阶项予以替换；③利用 Geruo 等（2013）提出的模型进行冰川均衡校正；④获取 2004 ～ 2009 年的月平均重力场，将其作为基准，通过计算逐月重力场数据与月平均重力场之间的差值，得到重力场的异常值，即地表相对质量的变化；⑤选取 300 km 高斯滤波半径，将高斯滤波与 Swenson 和 Wahr（2006）提出的去相关滤波的方法相结合，进行空间平滑处理，以减少条带误差的影响，提高信噪比，从而提高最终得到的地球物理信号的精度。球谐系数最终可转化为 0.25°×0.25° 的全球分布的等效水柱高变化。

3.6.2　近 20 年来祁连山地区水储量变化

对 GRACE 重力卫星数据反演得到的祁连山区逐月陆地水储量变化进行平均，得到该区域 2002 年 4 月～ 2020 年 12 月陆地水储量时序变化，如图 3-120 所示。结果显示，祁连山区陆地水储量在整体上呈显著增加的趋势，且 CSR 和 JPL 估计的陆地水储量相位变化和波动较为相似。CSR 和 JPL 分别反演得到祁连山区陆地水储量以 2.44 ± 0.26 mm/a、2.57 ± 0.27 mm/a 的速率增加，相当于 4.67 亿 ± 0.50 亿 m³/a、4.92 亿 ± 0.52 亿 m³/a。

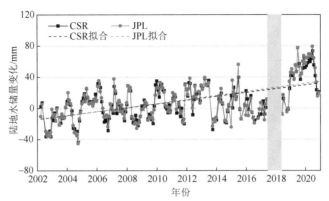

图 3-120　2002 年 4 月～ 2020 年 12 月 CSR 和 JPL 数据反演的祁连山区陆地水储量逐月变化

祁连山区周边发育着黑河、疏勒河、石羊河、柴达木内流河等内流水系,其冰雪融水、山区降水为内流河流和湖泊提供水源补给。图 3-121 反映了 2002 年 4 月～ 2020 年

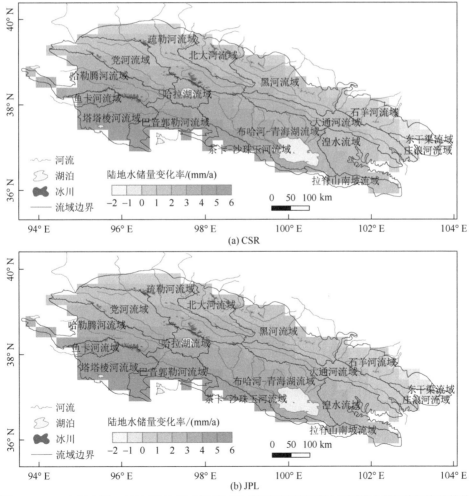

图 3-121　2002 年 4 月～ 2020 年 12 月 CSR 和 JPL 数据反演的祁连山区陆地水储量空间变化趋势

12 月祁连山区陆地水储量的空间变化趋势，可以看出，整体上祁连山区陆地水储量呈增加趋势，且 CSR 和 JPL 数据的反演结果基本一致。除祁连山区最东段庄浪河流域和东干渠流域陆地水储量呈小幅度的减少之外，其他区域水储量均表现出增加趋势，CSR 和 JPL 反演结果分别显示水储量增加趋势为 0 ~ 5.79 mm/a 和 0 ~ 5.85 mm/a，且位于柴达木盆地的各流域水储量增加趋势相对较大，其中，塔塔棱河流域水储量增加趋势最大。此外，利用 CSR 和 JPL 数据分别得到 2002 ~ 2020 年青海省海北藏族自治州陆地水储量变化速率为 2.17 ± 0.29 mm/a、2.30 ± 0.31 mm/a，相当于 0.76 亿 ± 0.10 亿 m^3/a、0.80 亿 ± 0.11 亿 m^3/a，《青海省水资源公报》显示，该区域地下水资源量变化速率约为 0.47 亿 m^3/a，表明二者具有可比性。

综上所述，基于 CSR 和 JPL 发布的 GRACE RL06 重力场数据，揭示出近 20 年来祁连山区陆地水储量呈显著增加趋势。CSR 和 JPL 分别反演得到该区域水储量以 2.44 ± 0.26 mm/a、2.57 ± 0.27 mm/a 的速率增加，相当于 4.67 亿 ± 0.50 亿 m^3/a、4.92 亿 ± 0.52 亿 m^3/a。在空间上，除祁连山区最东段庄浪河流域和东干渠流域水储量呈小幅度的减少之外，其他区域水储量均表现出增加趋势，塔塔棱河流域水储量增加趋势最大。

3.7 水塔区降水量的时空变化

3.7.1 降水量数据来源

1.基于观测资料的格点化数据集

（1）基于站点观测资料的数据集。该数据集包括中国气象局国家气象信息中心基础资料专项发布的中国地面月值 0.5°×0.5° 格点数据集（V2.0）（以下简称 CMA-0.5）和英国 East Anglia 大学发布的 CRU ts4.01 格点数据集。其中，CMA-0.5 数据集是基于中国地面台站降水资料，并结合 DEM 高程数据（一定程度上考虑了地形对降水的影响），然后利用 ANUSPLIN 软件的薄盘样条法进行空间插值得到的数据集，该数据集下载于中国气象数据网国家气象科学数据中心（http://data.cma.cn）。另外，CRU 数据集（空间分辨率为 0.5°×0.5°）是集成了多种观测数据源而建立的一套覆盖全球陆面的气候要素数据集（Harris et al.，2020）。

（2）集成了地面站点观测资料和卫星资料的全球降水气候项目（GPCP v2.3）降水数据集以及高分辨率的中国区域地面气象要素驱动数据集（CMFD）。其中，GPCP 资料（Adler et al.，2018）主要基于全球 6000 个标准雨量站观测资料，并叠加了静止卫星和红外被动微波等反演的降水信息，空间分辨率为 2.5°×2.5°；CMFD 数据集（Yang and He，2018；He et al.，2020）集成了 GLDAS 以及 TRMM 卫星资料，其空间分辨率为 0.1°×0.1°。

2. 再分析资料

ERA5 和 ERA-Interim 均为欧洲中期天气预报中心（ECMWF）发展的再分析资料（Dee et al.，2011；Hersbach et al.，2020）。与 ERA-Interim（空间分辨率为 0.75°×0.75°）相比，ERA5 的时空分辨率更高（空间分辨率为 0.25°×0.25°），且采用了最新版本的地球系统模式、数据同化方法、资料类型，以及改进的物理过程参数化方案。

3. HAR 动力降尺度数据集

高亚洲精细再分析数据集（High Asian Refined Analysis Dataset，HAR）是德国研究者针对青藏高原及其周边地区，利用天气研究与预报模式（Weather Research and Forecasting Model，WRF），进行动力降尺度得到的一套针对高山亚洲区的数据集（Maussion et al.，2011，2014），其由全球气候模式输出结果以及观测的海表面温度驱动，同时添加了精细化的局地尺度细节。其第一版本（HAR v1）（Maussion et al.，2014）有两种不同分辨率的（10 km 和 30 km）的数据集，其中更高分辨率的 HAR-10km 数据集仅能覆盖祁连山中西部区域，并且 HAR-10km 和 HAR-30km 数据集的时间序列均相对较短（仅覆盖了 2000 年之后的十余年时间段）；HAR 最新版本（HAR v2）（Wang et al.，2020）空间分辨率为 10 km，时间段为 1979 年至今，且空间范围较前一版本有所扩大，基本能覆盖整个祁连山区域。

3.7.2　降水量空间分布

将以上 8 种降水数据进行多年平均，得到祁连山地区的多年平均年降水量空间分布（图 3-122）。整体上，祁连山及周边地区的多年平均年降水量呈现出自东南向西北递减的趋势，但在祁连山区（图 3-122 中蓝实线）则存在明显的降水海拔效应，降水高值区位于祁连山高海拔区（各流域的上游地区）（图 3-122 中黑实线），低值区位于祁连山西部及西南部地区，降水量随海拔增加，具有明显的梯度效应。通过对比各种数据源得到的祁连山地区降水空间分布，可以发现 HAR-30km 和 HAR-10km 降水数据在高海拔地区明显偏高，其在分水岭处的年降水量达 800 mm 以上，而 ERA 系列的再分析资料、CMFD 及 CMA-0.5 降水数据显示的分水岭处年降水量则在 450 ～ 600 mm。此外，由于基于观测资料的格点化数据集空间分辨率较粗或没有考虑局地尺度的地形效应，GPCP 和 CRU 降水数据仅表现为自东南向西北递减的空间分布型，无法精细刻画山区降水量受地形影响而带来的空间差异性。因此，考虑到各种数据集的空间范围以及时间尺度上的连续性与一致性，采用 CMA-0.5、ERA5 以及 HAR-10km 降水数据来分析祁连山区降水量的时空变化特征。

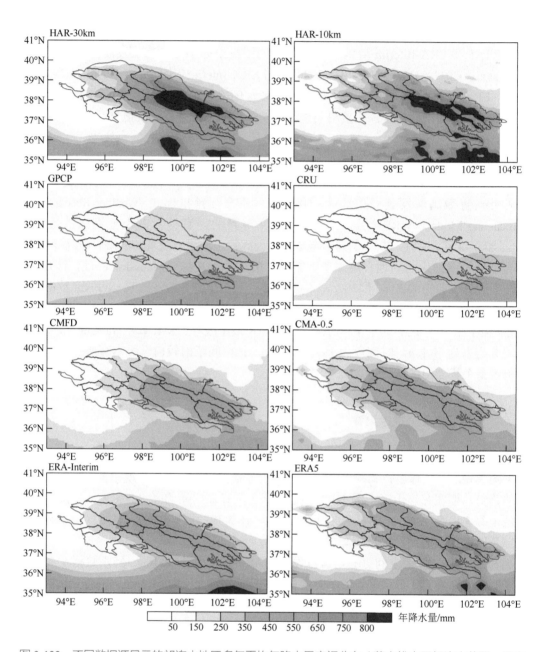

图 3-122 不同数据源显示的祁连山地区多年平均年降水量空间分布（蓝实线表示祁连山范围，黑实线表示祁连山地区流域界线）

　　为了对比祁连山区各流域的降水量以及分析典型流域降水量与出山径流的关系，分别计算了祁连山总体及各流域内的年平均降水量以及考虑流域面积的降水资源量（表3-23）。总体而言，三种独立的数据源具有较好的相对一致性，CMA-0.5、ERA5和 HAR-10km 降水数据计算的祁连山区年平均降水量分别为 367.95 mm、407.93 mm 和

402.67mm，对应的降水资源量分别为 710.41 亿 m³、777.41 亿 m³ 和 768.81 亿 m³。三种数据源均显示，在祁连山区的各流域中，以大通河流域和湟水流域的年平均降水量最多（～600 mm），在西南部靠近柴达木盆地的哈勒腾河流域、鱼卡河流域以及塔塔棱河流域年平均降水量最少（～200 mm）；而在祁连山东北部的东干渠流域、石羊河流域、庄浪河流域，相较于 ERA5 和 HAR-10km，CMA-0.5 数据集年平均降水量偏低。另外，当考虑各流域面积而将降水量换算成降水资源量后（亿 m³），东干渠流域面积最小而使得其水资源量在祁连山区总降水资源量（～700 亿 m³）中占比最小，仅为 1 亿～2 亿 m³，而布哈河－青海湖流域由于面积最大且降水量相对较多，使得该流域水资源量最多，超过 140 亿 m³。

表 3-23　祁连山水塔各流域的年平均降水量及降水资源量

流域名称	面积 /km²	降水资源量 / 亿 m³			年平均降水量 /mm		
		CMA-0.5	ERA5	HAR-10 km	CMA-0.5	ERA5	HAR-10 km
东干渠流域	509	1.45	2.29	2.01	284.31	450.65	395.52
石羊河流域	11452	32.28	62.59	62.61	281.89	546.54	546.76
黑河流域	18360	53.44	92.98	88.78	291.05	506.42	483.53
北大河流域	9867	36.08	46.14	36.32	365.69	467.63	368.11
疏勒河流域	19459	65.10	65.94	55.95	334.55	338.89	287.54
党河流域	15735	47.37	39.36	34.85	301.04	250.17	221.45
哈勒腾河流域	15347	39.12	33.35	31.40	254.88	217.28	204.61
鱼卡河流域	3222	7.42	7.27	6.97	230.41	225.56	216.45
塔塔棱河流域	11994	34.28	19.56	18.42	285.82	163.10	153.60
巴音郭勒河流域	10705	34.82	27.94	29.07	325.26	261.01	271.58
茶卡－沙珠玉河流域	4737	15.98	16.11	18.44	337.27	340.01	389.30
哈拉湖流域	4748	18.14	16.91	17.86	381.98	356.10	376.14
布哈河－青海湖流域	29670	144.63	143.51	149.92	487.47	483.68	505.30
拉脊山南坡流域	5274	22.12	25.71	27.12	419.39	487.41	514.21
湟水流域	12881	71.17	73.57	74.65	552.51	571.15	579.50
大通河流域	14045	76.32	86.66	98.08	543.38	617.03	698.31
庄浪河流域	3300	10.69	17.52	16.36	323.83	530.79	495.66
总计 / 平均	191305	710.41	777.41	768.81	367.95	407.93	402.67

　　由于祁连山区降水量的空间分异性主要是由降水的海拔效应引起的，因此基于 ERA5 多年平均降水资料来对祁连山不同流域的降水量随海拔的变化特征进行进一步分析（因东干渠流域面积很小，仅包括 5 个 ERA5 像元，因此该流域不参与以下分析）。基于图 3-123 的分析，结果表明，总体上除祁连山中部及东南部降水高值区（包括布哈河－青海湖流域、湟水流域、大通河流域以及哈拉湖流域）的年降水量的海拔效应不明显外，其余流域年降水量的海拔效应相对明显，但其海拔效应也存在显著的区域差

异。例如，在祁连山的西部和西南部的党河流域、哈勒腾河流域、巴音郭勒河流域，降水量随海拔一直呈现增加趋势。这些区域低海拔地区的气候十分干旱，年降水量在 100 ～ 200 mm，但随着海拔的升高，其年降水量持续增加直至山脊线附近的 500 ～ 600 mm。相较而言，在祁连山北坡的石羊河流域、黑河流域及疏勒河流域，降水量内随海拔升高而增加的趋势仅局限在海拔 2000 ～ 3500 m 的区域，在海拔 3500 m 以上地区随海拔升高降水量递增的速率明显减缓，存在最大降水高度带，当海拔超过最大降水高度带后，降水量呈现随海拔升高而减少的趋势（如黑河流域）。

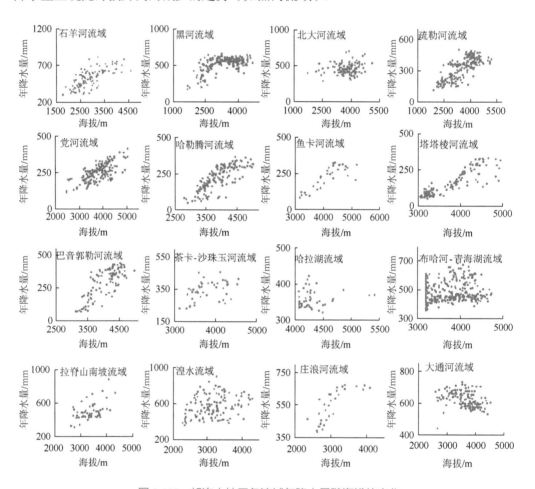

图 3-123　祁连山地区各流域年降水量随海拔的变化

3.7.3　降水量季节分配和年际变化

基于 ERA5 数据集对祁连山区降水量季节分配（图 3-124）和全年及季节变化趋势率（图 3-125）进行分析，可以发现，在祁连山地区，夏季降水量在年降水量中的贡献最大（几乎达到 50% ～ 60%），春季和秋季降水量的占比相当（均为～ 20%），而冬季降水量极为稀少，不足年降水量的 5%。在祁连山所有流域中，除东部的庄浪河流域和东干渠流域外，其余流域的夏季降水占比均在 50% 以上。在祁连山东部地区的几个流域（包括庄浪河流域、东干渠流域、石羊河流域、拉脊山南坡流域、湟水流域及大通河流域），秋季降水量占全年的比例均超过 20%，在华西秋雨环流系统的影响下，秋季降水量构成了全年降水量的次高值时段（白虎志和董文杰，2004）。相较而言，在祁连山西部的疏勒河流域、党河流域、哈勒腾河流域、塔塔棱河流域以及巴音郭勒河流域，春季降水量的占比明显多于秋季降水量，这可能与西风环流对该地区降水的影响有关。

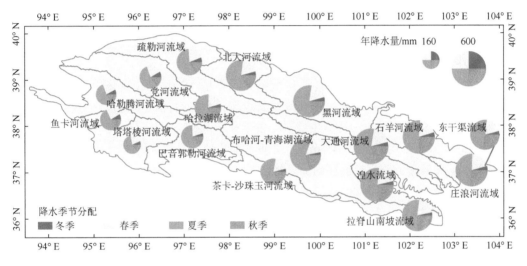

图 3-124　祁连山各流域平均年降水量及季节分配

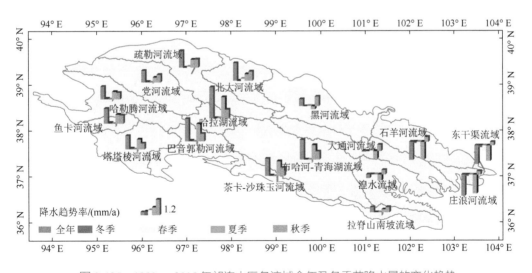

图 3-125　1980～2015 年祁连山区各流域全年及各季节降水量的变化趋势

进一步基于 ERA5 降水资料，对祁连山区及各流域的全年以及各季节降水量在 1980～2015 年的年际变化趋势率进行分析。研究结果表明，1980～2015 年祁连山区域平均降水量呈现增加趋势（0.819 mm/a），但在空间上存在明显的东西差异：祁连山西部地区的年降水量均呈增加趋势，祁连山东部地区的各流域年降水量则均呈递减趋势。夏季降水量占比较大，使得夏季降水量变化在全年降水量的趋势率中起决定性作用，因此祁连山区各流域的夏季降水量与年降水量的线性趋势率较为一致，均呈现祁连山西部地区递增而祁连山东部地区递减的趋势。因此，尽管祁连山区所有流域的秋季降水量有所增加，但其占比有限，因而无法改变祁连山东部地区年降水量下降的趋势。此外，祁连山区冬季降水量的变化趋势也存在区域差异性，总体上在祁连山北坡以及东南部地区的各流域冬季降水量呈减少趋势，而在西南部地区冬季降水量呈增加趋势。

由上述基于 ERA5 数据集的降水变化分析可知，1980～2015 年，祁连山区各流域的降水量均呈现不同程度的波动，进而将对流域的出山径流量以及整个流域的径流系数产生影响（图 3-126）。通过对比文献中祁连山北坡三个内陆河流域（疏勒河流域、黑河流域及石羊河流域）的出山径流量数据（杨正华，2016；崔延华等，2017；孙栋元等，2020），对 1980～2015 年降水量及其径流系数随时间的变化进行分析，可知在三个流域中，黑河流域的出山径流量最多（多年平均为 17.21 亿 m^3），石羊河流域的出山径流量次之（多年平均为 14.12 亿 m^3），疏勒河流域最少（多年平均为 10.70 亿 m^3），但自 2000 年以来其出山径流量呈现出显著增加的趋势（$P < 0.001$）。在三个流域中，石羊河的径流系数最大，多年平均约 0.22，黑河流域多年平均约 0.18，而疏勒河流域相对较小，多年平均约为 0.15。近年来，疏勒河流域的径流系数存在较为显著的增加趋势，从 20世纪 80 年代的 0.15 左右增至近年来的 0.2 左右。

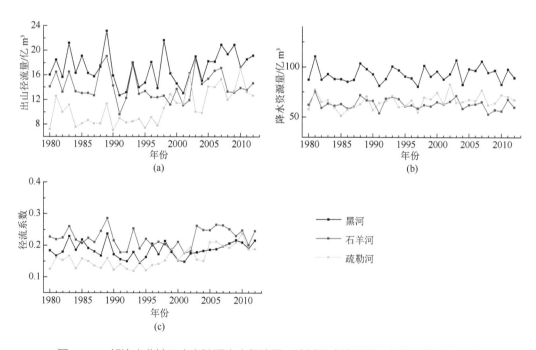

图 3-126　祁连山北坡三大内陆河出山径流量、流域降水资源量及径流系数变化对比

　　综上可知，祁连山降水资源量多年平均值为 700 亿～ 780 亿 m³（三种降水资料的
统计结果分别为 710.41 亿 m³、777.41 亿 m³ 和 768.81 亿 m³）。在空间分布格局上，降
水的水资源量在气候系统控制影响下呈现出自东南向西北递减趋势，且受局部地形影
响存在明显的降水海拔效应。在以上两种作用的叠加影响下，降水高值区位于祁连山
东部高山区，低值区位于祁连山西部、西北部低海拔区。在年内分配比例上，降水资
源量变化具有显著的季节差异，其中夏季是降水资源量的主要产生季节（约占 50%），
冬季降水资源量占比不到 5%。在时空变化趋势上，自 1980 年以来，祁连山地区的降
水资源量变化趋势呈现明显的东部减少而西部增加的特点。

第 4 章

祁连山水塔变化的驱动因素

认识水塔各组成部分（即要素）变化的驱动因素，有助于水塔未来变化评估研究。现代地球表层系统发生的变化都受到自然要素变化和不同程度人类活动的共同影响，水塔的变化也不例外。在影响水塔变化的自然要素中，最直接、最重要的就是气候变化。然而，构成气候的要素很多，在这里仅讨论气温和降水两个要素的变化及其对水塔的影响。受观测资料限制，祁连山地下水变化的驱动因素这里没有讨论，但其变化除东段以及中段偏东地区受到较弱程度的人类活动影响外，其他大部分地区主要受自然要素变化的影响。下面就祁连山过去气候（气温和降水）变化特征以及冰川、多年冻土、积雪、湖泊与径流变化的主要影响因素做一分析。

4.1 气候要素时空变化特征

祁连山区地形复杂，其气候要素的空间差异性明显。一般情况下，气温随海拔升高而降低，降水量随海拔升高也呈近似线性的增加趋势且在山脊线附近达到极值（Daly et al.，1994；Singh and Kumar，1997），因此高海拔地区往往气温较低而降水量较多。另外，祁连山区东西跨度大，不同区域受不同大气环流系统的影响，因而气候变化特征在东西方向上也具有差异性。祁连山高海拔山地区域的气候条件相对严酷，受限于复杂的地形和无人区后勤补给困难，目前已有的气象观测站点主要分布于山麓、山谷等低海拔区域，对山区的空间代表范围相对有限，而由实测站点资料外推插值得到的气温/降水结果与实际常常相差甚远，难以较真实地反映高海拔无观测区域的气温/降水空间变化情况。近年来，随着遥感技术的发展和气候模式模拟水平的提高，气象和微波卫星遥感观测（吴雪娇等，2013）以及分辨率愈加提高的再分析资料出现，在高分辨率的基础上解析祁连山区气温和降水的时空变化成为可能（王海军等，2009）。鉴于本章侧重于分析祁连山长期的气候要素时空变化特征，数据源所覆盖的时间跨度是重要的考量因素。因此，选择能够匹配现存气象站点观测时段的英国气候研究所（Climatic Research Unit，CRU）格点资料来分析祁连山近60年来的气温和降水时空变化。

4.1.1 气温时空变化特征

祁连山区年平均气温在4℃以下，并随海拔升高而降低，山区气温最低中心常年位于西段海拔较高的托勒山附近，气温等值线与地形廓线的分布相对一致，而地理纬度的影响相对较弱（汤懋苍，1985）。祁连山年均气温的经验正交函数方法（EOF）分析结果显示，祁连山区地形复杂，使得山区腹地存在一定的空间异质性，祁连山区总体的年均气温变化趋势较为一致（张存杰和郭妮，2002）。区域总体一致型变化特征在冬春季节最为突出，主要由于其受大尺度西风带的影响；而在夏秋季节，祁连山不仅受西风气流的影响，还受高原系统和季风的影响，因而气温变化相对复杂。祁连山区气温变化主要分为三个区域：河西走廊区、祁连高山区和祁连山东段区。河西走廊区主要是沙漠和戈壁，气温变化较快、年际变率较大；祁连高山区由于地形较高，冷空气受地形阻挡而不容易影响到山区，因而气温变化缓慢，冬季寒冷、夏季凉爽，年际变化不大；祁连山东段区由于受暖湿气流影响，冬季干冷、夏季暖湿。

主成分分析结果显示，祁连山区气温整体呈总体一致型变化，因此将区域内的气象站点观测数据进行区域平均，可以代表祁连山区总体的变化特征。基于 1960 年以来 6 个气象站点（站点信息如表 4-1）的区域平均气温序列显示（图 4-1），自 20 世纪 60 年代开始，祁连山区的年均气温（红线）呈波动上升趋势，但是升温速率在 90 年代中期之前相对缓慢，而在 90 年代之后升温趋势明显加速。祁连山区年均气温总体上呈上升趋势，但不同季节的气温变化趋势存在较为明显的差异：春季气温在 80 年代中期之前呈波状下降趋势（绿线），其后至 80 年代末开始上升，并持续至 20 世纪末，进入 21 世纪之后上升趋势明显减缓；夏季气温在 80 年代中期之前虽有波动（黄线），但无明显的变化趋势，但在之后的 10 年时间内突然增加，之后变化平稳；在秋冬季节（蓝线和黑线），尤其是冬季在近 50 年来一直处于升温趋势，并在 90 年代中期以后加速变暖。

表 4-1　祁连山区气象站点信息

站名	纬度 (N)	经度 (E)	海拔 /m
托勒	38°48′	98°25′	3368
野牛沟	38°25′	99°35′	3320
祁连	38°11′	100°15′	2789
大柴旦	37°51′	95°22′	3174
门源	37°23′	101°37′	2851
乌鞘岭	37°12′	102°52′	3043

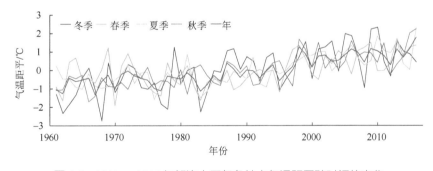

图 4-1　1960 ～ 2016 年祁连山区气象站点气温距平随时间的变化

1960 ～ 2017 年基于格点化观测数据集 CRU 气温的线性趋势结果显示（图 4-2），无论是季节尺度还是年尺度，祁连山区整体均呈现升温趋势，在年代际尺度上平均约为 0.16℃ /10a。对比季节气温变化趋势，冬季升温幅度最为明显，尤其在祁连山西部，可达 0.4℃ /10a；其次升温较为明显的为夏季，整体在 0.15 ～ 0.25℃ /10a；而秋季是升温幅度最小的季节，祁连山大部分升温速率都在 0.05 ～ 0.15℃ /10a。在空间尺度上，祁连山区升温趋势的空间分异性十分明显，呈现出显著的由西到东递减和由北至南递减的规律。此外，冷季月份的气温变化幅度在不同海拔处基本一致（随海拔升高稍有减小之势），而暖季月份的气温变化幅度随海拔升高明显增大。

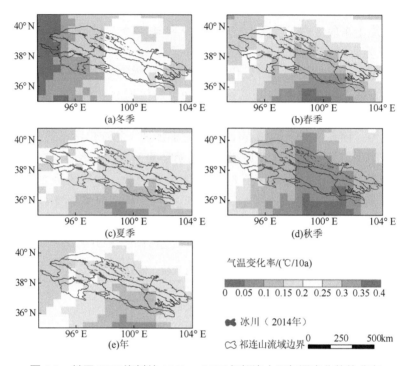

图 4-2　基于 CRU 资料的 1960～2017 年祁连山区气温变化趋势分布

4.1.2　降水时空变化特征及其驱动机制

在地形复杂的祁连山区，区域降水量受地形起伏影响较大，祁连山主体山区的降水量相比周围低海拔地区可多达几倍。一般情况下，山区降水量随海拔呈近线性增加趋势，并在山脊线附近达到极值，然而以上经验规律在祁连山区并不完全适用。例如，高大的青藏高原可直接阻挡水汽运动并迫使其分流转向，因而导致深居内陆的祁连山缺乏充足的水汽供应，气团在凝结形成降水过程中很容易消耗至不饱和，加之高海拔区域上空大气稀薄，导致降水量极值所处位置低于山脊线。因此，祁连山区降水存在一个降水量最大高度带，并且自东向西逐渐升高（汤懋苍，1985）。其中，降水量最大高度带获得了广泛研究，以用于分析山地降水量随海拔变化的规律（张杰和李栋梁，2004；王宁练等，2009a）。另外，祁连山降水特征不仅受海拔的影响，还受所处经纬度以及地形的坡度、坡向的影响，在其东段区域，由于受亚洲夏季风的影响，年均降水量相对较多，并向西北方向逐渐减少。

已有祁连山区降水量的 EOF 分析结果显示，降水量的主导变化型均为总体一致的变化特征，特别是在春季和秋季更为突出，主要是西风带环流系统和季风系统在这两个季节活动较弱，处于过渡时期，使得区域降水量较为一致。相较而言，冬季西风带系统较为强盛，而夏季的季风活动较为频繁。此外，冬春季节西风带活动较强，往往使得祁连山西段迎风面降水较多，而当夏季东南季风相对较强时，祁连山东段降水要多于西部（贾文雄等，2008）。由于不同季节气候系统影响的差异，不同季节降水量占全年降水量的比例也存在显著不同。降水在冬季表现为祁连山东西分布型，春季为祁连山高原分布型，夏季为河西走廊型，秋季为祁连山南北型。

基于表 4-1 中 6 个气象站点降水观测资料，1960～2016 年祁连山地区的降水强度整体上表现为波动增加趋势。通过对祁连山区的区域年平均降水量变化序列进行分析（图 4-3），可以发现，自 2000 年以来祁连山区降水量普遍增多，年降水量增加幅度在 14.6～18.4 mm。

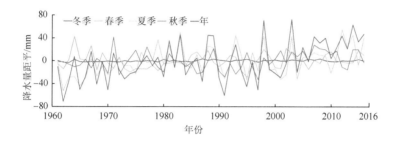

图 4-3 1960～2016 年祁连山区气象站点降水量距平随时间的变化

基于 CRU 资料的 1960～2017 年祁连山降水变化趋势结果显示，虽然近 60 年来祁连山区的年降水总体呈现增加的趋势，但存在区域差异性以及明显的季节分异性（图 4-4）。

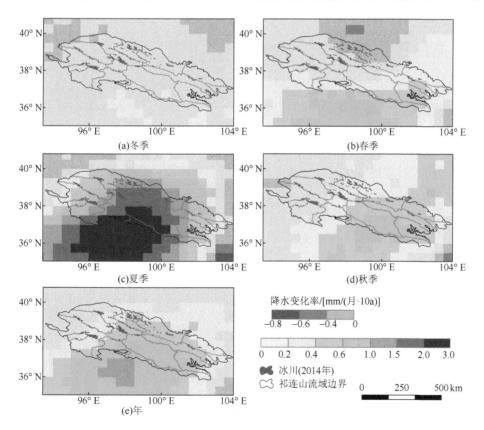

图 4-4 基于 CRU 资料的 1960～2017 年祁连山降水变化趋势分布

例如，祁连山区冬季降水整体呈微弱减少趋势 [约 0.2mm/（月·10a）]，但是夏季整体呈较强的增加趋势 [约 1.3mm/（月·10a）]，春季和秋季降水整体变化趋势不大，但具有明显的空间分异性。祁连山降水在空间上的复杂性主要表现为：冬季降水的减少趋势在整个祁连山区具有同步性，而夏季降水的增加趋势则围绕祁连山西南部地区呈现明显的"同心椭圆"特征（长轴为西南—东北方向）；春季和秋季则表现为明显的空间分异规律，其中春季呈现由北至南降水由减少变为增多趋势，而秋季表现为由西北到东南东部降水由减少逐步变为增加趋势，其中秋季降水增减的分界线相比于春季更加向西延伸。

祁连山地区降水时空变化是由大气环流背景叠加山区地形效应共同产生的，而控制祁连山的环流系统主要包括西风带、亚洲季风系统以及高原季风系统。在夏季，祁连上地区降水主要由季风区环流所影响，其伴随的偏南风和偏东风将暖湿水汽输入祁连山东部或中部地区，这是该地区降水的主要来源。另外，高原季风系统则使得祁连山地区处于气旋性环流控制之下，其东侧的偏南气流将引导并加强暖湿气流的输入（蒋强等，2022）。此外，中纬度西风带扰动也是祁连山区发生降水事件的重要水汽来源。研究表明，有利于祁连山形成降水的环流形势主要包括：高空西风冷平流型、蒙古冷涡型、高原低值系统（冷槽、切变、低涡）型、西南气流阻塞型（把黎，2020），当中纬度地区稳定存在偏强的乌拉尔高压和贝加尔湖槽，或者当中纬度存在偏强的巴尔喀什湖大槽、低纬度副热带高压显著偏强时，祁连山地区易于发生区域性降水事件。

4.2　冰川变化的主要驱动因素

第 3 章中曾指出，冰川物质平衡及平衡线高度（它们都受当年气候状况的影响）是衔接冰川波动（末端变化、面积规模变化等）与气候变化之间关系的纽带。它们的变化会通过冰川动力过程的调整而最终引起冰川末端或规模的变化，也正因为如此，冰川末端（或规模变化）对气候变化存在滞后性。通常情况下，冰川规模越大（或运动速度越小），其末端变化对气候变化的响应时间也就越长。小冰川末端波动变化一般滞后气候变化几年到十几年时间，大冰川末端波动变化的滞后时间可达几十年或更长时间。王宁练和张祥松（1992）通过对北半球中小规模冰川变化与气候变化之间关系进行统计分析，认为山地冰川末端变化对气候变化的滞后时间在统计意义上为 12～13 年。尽管冰川末端（或规模）变化对气候变化存在滞后性，但冰川末端（或规模）变化的最直接影响因素是冰川的物质平衡和平衡线高度变化，因此分析影响冰川物质平衡和平衡线高度变化的主要气候要素，就可以揭示冰川变化的主要气候驱动因素。下面主要依据祁连山七一冰川物质平衡、平衡线高度以及冰川气象的相关观测资料，分析影响这一区域冰川变化的主要气候驱动因素。

4.2.1　物质平衡变化的主要影响因子

目前，冰川物质平衡模型主要包括两种类型：一种是建立物质平衡关于气温指标的经验模型（temperature-index models）（如度日因子模型），另一种是详细描述冰川表面的物理过程的能量平衡模型（Energy-balance Models）。由于气温资料较容易获取，度日因子模型在物质平衡的研究中得到了广泛的应用。对于山地冰川，冰川的物质平衡（尤其是消融分量）在时间和空间上都存在较大的变化，度日因子也存在较大的变异性。为得到时空分辨率更高的物质平衡模拟结果，度日因子模型也尝试加入其他物理变量（如太阳直接辐射等），并对冰川不同表面状况或海拔（或坡度、坡向等）使用不同的度日因子。因此，气温指标模型（或度日因子模型）有向分布式模型发展的趋势。基于物理过程的冰川能量－物质平衡模型，可对众多气象气候因子对冰川物质平衡的影响状况进行模拟和分析，从而有助于辨识影响冰川物质平衡变化的主要驱动因素。下面以祁连山七一冰川为例，通过能量－物质平衡模型研究物质平衡对气候各因子变化的敏感性（蒋熹，2008；蒋熹等，2010a，2010b）。

1. 模型概述

冰川能量－物质平衡模型可用式（4-1）描述：

$$\text{Mass} = \int \left(\frac{Q_m}{L_m}(1-f) + P_{\text{snow}} + \frac{Q_E}{L} \right) \mathrm{d}t \tag{4-1}$$

式中，Mass 为冰川的比物质平衡（单位：kg/m^2），如果取水的密度 $\rho_w = 1000 \text{kg/m}^3$，则 $\dfrac{\text{Mass}}{\rho_w}$ 的单位为 m w.e.，即常用的物质平衡；Q_m 为冰川表面消融耗热；f 为冰川融水滞留在冰川上的量值百分比，即融水再冻结量；P_{snow} 为降雪量，可换算成雪深（水当量）；Q_E 为升华或蒸发耗热；L_m 为冰的融解潜热（$3.34 \times 10^5 \text{J/kg}$）；$L$ 为升华或蒸发潜热（$L_s = 2.834 \times 10^6 \text{J/kg}$ 或 $L_v = 2.5 \times 10^6 \text{J/kg}$）。冰雪融化所消耗的能量 Q_M 由冰川表面的能量平衡方程得到，即

$$Q_M = Q_R + Q_H + Q_E + Q_G + Q_P \tag{4-2}$$

式中，Q_R 为净辐射；Q_H 和 Q_E 分别为冰川表面的感热通量和潜热通量；Q_G 为冰川表面以下的热传输项；Q_P 为降雨供热。上述各项均以表面获得热量为正，失去热量为负，单位为 W/m^2。

净辐射是净短波辐射与净长波辐射之和，它是表征下垫面对辐射能量净收支状况的指标，则净辐射 Q_R 可以表示为

$$Q_R = S_{\text{in}} - S_{\text{out}} + L_{\text{in}} - L_{\text{out}} = S_{\text{in}}(1-\alpha) + L_{\text{in}} - L_{\text{out}} \tag{4-3}$$

式中，S_{in} 为入射短波辐射；S_{out} 为反射短波辐射；α 为反照率；L_{in} 为向下长波辐射；L_{out} 为向上长波辐射。四个辐射分量都可通过冰川表面安装的自动气象站（AWS）的辐射计直接测定。

冰川表面的感热通量和潜热通量可表示如下：

$$Q_H = \rho \frac{C_p k^2 u (T_a - T_s)}{(\ln \dfrac{z}{z_{0m}})(\ln \dfrac{z}{z_{oT}})} (\varPhi_m \varPhi_h)^{-1} \tag{4-4}$$

$$Q_E = \rho \frac{L k^2 u (q - q_s)}{(\ln \dfrac{z}{z_{0m}})(\ln \dfrac{z}{z_{0q}})} (\varPhi_m \varPhi_v)^{-1} \tag{4-5}$$

式中，u、T_a、q 分别为 z=1.5 m 高度处的风速、气温和空气比湿；ρ 为当地空气密度，$\rho = \rho_0 \dfrac{P}{P_0}$，其中 ρ_0（=1.29 kg/m^3）为标准大气压 P_0（=1013hPa）时的空气密度，P 为当地大气压；C_p 为空气定压比热 [$C_p = C_{pd}(1+0.84q)$，C_{pd}=1005J/(kg·K)，为干空气定压比热]；T_s、q_s 分别为冰川表面温度和该温度下的饱和比湿；当 T_s=0℃冰川表面处于融化状态时，潜热项 $L = L_v$ 为水的蒸发潜热（L_v=2.5×10^{6}J/kg），当 T_s<0℃ 时 $L = L_s$ 为冰的升华潜热（L_s=2.834×10^{6}J/kg）；z_{0m}、z_{0T}、z_{0q} 分别为动量、热量和水汽通量的粗糙长度；$\varPhi_m$、$\varPhi_h$、$\varPhi_v$ 分别为动量、热量和水汽通量的无量纲函数，可表示为总体理查逊数 Ri_b 的函数。

当 Ri_b>0 时：

$$(\varPhi_m \varPhi_h)^{-1} = (\varPhi_m \varPhi_v)^{-1} = (1 - 5Ri_b)^2 \tag{4-6}$$

当 Ri_b<0 时：

$$(\varPhi_m \varPhi_h)^{-1} = (\varPhi_m \varPhi_v)^{-1} = (1 - 16Ri_b)^{0.75} \tag{4-7}$$

Ri_b 为大气稳定度函数，表示如下：

$$Ri_b = \frac{g \dfrac{(T_a - T_s)}{(z - z_{0m})}}{T_a (\dfrac{u}{z - z_{0m}})^2} = \frac{g(T_a - T_s)(z - z_{0m})}{T_a u^2} \tag{4-8}$$

式中，g 为重力加速度（g=9.81 m/s^2）。粗糙长度 z_{0m} 的计算取近中性层结近似：

$$z_{0m} = \exp[(u_2 \ln z_1 - u_1 \ln z_2) / (u_2 - u_1)] \tag{4-9}$$

式中，下标 1、2 分别代表 1.5 m 和 3.28 m 传感器实际安装高度处的测量值。

冰川表面以下的热传输项 Q_G 为太阳短波辐射透射 Q_{PS} 项和冰 / 雪层的热传导 Q_C 项之和：

$$Q_G = Q_{PS} + Q_C \tag{4-10}$$

对于雪面，Q_{PS} 取净短波辐射 [$S_{net} = S_{in}(1-\alpha)$] 值的 10%；对于裸露冰面，$Q_{PS}$ 值取 S_{net} 的 20%。Q_C 项主要利用 AWS 的红外表面温度计和 5 个冰温探头（埋入钻孔中，埋入时最低深度 1.9 m，每探头间隔 20 cm）测量的冰温深度梯度 $\frac{\partial T}{\partial z}$ 计算：

$$Q_{\mathrm{C}} = -K \frac{\partial T}{\partial z} \tag{4-11}$$

式中，K 为冰 / 雪的热传导系数，对于冰层 $K=2.2\mathrm{W}/(\mathrm{m \cdot K})$，对于陈雪 $K=0.4\mathrm{W}/(\mathrm{m \cdot K})$。$Q_{\mathrm{G}}$ 也可由 2 个放置在冰面的热通量板直接测量。

夏季个别时段冰川上可能会发生液态降水。这种情况下要计算这时段的雨水加热项 Q_{P}。估算时，可做如下假定：①雨水落地前，雨水温度等于 AWS 1.5 m 高度处的"湿球温度" T_{Wet}；②雨水落到冰川上，没有立即冻结，而仍以液态水存在；③测到的冰面温度 T_{S} 即雨水降温放热后的温度。于是，Q_{P} 可由式（4-12）估算：

$$Q_{\mathrm{P}} = C M_{\mathrm{rain}} \nabla T = 4180 \times \mathrm{Rainfall} \times (T_{\mathrm{Wet}} - T_{\mathrm{S}}) \tag{4-12}$$

式中，C 为水的比热，取 4180J/(kg·K)；M_{rain} 为降水的质量，用降水量（mm）代替；取水的密度为 1g/cm³，则最后 Q_{P} 的单位为 J/m²；T_{Wet}、T_{S} 均取降水时段内的平均值。

2. 模型敏感性试验和模拟结果

基于 2006 ～ 2007 年七一冰川区的综合野外观测，结合地理信息系统（GIS）DEM 数据，建立了一套时间分辨率达 1 h、空间分辨率为 15 m 的冰川表面分布式能量 - 物质平衡模型（蒋熹等，2010a），模型考虑地形对太阳辐射的遮蔽效应（图 4-5），引入新的冰川反照率参数化方案（图 4-6），结果发现，分布式能量 - 物质平衡模型对气温垂直递减率、降水梯度、降水固 / 液态阈值温度等参数较敏感（表 4-2）。利用该模型对 2007 年 6 月 30 日 20:00 ～ 10 月 10 日 12:00 时段七一冰川雪线变化、物质平衡演变、融水径流以及对气候变化的响应等过程进行了模拟研究，其模拟结果与同期观测结果具有较好的一致性，这对进一步开展气候 - 冰川 - 融水径流系统研究具有重要意义。下面对相关具体的模型模拟结果予以说明。

(a)　　　　　　　　　　　　　　　(b)

图 4-5　2007 年 7 月 1 日 08:00（a）和 20:00（b）七一冰川地形对太阳辐射的遮蔽效果图（蒋熹，2008）
视角位置为西北方俯视，黑色表示山体阴影，白色表示被阳光照射

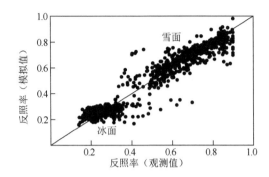

图 4-6　2007 年考察期间七一冰川小时平均反照率观测值和模拟值的比较（蒋熹等，2011）

表 4-2　2007 年 7 月 1 日～10 月 9 日七一冰川累计物质平衡模拟值的模型参数敏感性试验

试验方案	考虑地形作用	气温垂直递减率 /(−℃ /100m)	降水梯度 /(+mm/100m)	降水固态 / 液态阈值温度 /℃	物质平衡 /mm	物质平衡相对变化率 /%
0	是	上 0.563 下 0.88	6.8	0	−604	0.0
1-1	否	上 0.563 下 0.88	6.8	0	−814	−34.8
1-2	是	上 0.563 下 0.88	6.8	+0.5	−553	8.5
1-3	是	0.65	6.8	0	−508	15.9
1-4	是	上 0.563 下 0.88	10.2	0	−477	21.0

注："气温垂直递减率"列中的上、下分别表示该冰川自动气象站安装位置海拔 4473m 处往上和往下区域。

1）冰面雪线

冰面雪线（冰川表面裸露冰区与积雪区的分界线）将冰川分为反照率明显不同的两个区域，其变化对冰川的消融状况起重要作用。图 4-7 是模拟时段内七一冰川裸露冰区域与积雪区域的演变过程。由于裸露冰区域与积雪区域之间往往存在过渡区域

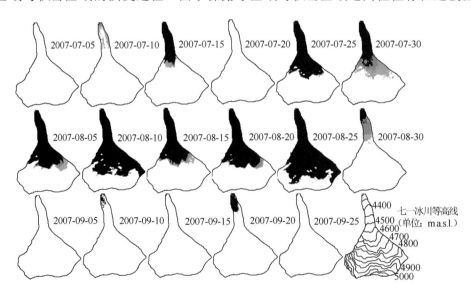

图 4-7　2007 年 7～9 月模拟的七一冰川裸露冰区域与积雪区域的演变过程（蒋熹等，2010a）

图中黑色为裸露冰区域；白色为积雪区域；灰色为裸露冰 - 积雪过渡区域

（该区域裸露冰与积雪相间分布），本书将冰面雪线高度定义为该过渡区域的平均高度。图4-8是模拟的冰面雪线高度与观测结果的比较，两者之间的相关系数高达0.982（置信度水平超过99.9%），模拟和观测的冰面雪线高度变化趋势基本一致。

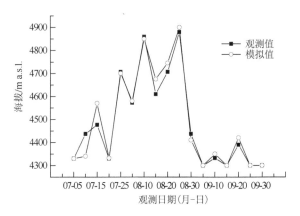

图 4-8　2007 年 7 ~ 9 月七一冰川冰面雪线高度模拟值和观测值比较（蒋熹等，2010a）

2）冰川物质平衡空间分布

图 4-9 为模拟时段内花杆位置处每 5 天物质平衡模拟值与花杆观测的每 5 天物质平衡的对比，其散点分布主要集中在 45° 对角线附近，并且二者之间的相关系数为 0.783（置信度水平超过 99.9%），说明物质平衡的模拟结果较好。野外观测发现，即使在较小区域内，冰面状况的差异也十分显著，这不仅致使冰川表面温度空间变化较大，而且导致冰面消融的空间差异较大。在模拟时期内，消融区物质平衡呈现西低东高的分布形式（图 4-10）。这和考察期间利用便携式红外表面温度计观测到的冰川表面温度的空间分布形式相吻合，即在冰川消融区冰川表面温度西侧高于东侧。模拟计算表明，在开始阶段，物质平衡水平在冰川上的分布相对均一，随着时间的推移，地形等因素造成的不同部位的消融差异也不断累积，从而使得物质平衡水平在冰川不同部位表现出较大的差异（图 4-10）。由于物质平衡存在较大的空间差异，因此在布置消融花杆时需要考虑其空间代表性问题。

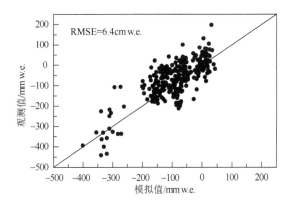

图 4-9　2007 年 7 ~ 9 月七一冰川各花杆位置处观测和模拟的每 5 天物质平衡对比（蒋熹等，2010a）

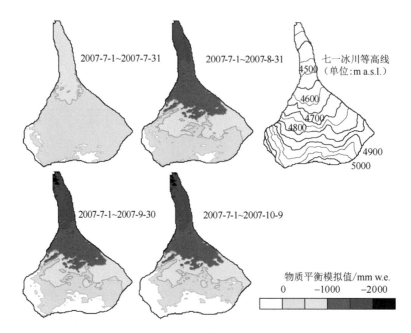

图 4-10　2007 年暖季七一冰川累计物质平衡空间分布模拟图（蒋熹等，2010a）

3）物质平衡海拔结构

由于净短波辐射是冰川消融的主要热源，因此冰川物质平衡海拔结构主要受反照率海拔结构的影响，反照率大小直接影响冰川物质平衡水平。这是将来利用卫星遥感资料来反演冰川反照率，并进一步获取冰川物质平衡信息的重要基础。图 4-11 是 2007

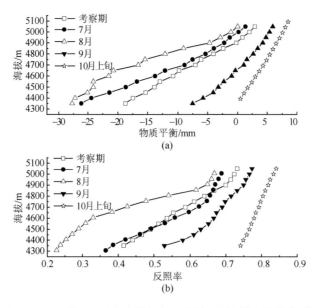

图 4-11　2007 年 7 月 1 日～ 10 月 9 日（考察期）七一冰川不同海拔日平均物质平衡（a）和日平均反照率（b）海拔结构演变过程模拟（蒋熹等，2010a）

年模拟的七一冰川物质平衡海拔结构和反照率海拔结构图。由图 4-11 可见，冰川物质平衡和反照率随海拔变化的曲线形状非常相似，同时也反映出反照率较低的时段物质平衡较低，反照率增高的时段物质平衡也相应增加。另外，冰川反照率空间分布的差异也导致了物质平衡空间分布的差异（图 4-10）。

4）冰川对气候变化的响应

气候敏感性试验表明（表 4-3），物质平衡对气温变化非常敏感，它对气温变化的响应呈非线性特征；而物质平衡对降水量变化的敏感性相对较小，对降水量变化的响应是呈线性的。增温引起的物质平衡亏损量不能靠降低相同气温来得到弥补，物质平衡变化对气候变暖具有不可逆效应。气温升高 1℃，即使降水量增加 20%，物质平衡也会出现较大的减少量。

表 4-3　2007 年 7 月 1 日～ 10 月 9 日七一冰川累计物质平衡模拟值的气候敏感性试验

试验方案	气温变化 /℃	降水量变化 /%	物质平衡 /mm	物质平衡相对变化率 /%
0	0	0	−604	0.0
2-1	+1	0	−1022	−69.1
2-2	−1	0	−266	56.0
2-3	0	+20	−560	7.3
2-4	0	−20	−648	−7.3
2-5	+1	+20	−987	−63.4
2-6	−1	−20	−315	47.9

5）冰川融水径流模拟

利用模型计算得到 2007 年 7 月 1 日～ 9 月 30 日七一冰川的总消融量（即冰川融水径流量）为 278 万 m³。这一时期在七一冰川末端下游方向的水文观测点处观测到的径流量为 300 万 m³，该值扣除水文观测点控制流域内裸露山坡的产流量之后，实际冰川融水径流量为 266 万 m³。由此可见，通过模型计算的七一冰川融水径流的相对误差仅为 4.5%。这表明利用冰川表面能量－物质平衡模型开展我国西部冰川融水径流研究将是一个重要的途径。

4.2.2　平衡线高度变化的主要影响因子

目前，能量平衡模型、统计模型（包括平衡线高度处气温与降水量之间的统计模型，平衡线高度与气温、降水量之间的统计关系模型等），已被广泛地用于冰川平衡线高度气候敏感性研究、古气候重建研究以及冰川发育的气候条件研究等方面。前两种模型对于冰川平衡线高度的空间大尺度分布以及冰川发育的气候条件分析具有很大的优势。然而，在只有常规气象站观测资料的条件下，前两种模型难以用来进行平衡线高度逐年变化的恢复研究，而平衡线高度与气温、降水量之间的统计关系模型对于冰川平衡线高度过去变化重建研究及其气候敏感性分析都是一个简便而有效的方法。这里将采用这种方法对七一冰川平衡线高度变化的气候敏感性进行分析。

第 3 章中已经给出了七一冰川平衡线高度的观测资料，因此只要能够获得该冰川区的气候资料，就可以建立七一冰川平衡线高度与气温、降水量之间的统计关系模型，进而分析该冰川平衡线高度变化的气候敏感性。由于目前的气象站距离七一冰川都相对较远，加之地形对气候的影响以及气候变化的区域差异，因此选择合适的气象站观测资料，再结合七一冰川流域的气候梯度观测结果，较合理地推算七一冰川区的气温和降水量值是建立本书统计模型的关键。表 4-4 和表 4-5 分别是七一冰川附近的托勒（海拔 3368 m）、野牛沟（海拔 3320 m）、祁连（海拔 2789 m）、玉门镇（海拔 1527 m）、酒泉（海拔 1478.2 m）、张掖（海拔 1483.7 m）等气象站气温、降水量之间的相关系数，可以看出，不论是气温还是降水量，在平原站（山区站）与平原站（山区站）之间的相关系数要高于平原站与山区站之间的相关系数，这说明山区与平原地区的气候变化之间存在着差异性（相比较而言，气温变化的空间差异较小，而降水量变化的空间差异较大），因此应该选择山区站的气象观测资料来进行相关分析。另外，表 4-5 还表明，山区（平原）站距离越近，其降水量变化的相关性就越高，因此选择距离七一冰川相对较近的托勒气象站资料来进行冰川区气温和降水量的推算。

表 4-4　七一冰川附近山前平原地区与山区各气象站年平均气温之间相关系数（1960～2007 年）[*]

| | | 平原站 | | 山区站 | | |
		酒泉	张掖	托勒	野牛沟	祁连
平原站	玉门镇	0.981	0.960	0.814	0.709	0.825
	酒泉		0.943	0.786	0.688	0.795
	张掖			0.850	0.758	0.899
山区站	托勒				0.931	0.927
	野牛沟					0.916

[*] 置信度均超过 99.9%。

表 4-5　七一冰川附近山前平原地区与山区各气象站年降水量之间相关系数（1960～2007 年）

| | | 平原站 | | 山区站 | | |
		酒泉	张掖	托勒	野牛沟	祁连
平原站	玉门镇	0.748[*]	0.548[*]	0.272	0.055	0.017
	酒泉		0.673[*]	0.434	0.274	0.224
	张掖			0.573[*]	0.497	0.375
山区站	托勒				0.634[*]	0.455
	野牛沟					0.694[*]

[*] 置信度超过 99.9%。

考虑到不同时段的气温与降水量对平衡线高度的影响程度可能存在差异，因此根据七一冰川平衡线高度与托勒气象站不同时段气温、降水量之间的相关性状况（表 4-6）以及它们的变化过程状况，来分析和选择比较合理时段的气候要素来进行七一冰川平衡线高度变化的重建研究。平衡线高度的升降变化取决于冰川物质积累量和物质损耗量之间的对比关系。一般来说，冰川物质的损耗过程主要由消融过程控制，而冰川的

消融主要发生在暖季,因此平衡线高度变化应与暖季气温变化的关系比较密切。表 4-6
中七一冰川平衡线高度与托勒气象站夏季气温之间的显著正相关就说明了这一点。通
过进一步对比七一冰川平衡线高度与托勒气象站暖季不同时段平均气温的变化过程,选
择 7~9 月的平均气温(以下称为暖季气温)来研究七一冰川平衡线高度变化效果较好。
冰川物质的积累主要依赖于降水。一般情况下,降水量越大,平衡线高度会降低,即它
们之间应该是负相关关系。从表 4-6 可以看出,尽管七一冰川平衡线高度与托勒气象站
降水量之间不存在显著的相关性,但它与隆冬和早春时期的降水量之间呈现合理的负相关
关系,因此这里也选择 1~3 月的降水量作为影响该冰川平衡线高度的气候要素。根据托
勒气象站资料和七一冰川流域的气候梯度观测结果(气温递减率为 0.60 ℃/100 m,冷
季降水量的递增率为 2.7 mm/100 m),推算出七一冰川中值高度处暖季气温和 1~3 月
降水量的逐年变化情况。依据这些资料,就可以建立七一冰川平衡线高度与暖季气温
和 1~3 月降水量之间的关系模型。

表 4-6 七一冰川平衡线高度与托勒气象站不同时段气温、降水量之间的相关系数

月份	气温	降水量 **
9	0.580	0.492
10	0.303	-0.058
11	0.506	0.004
12	0.427	0.037
1	0.617	-0.063
2	0.629	-0.212
3	0.457	-0.077
4	0.551	0.050
5	0.218	0.268
6	0.715	-0.346
7	0.830*	0.172
8	0.672	0.383
平衡年度	0.880*	0.487
6~8	0.867*	0.162
7~9	0.868*	—
1~3	—	-0.208

* 置信度超过 99.9%。

** 所有相关系数的置信度均没有达到 99.9%。

为了分析气温和降水量变化对七一冰川平衡线高度波动影响的相对重要性,首先
对平衡线高度资料以及相应平衡年度的暖季气温与 1~3 月降水量资料进行标准化处
理,使得各因素都变成无量纲量单位,以便相互比较;然后,建立它们之间的统计关系,
并得到:

$$\overline{\text{ELA}} = 0.894\overline{T_{\text{w}}} - 0.289\overline{P_{\text{c}}} \tag{4-13}$$

式中，$\overline{ELA}$、$\overline{T_w}$、$\overline{P_c}$ 分别为七一冰川平衡线高度、该冰川中值高度处的暖季气温、$1\sim 3$ 月降水量的无量纲因素。在无量纲因素的统计关系式中，自变量因素之前系数的绝对值大小就反映了该因素对因变量变化影响的相对重要程度。式 (4-13) 中暖季气温因素前的系数 (0.894) 明显大于 $1\sim 3$ 月降水量因素前的系数 (-0.289) 的绝对值，这说明暖季气温变化是七一冰川平衡线高度变化的主要影响因素。事实上，七一冰川平衡线高度与暖季气温之间的相关性明显地高于其与降水量之间的相关性（表 4-6），也说明暖季气温变化对平衡线高度影响的重要性。进一步的分析表明，如果暖季气温升高（降低）1℃，那么该冰川平衡线高度将上升（下降）约 172 m；如果 $1\sim 3$ 月降水量增加（减少）10%，那么该冰川平衡线高度将下降（上升）约 62 m（王宁练等，2010）。

研究者曾对天山乌鲁木齐河源 1 号冰川平衡线高度变化主导气候因素进行分析，也认为夏季气温是其变化的主导因素（王宁练，1995）。一般来说，中高纬度山地冰川物质损耗的过程基本以消融过程为主，因此其平衡线高度会对暖季气温表现出较强的敏感性（Ohmura et al.，1992）。在气温缺乏明显季节变化的热带地区，冰川平衡线高度变化也对气温变化最为敏感（Kaser，2001）。

以上分析表明，暖季气温变化是祁连山冰川变化的主要影响因素。正因为如此，即使近几十年来祁连山降水呈增加趋势，但近几十年来祁连山暖季气温整体呈上升趋势，使得该区域冰川处于退缩趋势。

4.3 影响多年冻土变化的主要因素

4.3.1 气候条件对多年冻土变化的影响

多年冻土是寒冷气候的产物，气候变化是多年冻土发生变化最主要的驱动因素。气候变化幅度和时间尺度不同，冻土变化的响应过程也不同。一个区域多年冻土的发育与消失的演化过程通常对应着千年尺度的气候变化。在百年尺度上，多年冻土的变化更可能表现在多年冻土地温、多年冻土上限深度、多年冻土下限深度变化，以及多年冻土分布边缘的扩张或退缩、分布连续程度变化等方面。而在十年尺度上，多年冻土的变化则主要表现为多年冻土地温和上限埋深的变化。

选择靠近祁连山多年冻土区较近的 6 个气象站气温观测资料，分析祁连山地区近 60 年来的气温变化。资料显示，几十年来祁连山区整体呈升温态势［图 4-12(a)］。尽管几个气象站的年平均气温值有所不同，但其变化趋势是相似的。以 $1960\sim 1980$ 年的多年平均气温作为参考值，得到各站年平均气温的相对变化，将各站的年均气温做 5 年滑动平均，得到祁连山区年均气温的低频变化趋势［图 4-12(b)］。可将祁连山区气温变化划分为两个阶段：① 1995 年以前，气温呈波动上升趋势，35 年间气温平均升高约 0.8℃，升温率约为 0.022℃/a；② $1995\sim 2017$ 年，在此 20 余年中气温升高超过了 1℃，升温率超过 0.05℃ /a。在这样的气候变化背景下，多年冻土必然会发生相应变化。

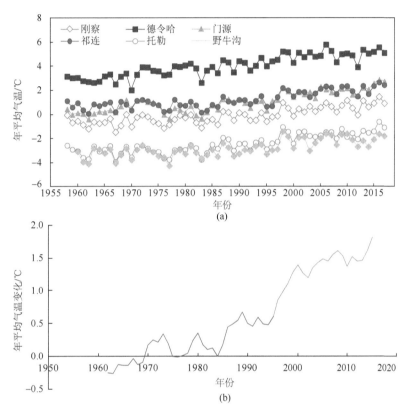

图 4-12　祁连山区气温变化趋势

(a) 年平均气温变化过程；(b)5 年滑动平均气温变化（相对于 1960 ～ 1980 年平均）

木里盆地是祁连山区大通河源头的汇水盆地，呈西北—东南方向分布，长约 20 km、宽约 7 km。盆地边缘由一系列相对高度 200 ～ 300 m 的低山环抱，外围为大通山和托来南山东延部分的中高山带。盆地内第四纪松散堆积物分布广泛，主要为冰碛物、坡积物、冰水及河流相砂砾石层。洪积物仅出现在孤山南麓部分地段。区内水系由两条支流构成，北侧为上哆嗦河，南侧为下哆嗦河，在盆地下游两支流汇合称为木里河，即大通河的源头部分。

木里盆地气候寒冷，属高原半干旱半湿润气候。据 1958 ～ 1961 年气象资料，区域年平均气温为 –5.5℃。2014 年在盆地东北侧新建气象站，监测点距离原地点约 10 km，海拔比原地点低约 80 m，按照 0.6℃ /100 m 梯度推算，1958 ～ 1961 年新建监测点位置的年平均气温大约为 –5.0℃。新建监测点观测结果表明，2015 ～ 2017 年该区域年平均气温为 –2.1℃，与 1958 ～ 1961 年的差值达到 2.9℃。前文所述 6 个气象站相同时期的年平均气温差值介于 1.6 ～ 2.7℃，说明木里盆地现在气温相比 50 年前的差值是合理的。

木里盆地先后在 20 世纪 60 年代、2004 年开展过多年冻土地温及活动层调查，

2007 年以后又重新建立了多处多年冻土监测点。尽管不同时期的监测点处于不同位置，但是位置相近、地表植被类型相似的情况下，我们可以近似认为多年冻土地温相同。对两个时期钻孔位置和地表条件进行对比，选出位置相近、地表相似的钻孔，对比钻孔地温，说明 50 余年来大通河源区多年冻土的变化情况。

盆地内 20 世纪 60 年代钻孔 CK1、CK3 与 2004 年道路勘察钻孔 K143+000、K143+450 位置接近，且处于相同的地貌单元和地表条件。2004 年道路勘察时钻孔布设于道路边侧的天然地表，当时地表为沼泽草甸，因此当时测温可视为自然状态下的多年冻土温度（后来由于矿区建设，这 2 个钻孔被破坏）。处于孤山边缘的 CK4（水）、CK5（水）钻孔与 2009 年布设的监测钻孔 ML-11 位置接近。ML-11 钻孔位于木里变电站北侧平整场地，虽然矿区建设对钻孔位置带来一定的热扰动，但是地表并未发现较大的人为扰动，目前钻孔位置仍然是沼泽草甸。

图 4-13 为 20 世纪 60 年代钻孔与 2004 年勘察钻孔所测得的地温曲线对比。2004 年勘察钻孔地温显著高于 20 世纪 60 年代钻孔地温，即 30 余年来木里盆地多年冻土地温显著升高，按照年变化深度 15 m 考虑，则盆地内多年冻土年平均地温 1967～2004 年在上哆嗦河一级阶地升高了约 1.1℃，在冰碛堆积缓坡地带升高了约 0.5℃。图 4-14 是孤山南侧缓坡的 2 个水文钻孔与 2009 年布设的监测钻孔的地温曲线对比。同样，目前该区域多年冻土层中地温显著高于 20 世纪 60 年代附近区域。由于当年布设水文钻孔的目的是调查地下水发育状况，因此往往选择在有泉水出露的区域布设钻孔（有一些钻孔显示泉水出露区多年冻土层很薄），这些钻探点附近多年冻土地温可能受到地下水的热影响，而 2009 年布设钻孔 ML-11 时并未遇到泉水或地下水出露，因此 ML-11 钻孔位置处可视为并未或很少受到泉水热扰动影响的自然状态。即便如此，ML-11 钻孔仍然呈现了更高的地温，说明 1970～2016 年此区域多年冻土地温也是显著升高了，ML-11 钻孔多年冻土年平均地温（15 m 深度温度）比 CK4（水）升高了约 1.0℃，比 CK5（水）升高了约 0.5℃。

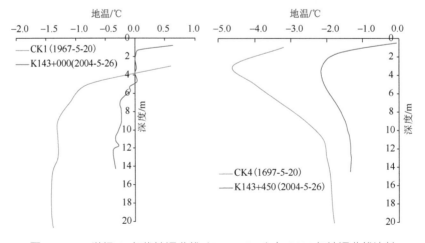

图 4-13 20 世纪 60 年代地温曲线（CK1、CK4）与 2004 年地温曲线比较

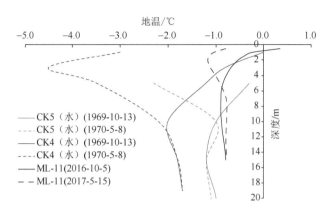

图 4-14　20 世纪 60 年代监测钻孔 [CK4（水）、CK5（水）] 与 2009 年布设的监测钻孔 ML-11 地温曲线比较

　　由于 2004 年和 2009 年的钻孔均为浅孔，未揭穿多年冻土层，因此无法知道多年冻土厚度的变化情况。从地温曲线的发展趋势看，各个时期的地温曲线随深度的变化呈逐渐靠拢趋势，即多年冻土厚度可能并未发生显著变化，这与我们对多年冻土退化规律的认识是一致的。

　　根据两个时期的测温资料可以近似估算木里盆地多年冻土的温度变化率，盆地内沼泽草甸下多年冻土地温变化率介于 0.09 ～ 0.30℃ /10a，平均值为 0.18℃ /10a。估算结果与大通河源区沼泽草甸条件下近 10 年的地温升温率进行对比，可知根据两个时期估算的多年冻土升温速率大体与近 10 年大通河源区观测到的多年冻土地温升温率相当。

　　根据 2004 年钻孔编录资料，该区域道路主要布设于山前缓坡和哆嗦河阶地，地表均为沼泽草甸。对应这两种地貌单元勘察判定的多年冻土上限深度列于表 4-7，并与 1965 年相应地貌单元确定的多年冻土上限进行对比。

表 4-7　木里盆地多年冻土上限深度及变化

地貌单元	1965 年上限深度 /m	2004 年上限深度 /m	1965 ～ 2004 年上限深度变化（平均）	
			变化量 /m	变化率 /(cm/a)
山前缓坡	1.0 ～ 1.2	1.4 ～ 1.9	0.4 ～ 0.9	1.0 ～ 2.3
阶地	1.2 ～ 1.9	1.8 ～ 2.5	0.6 ～ 1.3	1.5 ～ 3.3

　　初步估计 1965 ～ 2004 年，木里盆地山前缓坡、哆嗦河阶地多年冻土上限深度分别下降了 0.4 ～ 0.9 m 和 0.6 ～ 1.3 m，上限变化率不超过 3.3 cm/a。目前，大通河源区沼泽草甸内多年冻土上限埋深多介于 1.2 ～ 2.0 m，近 10 年来，其所对应的多年冻土上限下降速率则多在 1.0 ～ 5.0 cm/a，平均约为 3.0 cm/a。1965 ～ 2004 年盆地内山前缓坡、阶地区域的上限变化率范围与近 10 年盆地内沼泽化草甸地表下多年冻土上限相比，近 10 年多年冻土上限的下降速率超过了 2004 年之前，这很可能与 1960 ～ 1995 年气温升高相对缓慢有关。

4.3.2 地表条件对多年冻土变化的影响

气候变化固然是多年冻土变化的主要驱动因素，但是这一过程的发生则主要依赖于地表能量平衡过程，地表条件是决定多年冻土层与外界热量交换的关键因素。不同地面条件下，地表与大气间热量交换的效率、量级差异很大，决定了传入地中或从地中释放的热量的多少，从而影响多年冻土状态变化的速度和幅度。从这个角度来看，地面条件的改变也是多年冻土状态发生变化的驱动因素之一。自然条件下，诸如地表积雪厚度和持续时间、植被类型和盖度、地表水体、地面水分状况等都是影响多年冻土状态的主要因素，这些因素的改变会造成多年冻土状态的变化。人类活动通过工程建设（如公路建设）和土地性质的改变（如过度放牧）对地表的扰动，也可引起多年冻土的显著变化。

积雪对地面热交换过程的影响主要由其高反照率、低导热率、融化潜热大等特性决定。对于地面来说，积雪的高反照率可以大幅降低气温，同时积雪层的低导热性阻止地表热量的散失，对地表起到保温作用，这两种作用对地面温度变化的效果相反，对下覆多年冻土的影响结果要视积雪厚度、积雪时段、持续时间等因素而定。简单来说，冬季的积雪限制了下部土层热量的散失，使得多年冻土趋向于"升温"状态；进入春季后，气温逐渐转暖至0℃以上，积雪一方面因融化潜热消耗热量，另一方面积雪也阻隔了热量向下部土层的传递，因此积雪对下部土层起着降温作用。在高纬度地区，积雪对多年冻土的影响十分显著，近年来多年冻土层的快速升温有一部分要归功于该地区冬季降雪量的增加（Osterkamp，2005）。青藏高原降水主要集中在夏秋季节，大部分区域冬季积雪持续时间短、厚度薄，其对多年冻土的影响相对要小得多。在祁连山地区，降水量自西向东减少，积雪对多年冻土的影响主要体现在东部地区。木里盆地是祁连山地区的积雪中心，而且积雪的时间分布呈双峰形，主要降雪过程发生在春季5月（陈乾和陈添宇，1991），对多年冻土的保护作用显著，木里盆地相比其他流域，在海拔相同的情况下，多年冻土厚度最大，地温最低（吴吉春等，2007a）。在达坂山南北两侧，一些地段整个冬季均被积雪覆盖，积雪对多年冻土升温作用明显，积雪段多年冻土下界较无稳定积雪段提升200 m（王绍令等，1995）。气候变化引起降雪量的变化，从而造成多年冻土状态的显著改变。

植被的作用主要是减小地面温度的日较差和年较差，植被对下伏土层起着冷却作用还是保温作用与不同地区和不同植被类型等因素有关。同时，植被类型又往往与水分条件密切相关，植被及水分条件实际上总是同时对其表层热交换产生影响。与青藏高原类似，祁连山多年冻土区植被类型主要为高山沼泽草甸、高山草甸、高山草原以及稀疏植被。在相近区域内，沼泽化草甸往往是多年冻土最为发育的区域，多年冻土地温显著低于其他植被类型。此外，沼泽化草甸的退化对多年的冻土影响也较为明显。图4-15为祁连山区江仓盆地处于缓坡地带高山沼泽草甸中的三个监测点的地温剖面图（测于2019年9月23日）。其中，中度退化的场地周围基本已经无地表积水，严重退化场地地表干燥，原有积水坑已经成为干燥裸地。很明显，随着沼泽草甸的退化程度加剧，多年冻土地温也显著升高，多年冻土上限埋深下降。严重退化场地中多年冻土地温处在0℃附近，已经出现多年冻土不衔接状态，即处于多年冻土上限加剧下降的退化阶段。

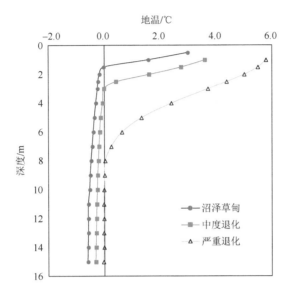

图 4-15　不同退化程度高山沼泽草甸地温曲线

祁连山区地表潮湿、积水的区域主要出现在一些沼泽发育区（包括高山沼泽草甸及其他一些沼泽地表），除了较大的热融湖塘外，多数积水范围小、水层浅，且多为季节性积水。暖季，积水的蒸发作用消耗热量，减少了进入土层的热量，对多年冻土有降温作用；冷季，活动层内由于水分相对丰富，冻结后导热性能增强，产生显著温度位移，也对多年冻土起着降温作用。一旦出现沼泽湿地的退化，则很可能诱发多年冻土的退化。

人类活动引起的多年冻土变化本质上也是改变了地表的热交换条件所致。例如，修建道路、房屋，造成地气热交换的极大改变，相应地，多年冻土也将做出剧烈的响应。多年冻土区的工程病害主要也是工程引起下伏多年冻土融化而诱发的。工程诱发的多年冻土变化通常表现为多年冻土地温的快速升高、多年冻土上限快速下降，对多年冻土的影响范围从工程扰动区域逐渐向外扩展。

4.3.3　地层条件对多年冻土变化的影响

多年冻土层中的热量通过地层的传递才能与外界进行交换。地层中热量传递的方式主要为热传导，热量在地层中引起两种变化，一是通过感热方式改变地层温度，二是通过潜热方式使地层中的水分发生相变。这两种变化也是造成多年冻土层状态发生改变的主要表现形式。地层性质的差异，一方面会影响传热效率，另一方面也会影响热量在感热和潜热消耗的分配，从而最终影响多年冻土层对外界气候变化响应的速度、幅度和方式。影响多年冻土变化的地层条件主要包括岩性特征、地层含水量、有机质含量、含冰量等诸方面。

岩性是地层物质组成、颗粒结构、矿物结合方式的总称，不同岩性的地层导热率差异显著，含水量也有很大不同。从大类上看，岩性可以分为基岩和松散土体两类。基岩是经过长期地质作用形成的一类胶结致密的矿物集合体，矿物颗粒紧密接触，内部被裂隙、节理等结构面分割，一般导热系数较高，在气候变暖背景下，外部热量向地层内部传递效率较高，而且地层中含水量（含冰量）较少，地温升高迅速，退化速率很快。目前，气候影响下多年冻土多处于退化状态，所以基岩区多年冻土下界一般均较松散沉积物堆积区高，尤其在阳坡地带，这一过程造成了多年冻土在山区分布状态的分裂，表现为沟谷、盆地等低洼的松散沉积物堆积区多年冻土发育，坡脚和山坡下部由于基岩出露或埋藏较浅，多年冻土消失，山坡上随着海拔升高，多年冻土重新发育。对于松散沉积物而言，由于孔隙率较高，导热系数较小，相同的升温条件下，多年冻土层响应速率和幅度均较基岩区小。更重要的是松散沉积物含水量、含冰量高，一些地段还富含有机质，对导热效率和热量分配都会造成影响，从而影响多年冻土层的响应过程。

活动层中含水量和有机质对热量传递过程有显著影响，对下伏多年冻土形成保护机制，从而延缓多年冻土退化。在活动层水分含量较高的情况下，首先，活动层冻结时，外部进入的热量多用于活动层中孔隙冰的融化潜热消耗，极大地减少了进入多年冻土层的热量；其次，活动层融化以后，因为液态水的比热较大，热量进入活动层以后大部分用于孔隙水的感热消耗，而且其温度变化幅度小，和下部多年冻土层之间的地温梯度小，导致向多年冻土层进一步传递的热量减少，最重要的是冰水导热系数差异造成热补偿效应对保护多年冻土至关重要。活动层冻结时，孔隙中地下水冻结成冰，导热系数成倍增加，有利于下部多年冻土层中热量向外界散失；而活动层融化时，液态水的导热系数很小，大幅减小了进入下伏多年冻土层中的热量，这种热补偿机制是松散地层中多年冻土保存的重要原因之一。如果活动层土层中有机质含量较高，如有机质土、泥炭土等孔隙率较高，持水性较强，热补偿效应较明显，多年冻土保存得较好。这也是沼泽化湿地、草甸湿地中多年冻土比较发育、地温较低、活动层厚度较薄的主要原因。

在多年冻土层中，含冰量对多年冻土变化的影响主要体现在高温多年冻土的变化方面。接近于0℃的多年冻土变化必然伴随着冻土中冰－水相变过程，而相变潜热远大于感热。因此，当多年冻土温度升高至0℃附近时，升温速率总是较为缓慢。含冰量越高，冻土融化需要吸收的相变潜热越大。因此，在相同的地表热交换条件下，高含冰量冻土升温速率较慢、多年冻土上限下降较缓，多年冻土退化的进程也较长。也正是这个原因，在岛状多年冻土区，冻土往往具有较高的含冰量。

4.4 积雪变化的主要驱动因素

通过分析积雪面积、积雪水储量以及降水和气温的年际变化，可知祁连山区各子流域的积雪面积呈减少趋势，积雪日数和积雪面积1990年后减少，尤其自2000年以来积雪面积减少趋势激增且积雪日数减少明显。在祁连山区和其他六个子流域，积雪水储量在1980～2017年也呈减少趋势（除石羊河流域外），但与积雪面积年际变化不同的是，年平均积雪的水储量在 1990 ～ 2002 年处于低值时期，而后有所增加。此外，最大积雪水储量的年际变化和平均积雪水储量的年际变化相似。

　　1980 ～ 2016 年，祁连山区降水量在夏季和冬季呈现较为一致的线性变化趋势，其中夏季降水量明显增加，而冬季降水量呈减少趋势。在这一时间段，春季和秋季降水量变化趋势存在明显的区域差异性：在祁连山东部的石羊河流域、湟水河以及青海湖水系区域呈轻微增加趋势，其他区域呈弱下降趋势，使得祁连山区整体的变化趋势不明显。相较而言，祁连山区气温均呈现上升趋势，但其升温幅度也存在较大的区域差异性（0.05 ～ 0.4℃ /10a）。总体上，祁连山西部升温幅度（> 0.25℃ /10a）高于东部地区（0.2 ～ 0.25℃ /10a），冬季升温幅度高于其他季节。

　　为确定积雪面积和雪水当量的年际变化是否受气候变化的影响，对祁连山积雪面积、积雪水储量和气温的年际变化进行分析（图 4-16）。结果显示，1998 年之前年平均气温处于相对低值时期，而 1998 年气温迅速升高，其后祁连山区的气温相对于较高的平均值（比整个时段的平均值高 0.5℃ 以上）上下波动。年平均积雪面积从 2002 年开始显著下降，并且一直保持显著下降趋势，但在这个时段平均气温没有明显的上升趋势。因此，对不同季节的气温年际变化进行分析，可以发现 2002 年之后积雪面积的显著下降趋势与春夏平均气温升高吻合 ［图 4-17(a) 和图 4-17(b)］。因此，1998 年之后气温的陡升是积雪面积骤然下降的原因，而 2002 年后春夏的气温持续升温是积雪面积持续显著下降的主要原因。祁连山气温总体呈上升趋势，1998 年是气温陡升的转折点，但冬季

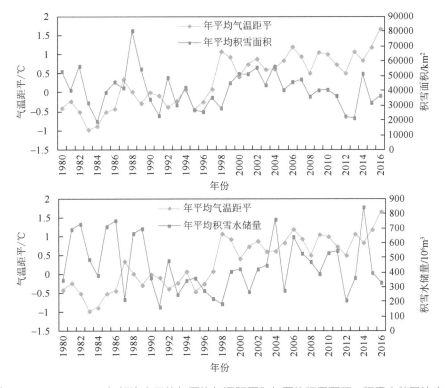

图 4-16　1980 ～ 2016 年祁连山区的年平均气温距平和年平均积雪面积、积雪水储量的变化

气温在 1986 年就已经陡升,之后并没有明显的上升 [图 4-17(c) 和图 4-17(d)]。积雪面积和气候变化的关系分析表明,气温升高导致积雪面积下降,但起主导作用的还是春、夏和秋季的气温。

但气温的变化对积雪水储量的影响并不明显。气温陡升点和积雪水储量的下降点不吻合。相比 1980 ~ 1997 年,1998 ~ 2000 年的气温明显高一个台阶,但积雪水储量从 1990 年开始有微弱的波动上升。每个季节的气温变化与年平均积雪水储量相关性也很小。

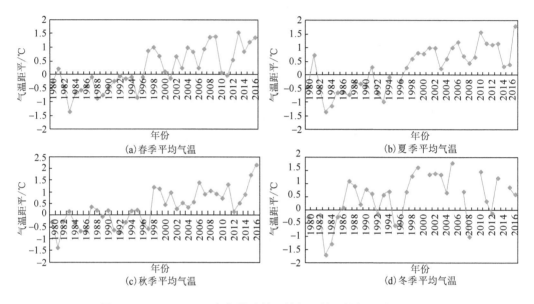

图 4-17 1980 ~ 2016 年祁连山地区的各季节平均气温的年际变化

祁连山地区四个季节降水量的年际变化显示(图 4-18),2000 年以后秋冬季节降水量相比之前有所增加,其他季节的降水量变化并不明显,这与积雪面积的年际变化关系甚微。可以认为积雪面积的年际变化主要受气温的控制。

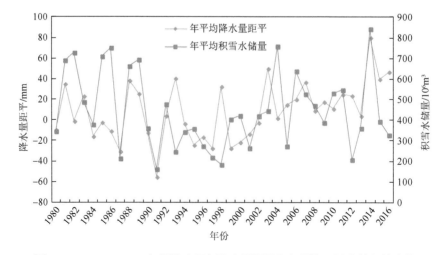

图 4-18 1980 ~ 2016 年祁连山区年降水量距平和年平均积雪水储量的变化

从年平均降水量数据分析，降水量的年际变化趋势和积雪水储量相似（图 4-18），1990 ～ 2002 年为低值时期，而 1990 年之前和 2002 年之后为丰水时期。从季节降水量来看（图 4-19），秋季降水量在 2000 年之后存在总体增加的趋势，夏季降水量则在 1995 ～ 2012 年为低值时期，这与积雪水储量在 2002 年之后相对较高相反。冬季降水量在长时间尺度上略有减少，但 2002 年之后存在增加趋势，与积雪水储量的增加一致。因此，祁连山积雪水储量的年际变化主要受降水变化的影响。虽然积雪水储量和积雪面积之间存在联系，但积雪面积的变化趋势与积雪水储量并不相同，它们之间的关系和气候变化的影响还有待进一步分析。由于缺乏各个流域高质量的气温和降水观测资料，没有分别对六大流域进行气候驱动分析，还有待进一步完善。

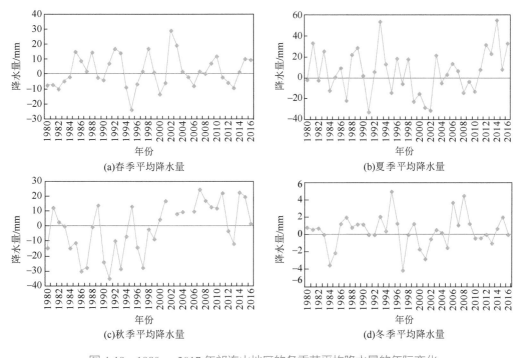

图 4-19　1980 ～ 2017 年祁连山地区的各季节平均降水量的年际变化

4.5　湖泊变化的主要驱动因素

4.5.1　青海湖

由于青海湖流域人口稀疏，因此湖水水量平衡主要受气候因素的控制，受人类活动的直接影响微乎其微。近几十年来，青海湖流域气候呈现明显的暖湿化趋势，流域内天骏站、刚察站的气象记录表明，1958 ～ 2019 年流域内平均气温上升了 2.2℃，其中冬季升温幅度最大，达到了 0.52℃ /10a（孙永寿等，2021）。尽管气温上升导致流域内冰川退缩显著加剧，但由于冰川发育规模较小，冰川融水的增加对青海湖水量平衡的影响较为有限。

青海湖水量变化主要与入湖径流、降水量和蒸发量的变化有关（孙永寿等，2021；张晶等，2021）。刚察站、天骏站、布哈河口站、下社站的降水记录显示（图4-20），1956～2004年流域内降水量基本保持稳定或略有上升，蒸发量呈下降趋势，受此影响，河流入湖径流量也基本保持了稳定（骆成凤等，2017；孙永寿等，2021）。由于流域内降水量和河流径流量的补给不足以维持蒸发损耗，因此水位不断下降。2004年前后青海湖流域气候发生突变，暖湿化进程明显加速，2005～2019年相较于1956～2004年，湖面降水量增加18.9%、蒸发量减少7.7%（图4-21），布哈河口站和刚察站入湖径流量

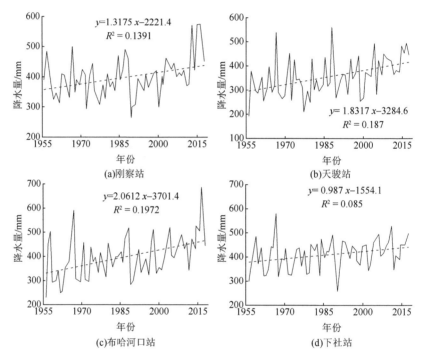

图 4-20　青海湖流域站点年降水量变化（孙永寿等，2021）

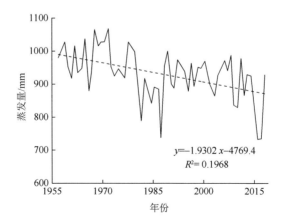

图 4-21　青海湖湖面蒸发量变化（孙永寿等，2021）

分别增加 77.5% 和 46.7%（图 4-22），因此导致 2004 年之后青海湖水位发生回升，且回升速率不断增加（孙永寿等，2021）。

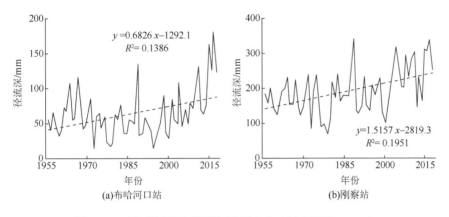

(a)布哈河口站　　　　　　　(b)刚察站

图 4-22　青海湖主要入湖站径流量变化（孙永寿等，2021）

4.5.2　哈拉湖

哈拉湖流域人类活动更加稀少，因此湖泊变化完全受自然因素影响。但与青海湖流域不同的是，哈拉湖流域冰川分布较为密集，且流域面积较小，冰川融水径流流程较短，因此湖泊水量变化主要受到降水、冰川融水和蒸发（由于哈拉湖区气候高寒、干旱，蒸发过程主要与气温变化有关）的共同影响。再分析格点资料表明，1987～1997 年哈拉湖流域气温基本保持稳定，此后气温开始上升，在 2001 年之后气温基本保持在多年平均气温以上（周柯，2019）。1987～2018 年哈拉湖流域降水量总体波动上升，2000 年之后的上升速率明显增加（周柯，2019）。哈拉湖周边的相关气象观测记录也表明，1961 年以来哈拉湖流域气温和降水量都呈上升趋势（图 4-23），且夏

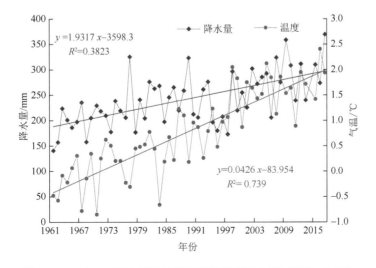

图 4-23　1961～2018 年哈拉湖地区气候变化（王仁军等，2021）

季升温趋势高于冬季,而冬季降水量增加趋势大于夏季(王仁军等,2021;吴红波等,2016)。在夏季持续升温的影响下,哈拉湖冰川退缩明显加速,基于 ICESat 与 ENVISAT 测高资料估算,2000 ~ 2015 年哈拉湖流域冰川累积亏损了 0.69 ± 0.20 km^3,相当于冰川表面高程每年降低 0.43 ± 0.20 m,在此期间冰川物质亏损对湖泊水量增加贡献了 39.65%(吴红波等,2016)。因此,在 2000 年以来夏季气温加速上升,冰川消融加剧,以及降水量增加的共同作用下,哈拉湖入湖水量明显增加,导致湖泊面积扩张和水位上升。

4.6 河流出山径流变化的主要驱动因素

祁连山地区不同流域径流的形成过程及其组分各不相同。表 4-8 汇总了已发表的冰雪融水、降水和地下水对若干河流径流的贡献率,并划分了河流的补给类型。由表 4-8 可知,祁连山东部和部分中部流域(石羊河上游、布哈河、湟水河、大通河和庄浪河)的主要补给源是降水(Cuo et al.,2014),降水径流贡献率超过 60%,其中河西走廊的东部地区甚至超过 70%。沿河西走廊往西,冰雪融水的贡献率逐步增大,河流属混合补给型,其中黑河上游和讨赖河径流的冰雪融水贡献率在 10% 左右;疏勒河上游和党河上游径流的冰雪融水贡献率在 40% 左右,且与地下水的贡献率相当,而降水的贡献率不足 25%。以冰雪融水补给为主的祁连山西南部流域,包括大哈勒腾河、鱼卡河和塔塔棱河,其贡献率均大于 41% 且明显高于降水或地下水的径流补给率。位于祁连山中南部的巴音郭勒河,冰川融水贡献率可忽略不计,积雪融水补给占比不足 5%,地下水贡献率超过 75%,是典型的以地下水补给为主的河流。

表 4-8　祁连山冰雪融水、降水和地下水对若干河流径流的贡献率　(单位:%)

河流	冰雪融水	降水	地下水	参考文献
石羊河上游 [a]	3	77	20	Li et al.,2016a
黑河上游 [b]	10.6	58.4	31	肖洪浪,2000
讨赖河 [b]	11	51	38	Li et al.,2016b
疏勒河上游 [b]	43.4	13.5	43.1	李洪源等,2019
党河上游 [b]	38.7	24.3	37	丁宏伟等,2001
大哈勒腾河 [c]	41.3	35.8	22.9	
鱼卡河 [c]	44.5	17.6	37.9	
塔塔棱河 [c]	52.2	27.4	20.4	杨纫章和章海生,1963
巴音郭勒河 [d]	4.7	19.5	75.8	
布哈河 [a]	14.24	M		Zhang et al.,2014;Cui and Li,2015
湟水河 [a]	35.1	61.6	2.5	
大通河 [a]	3	68	29	王静和胡兴林,2011
庄浪河 [a]		M		徐文,2019

注:M 表示该类型为主要贡献源,但贡献量值未知;上标 a、b、c、d 分别表示降水补给为主、混合型补给、冰雪融水补给为主、地下水补给为主的河流。

各河流径流的补给方式不仅影响了径流的年内分配,也调节着径流的长期变化。

总体来看，祁连山融雪径流的变化可能是春季径流变化的主因，夏秋季径流变化主要受降水和冰川消融的共同影响（Zhang A et al.，2015；Wang et al.，2017；李洪源等，2019），冻土退化、灌溉回水等增加了地下水，提升了基流比例，使冬季径流普遍增大（王静和胡兴林，2011；Niu et al.，2011；王宇涵等，2015；Li et al.，2018；Xu et al.，2019；Guo et al.，2022）。

年尺度上，以降水补给为主的河流，其径流的年际变化趋势主要受降水调控（Ma et al.，2008；He et al.，2019；戴升等，2019；魏国晋等，2021），与降水相比，气温对径流影响相对较弱，由于冰川占比十分有限，故气温升高主要导致蒸散发量的显著增加，使这些地区气温变化对径流的影响为负。同时，气候变暖造成冰冻圈萎缩，其水文效应逐步减弱，使降水的径流调节作用进一步凸显。例如，与 2000 年前相比，2000 年后石羊河上游的降水补给率提升了 12.6%（孙志文，1988；Li et al.，2016a）。

混合型补给河流，如黑河上游、讨赖河、疏勒河上游和党河上游，其径流变化受气温和降水要素的共同调节。对于黑河上游和讨赖河来说，降水是 20 世纪 60 年代径流变化的主因（王宁练等，2008；徐浩杰等，2014；Cong et al.，2017；王金凤，2019），然而随着气候变暖背景下冰川融水的持续增加，气温对径流影响的比重不断增大，经冰川模型计算，得出讨赖河冰川融水的径流补给率从 2000 年前的 13.9% 提升至 2000 年后的 20.4%（Wang et al.，2017）。对于冰川占比较大的疏勒河上游和党河上游而言，出山径流对气温变化更加敏感（蓝永超等，2012；李艳丽等，2017；杨春利等，2017），冰川融水对径流增加的贡献率在 50% 左右（Xu et al.，2019；李洪源等，2019）。类似地，随着 90 年代后期冰川的急剧退缩（王宁练等，2010；王盛等，2020），冰川的径流调节作用也越发突出，其中，疏勒河上游冰川融水占比从 20 世纪 50 年代的 33.6% 增长至 21 世纪初的 44.7%（Xu et al.，2019）。

以冰雪融水补给为主的河流，径流增加的主控因素是气温（胡士辉和张照玺，2022）。从长期来看，这类河流径流的年际变差系数相对较小，这主要是由于干旱少雨年份，气温升高使冰雪融水量增大，从而平衡了径流的年际波动（刘燕华，2000）。

以地下水补给为主的巴音郭勒河流域，降水是决定其径流增减变化的关键因子，气温上升引起的冰冻圈消融也对河流径流的增加起辅助作用（戴升等，2019；武慧敏等，2022；Zhang et al.，2022）。

除气候因素外，人类活动也是干预水文过程的重要因素。高山冰雪冻土带是祁连山河流的主要产流区（Cui and Li，2015），其产流量占部分流域出山径流量的 80% 以上（王宁练等，2009b；Qin et al.，2013；Zhang A et al.，2015；Li et al.，2016a）。鉴于高海拔地区地理环境复杂恶劣，人类活动较少，因此人为干扰对祁连山区河流径流的影响相对较小（Ma et al.，2008；Wang et al.，2012；Cong et al.，2017；文广超等，2018；王金凤，2019；Dong et al.，2019；Li et al.，2022）。然而，随着农业灌溉和山区水库等水利设施建设的不断发展，自 20 世纪 90 年代后，人类活动对出山口以上流域的影响也在不断增强，如大通河、巴音郭勒河、疏勒河上游、黑河上游等（魏国晋等，2021；朱晓龙等，2021；Zhang L et al.，2019；He et al.，2019）。

第 5 章

祁连山水塔变化对水资源的影响

储存在祁连山水塔中的水，只有释放出来并流入河道，才能被下游地区所利用。第 3 章中已经指出，祁连山水塔区储水量近 20 年来呈增加趋势。这在很大程度上意味着祁连山水塔区地表之下包气带或潜水层中的水储量是增加的。然而，目前关于祁连山区这一部分水储量变化及其对径流影响的观测与研究还没有开展。另外，祁连山区的湖泊都是山地内流湖泊，与出山径流没有联系。因此，本章着重阐述祁连山固体水库（冰川、多年冻土地下冰和积雪）变化对水资源的影响。

5.1 冰川融水资源变化

5.1.1 典型冰川融水观测

典型冰川融水观测对建立冰川消融模型和为水文模型提供参数具有重要意义。在祁连山地区，对冰川融水开展了系统观测的主要包括七一冰川、老虎沟 12 号冰川等，下面分别对七一冰川、老虎沟 12 号冰川的相关观测进行简介。

1. 七一冰川

七一冰川（冰川目录编号：5Y437C18）位于祁连山走廊南山北坡，距嘉峪关市偏南方向约 116 km，冰川融水汇流到北大河支流柳沟泉河。我国冰川工作者早在 1958 年就对七一冰川进行了考察，此后于 1975～1978 年和 1985～1988 年又曾对该冰川进行过大规模的考察研究，先后进行了冰川物质平衡、成冰作用、冰川运动、冰层温度、冰川变化、冰川厚度、冰川测图、冰川水文气候等多方面的观测研究。2002～2005 年中日联合考察队对七一冰川进行过一些观测研究，此后仍持续开展观测（图 5-1）。

七一冰川规模较小，按其形态属冰斗 - 山谷型冰川。冰川融水主要受气温控制，气温升高，消融量增大；气温降低，消融量减小。但夏季期间有时气温降低水文断面的流量值减少并不明显，这主要是夏季在冰川作用区，气温降低是由降水天气造成的，当气温降低冰川消融减少时，降水会对河流流量有很大的贡献，因此直接找出的水文断面流量与气温的关系式并不能很准确地代表实际状况下的冰川融水与气温的关系。因此，需要找出一个不包含降水影响的冰川融水与气温的关系式，方可准确指示冰川融水径流随温度的变化。由于在野外考察中，设立的 S-I 水文断面离冰川末端距离为 2 km，其控制区域既包括七一冰川区，也包括部分裸露山坡区，所以在 S-I 水文断面观测到的断面流量受到裸露山坡降水影响较大，并不完全代表真实的冰川融水量。野外观测中也发现，当降水量超过 10 mm 同时有连续降水出现时，降水会对水文断面流量有控制性影响，所以水文断面计算出的流量是包含降水影响的径流量，并不等于冰川融水量。利用 2006 年实测的日径流量数据，除去降水造成的裸露山坡径流量，即得到冰川融水径流量，其计算公式如下：

$$Q_g = Q - R_b \cdot F_b \qquad (5\text{-}1)$$

$$R_b = a \cdot P_b \tag{5-2}$$

式中，Q_g 为冰川融水径流量；Q 为冰川作用区径流量；R_b 为裸露山坡径流；F_b 为裸露山坡面积；a 为非冰川区径流系数；P_b 为裸露山坡降水量。

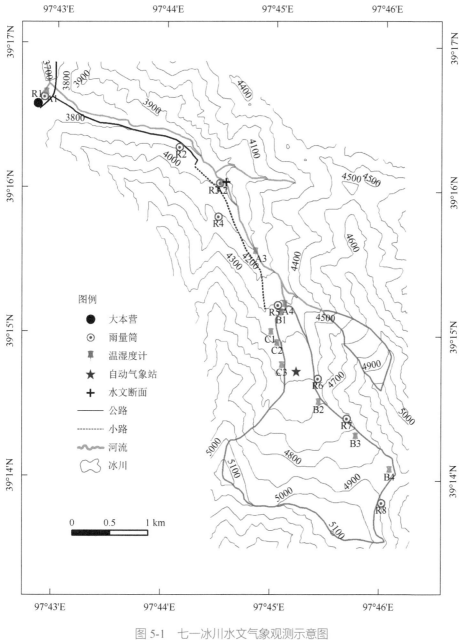

图 5-1　七一冰川水文气象观测示意图

利用计算得到的冰川融水径流量与自动气象站气温关系拟合，冰川融水量与气温关系如下：

$$Q_日 = 0.1398e^{0.37817_日}$$ (5-3)

式中，$Q_日$ 为 2006 年 8 ～ 9 月除去降水影响后的日平均流量（m^3/s）；$T_日$ 为自动气象站的日平均气温（℃）。为了对七一冰川过去几十年的冰川融水径流变化进行研究，需对水文资料进行重建。中日联合考察队于 2002 ～ 2005 年对七一冰川进行考察，利用考察期间 2003 年、2004 年的冰川末端气象站日平均气温资料与酒泉气象站日平均气温资料作散点图，可以看出，两站的气温有相当好的线性关系，得出冰川末端气象站与酒泉气象站的气温的线性关系为

$$T_末 = 0.6585T_1 - 11.682 \quad R^2 = 0.8629$$ (5-4)

式中，$T_末$ 为冰川末端气象站日平均气温（℃）；T_1 为酒泉气象站日平均气温（℃）。七一冰川 20 世纪 60 年代和 70 年代融水量为近几十年最低，进入 80 年代融水量开始缓慢上升。1996 年以后，冰川融水量开始迅速增加，1998 年和 2006 年为近些年的两个极大值，其中 2006 年融水量为过去几十年的最大值。由于冰川融水受气温的影响，所以随着气候变暖，气温升高，冰川融水量也大量增加，对下游补给量也将会发生很大变化（宋高举等，2008）。

2. 老虎沟 12 号冰川

老虎沟 12 号冰川是祁连山最大的山谷冰川，同时还是中国冰川监测研究的第一个野外观测站所在地。其所在地区属于典型的大陆性气候，5 ～ 9 月平均气温大于 0℃，冬季严寒，且低温持续时间长，降水主要集中在 5 ～ 9 月，常年盛行西风，以西北气流影响的降水为主。自 1958 年以来，我国老一辈科学家先后于 1958 ～ 1962 年、1975 ～ 1976 年、1985 年对老虎沟 12 号冰川地区进行了 3 次气象、水文和冰川等多学科综合考察。此后多年观测中断，2005 年又恢复了对老虎沟 12 号冰川的全面观测，包括冰川物质平衡、冰川变化、气象水文等多方面的研究。

祁连山老虎沟 12 号冰川融水径流主要集中在 6 ～ 8 月，冰川融水径流主要是由冰川消融引起的，所以具有明显的日变化过程。5 ～ 9 月各月径流量分别占到整个消融期径流量的 7%、26%、33%、19%、14%。降水对河流的产流贡献率约为 22%，冰雪融水和地下水对河流的产流贡献率为 78%。观测期内，除 5 月外，白天径流量全部大于晚上径流量，而且 6 ～ 8 月白天和夜晚径流量之间的差值较大。老虎沟 12 号冰川区以裸冰消融为主，冰面湖较少而且小，汇流较快，储水性能并不明显。5 ～ 9 月径流量峰值和谷值平均分别滞后气温 7.0 h、3.5 h、2.5 h、2.5 h 和 4.5 h，冰川排水系统也随着径流量变化经历慢速－快速－慢速的变化过程（张雪艳等，2017）。

5.1.2 耦合冰川变化过程的典型流域融水资源模拟

以往的冰川融水研究很少直接将模拟的单条冰川变化与流域的多期观测结果

进行比较。本书利用耦合了冰川模块的可变下渗容量水文模型（Variable Infiltration Capacity，VIC4.2.d）的改进版本（VIC_CAS），以疏勒河流域（图 5-2）为例，模拟冰川变化情况下冰川融水对河流径流的贡献，进而评估 1971 ~ 2012 年冰川变化对冰川融水贡献率的影响。

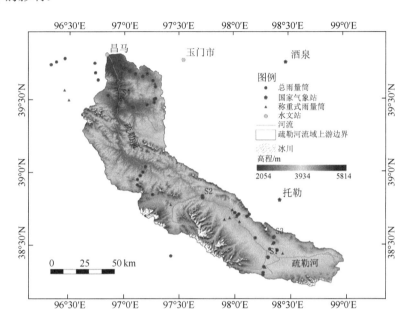

图 5-2　疏勒河上游山区的冰川、气象站、水文站和总雨量桶分布（Zhang Z et al.，2019）

1. 模型与参数

1）耦合冰川模块的 VIC_CAS 模型原理

VIC-3L 模型可以同时模拟陆地－大气间的能量和水量平衡（Liang et al.，1994），VIC 模型将土壤分为三层（3L）和一个植被冠层，因此称为 VIC-3L 模型。VIC-3L 模型基于植被分类，在水平方向上将每个网格分为 $n+1$ 类土地覆盖类型，其中第 1 到第 n 类表示不同的植被类型，第 $n+1$ 类为裸土。

VIC-3L 模型主要由五个模块组成，分别为：①基于 Penman-Monteith 公式和各植被类型对应的参数，分别模拟植被和裸地蒸散发；②利用积雪的物质和能量平衡模型计算融雪；③分别采用土壤可变下渗曲线和 Arno 概念模型计算地表径流和基流（Liang et al.，1994）；④通过将土壤划分为多层（一般超过 10 层），计算冻土不同层之间的热传递过程，考虑冻土消融对土壤湿度和径流的影响；⑤利用基于单位线法的 Lohman 汇流模型，将每个网格的径流汇流至流域出口。

Zhao 等（2013，2015，2019）持续地在 VIC-3L 模型中耦合和改进了冰川模块，将考虑单条冰川的冰川模块与 VIC-3L 4.2.d 模型耦合，简称 VIC_CAS 模型，并成功应用于阿克苏河流域和青藏高原 5 条大河的水文过程模拟。为了模拟冰川的水文过程，在水平方向上，增加一种新的土地覆盖类型（冰川），并采用考虑了局地坡向影响的度日因子模型模拟冰川的消融过程（Zhao et al.，2019，2015）。每条冰川被认为是一个子流域，在子流域内划分不同的高度带（称为冰川高度带）进行模拟。冰川的最初分布来自于FCGI，在冰川变化过程中不考虑冰川稳定态的变化，每条冰川的初始厚度由 FCGI 中的冰川体积除以面积获得。通过分别计算冰川各高度带的冰雪积累和消融、物质平衡，进而计算出每条冰川的物质平衡、产流量、冰川面积变化等。对于非冰川区，根据土壤类型将其划分为多个子流域来进行模拟。通过修改 Lohman 汇流模型，基于流向数据，将 VIC_CAS 中各子流域的径流汇流至流域出口（Zhao et al.，2019，2013，2015）。

我们利用两种方案分析冰川面积变化对河流径流的影响：一种方案没有考虑冰川面积的变化（称为静态冰川面积），另一种方案利用冰川"面积-体积"公式逐年更新每个水文年（10 月 1 日开始，次年 9 月 30 日结束）的冰川面积，利用模拟的冰川年物质平衡计算每年每条冰川的面积变化。假设冰川退缩和前进均是从冰川末端所在的最低海拔逐步抬高或降低（Zhang et al.，2012b；Zhao et al.，2019，2013，2015）来考虑冰川在各高程带的分布。当模拟冰川年物质平衡为负值时，冰川退缩，若退缩面积大于最低冰川高度带的冰川面积时，最低高度带的冰川面积变为零，次最低冰川高度带的冰川面积开始退缩，直至和计算的退缩面积相等；相反，当模拟冰川年物质平衡为正值时，则冰川从最低冰川高度带开始扩大，每个冰川高度带的最大冰川面积受该高度带初始的冰川面积限制（Zhang et al.，2012b；Zhao et al.，2019，2013，2015），从而考虑了冰川沿高度带的分布特征。

VIC_CAS 模型没有对 VIC-3L 模型中积雪模块进行修改。对于非冰川区，采用VIC-3L 模型模拟积雪的积累和融化，物质能量平衡模型分别通过双层模型和单层模型模拟裸地和冠层积雪的积累、消融和升华等过程，同样是利用高度分带（称为积雪分带）考虑子流域内地形和坡向对积雪积累和消融的影响。

考虑到不同高程带的气象资料（包括降水量、气温）存在差异，基于各个子流域的温度递减率和降水梯度，各高程带的气温和降水由式（5-5）和式（5-6）计算（Zhao et al.，2015）：

$$T_{\mathrm{band}} = T_0 + T_{\mathrm{alt,m}}(E_{\mathrm{band}} - E_0) \tag{5-5}$$

$$P_{\mathrm{band}} = P_0 \left[1 + \frac{P_{\mathrm{alt,m}}(E_{\mathrm{band}} - E_0)}{P_{0,\mathrm{m}}} \right] \tag{5-6}$$

式中，T_{band} 为高度带的日平均温度（℃）；T_0 为子流域的日平均温度（℃）；E_{band} 为高度带的平均高程（m）；E_0 为子流域的平均高程（m）；$T_{\mathrm{alt,m}}$ 为对应的月温度递减率（℃/m）；P_{band} 为高度带的日降水（mm）；P_0 为子流域的日降水（mm）；$P_{0,\mathrm{m}}$ 为子流域的月降水（mm）；$P_{\mathrm{alt,m}}$ 为对应的月降水梯度（mm/m）。

2）模型输入参数

（1）气象数据

疏勒河上游及其周边共有 12 个国家气象站，其中大部分位于海拔 3000 m 以下，自 2008 年开始，在海拔 3000 m 以上安装了超过 30 个 T-200B 称重式雨量计和总雨量桶进行降水气象要素的观测（图 5-2）。T-200B 称重式雨量计的承水口面积为 200 cm²，观测灵敏度为 0.1 mm。在 T-200B 称重式雨量计上安装有防风圈，以防止风速对捕捉率的影响，在 T-200B 称重式雨量计桶内水面上使用防冻液和机油来防止结冰和蒸发，T-200B 称重式雨量计的工作温度范围为 −25 ～ 60℃，每隔 30min 采集一次数据。总雨量桶通过水位变化来测量一定时期内的总降水量，同样在水面上使用防冻液和机油来防止结冰和蒸发，水位是每月人工测量。海拔在 1139 ～ 4156 m 的所有降水观测数据均被用于计算流域内的降水梯度。根据观测的气象数据与海拔之间的线性回归公式（Zhao et al., 2013, 2015, 2019），分别计算出疏勒河上游流域月降水梯度、月风速梯度和月气温递减率，如表 5-1（Zhang Z et al., 2019）所示。

表 5-1　疏勒河上游月降水梯度、月风速梯度和月气温（包括 T_{max}、T_{min}、T_{avg}）递减率（Zhang Z et al., 2019）

梯度或递减率	1 月	2 月	3 月	4 月	5 月	6 月	7 月	8 月	9 月	10 月	11 月	12 月
月降水梯度 /(mm/100m)	0.074	0.087	0.208	0.423	1.787	3.315	4.354	3.512	0.454	0.355	0.047	0.038
月 T_{max} 递减率 /(℃/100m)	−0.287	−0.371	−0.473	−0.591	−0.662	−0.697	−0.666	−0.640	−0.582	−0.523	−0.392	−0.272
月 T_{avg} 递减率 /(℃/100m)	−0.364	−0.414	−0.488	−0.570	−0.625	−0.651	−0.662	−0.586	−0.526	−0.480	−0.449	−0.378
月 T_{min} 递减率 /(℃/100m)	−0.475	−0.516	−0.552	−0.565	−0.579	−0.578	−0.559	−0.531	−0.491	−0.486	−0.541	−0.494
月风速梯度 /[m/(s·100m)]	0.097	0.120	0.154	0.155	0.134	0.115	0.101	0.098	0.090	0.083	0.105	0.110

VIC_CAS 模型的气象驱动数据包括各子流域 1953 ～ 2013 年的日降水量、风速和最高、最低和平均气温数据，本书利用高程梯度加反距离权重（IDW）法，将站点数据插值到子流域尺度，具体插值公式如下所示（Zhao et al., 2013）。此外，基于气象驱动数据，利用 VIC_CAS 模型中的山地小气候模拟模型（MTCLIM）计算了辐射和湿度。

$$T_0 = \left[\sum_{i=1}^{n}\left(\frac{1}{d_i}\right)^2\right]^{-1}\left(\sum_{i=1}^{n}\left\{\left[T_i + (E_0 - E_i)T_{alt,m}\right]\left(\frac{1}{d_i}\right)^2\right\}\right) \tag{5-7}$$

$$P_0 = \left[\sum_{i=1}^{n}\left(\frac{1}{d_i}\right)^2\right]^{-1}\left(\sum_{i=1}^{n}\left\{\left\{P_i + \text{Ratio\_n}\left[(E_0 - E_i)P_{alt,m}\right]\right\}\left(\frac{1}{d_i}\right)^2\right\}\right) \tag{5-8}$$

$$\text{WSP}_0 = \left[\sum_{i=1}^{n}\left(\frac{1}{d_i}\right)^2\right]^{-1}\left(\sum_{i=1}^{n}\left\{\left[\text{WSP}_i\left(1 + \frac{(E_0 - E_i)\text{WSP}_{alt,m}}{\text{WSP}_{i,m}}\right)\right]\left(\frac{1}{d_i}\right)^2\right\}\right) \tag{5-9}$$

式中，T_0 为子流域的气温（℃）；T_i 为 i 站的气温（℃）；P_0 为子流域的降水（mm）；P_i 为 i 站的降水（mm）；Ratio_n 为日降水与当月平均降水的比值，用于简单局地暴雨识别，如果 Ratio_n >0.35（8 ～ 12 月）或 Ratio_n >0.70（1 ～ 7 月），则 Ratio_n 设为 0，即该站当天发生暴雨，而暴雨一般具有局地性，因此不存在降水梯度，此时仅仅使用 IDW 法插值；WSP_0 为子流域的风速（m/s）；WSP_i 为 i 站的风速（m/s）；$\text{WSP}_{i,m}$ 为站点的月平均风速（m/

s）；d_i 为气象站 i 和子流域中心点之间的距离（m）；E_0 为子流域的平均高程（m）；E_i 为 i 站的海拔（m）；$T_{alt,m}$ 为对应月的气温递减率（℃ /m）；$P_{alt,m}$ 和 $WSP_{alt,m}$ 分别为观测数据由计算或文献得到的对应月的降水梯度（mm/m）和风速梯度 [m/(s·m)]；n 为用来插值生成子流域气象驱动的周边站点数，本书研究中使用子流域周边的 3 个站点进行插值。

（2）土壤和植被参数

VIC_CAS 模型中与土壤有关的参数包括土壤类型和各类型土壤对应的凋萎含水量、田间持水量和饱和传导率，与植被相关的参数包括月尺度的叶面积指数和反照率。土壤数据来自联合国粮食及农业组织（Food and Agriculture Organization of the United Nations，FAO）的全球土壤数据库。植被数据采用马里兰大学（University of Maryland，UMD）制作的全球 1 km 地表覆盖数据产品，同时使用 ArcMap 软件计算各个子流域中各植被类型的比例。

（3）地形和观测径流数据

首先，基于 ASTER DEM V2（http://www.gscloud.cn/sources/accessdata/310?pid=302）提取疏勒河上游的 DEM，然后制作模型的输入文件，包括 Lohman 汇流模型需要的流向和流域边界，最后计算各个冰川高度带在子流域中的比例以及冰川区的地形信息。

实测径流数据为 1971 ～ 2013 年昌马堡水文站的实测月径流数据，该数据为昌马水库的入库水量，甘肃省流域水资源管理局对其已进行了质量控制和天然流量恢复，从而消除了昌马堡水文站以上近年来新建三座水库对径流的影响。

（4）冰川分布数据

首先，根据 FCGI 的冰川分布和 ASTER DEM V2，提取了冰川区的 DEM；然后，以 100 m 的高程间隔, 将冰川区（4130 ～ 5814 m）划分为 18 个高度带；最后，利用 ArcMap 软件计算各高程带内冰川区的比例、平均海拔和坡向。

冰川面积数据来自于 FCGI 数据和 SCGI 数据（Guo et al.，2015）。在本书研究中，比较了 VIC_CAS 模型的两个参数方案，即方案 1：采用动态冰川面积方案，使用 20 世纪 70 年代和 2006 ～ 2010 年的冰川面积数据率定冰雪度日因子；方案 2：采用静态冰川面积方案，冰川一直保持 20 世纪 70 年代分布不变，使用方案 1 中率定好的所有参数。基于方案 1 和方案 2 模拟结果的差异，估算了冰川面积变化对过去几十年冰川径流和河流径流的影响。

此外，根据 Landsat TM/ETM/OLI 影像，通过目视解译，获得了疏勒河上游山区 2000 ～ 2001 年、2004 ～ 2006 年、2007 年、2008 ～ 2009 年和 2012 ～ 2013 年各期冰川分布数据（Zhang et al.，2018），用以将观测的冰川面积变化与模拟的冰川面积变化进行对比。

3）模型率定和验证

VIC_CAS 模型包含众多参数，其中一些参数可以通过观测或文献获得，如冰川融水的再冻结系数（CFR）和积雪的持水能力（CWH），其他参数则需要率定，包括冰雪度日因子（D_{snow} 和 D_{ice}）和一些敏感的土壤参数，如 d_i, i=1，2，3（三层土壤厚度）、D_{smax}（底层土壤的日基流最大值）、D_s（基流非线性增长发生时底层土壤的最大含水量）、

W_s（基流非线性增长发生时底层土壤最大含水量与整层土壤含水量的比值）、b_{infilt}（土壤可变下渗曲线系数）。

本书设定 1953 ～ 1970 年为模型的预热期，1971 ～ 1990 年为率定期，1991 ～ 2013 年为验证期，以 Nash-Sutcliffe 效率系数（NSE）[式（5-10）]、相关系数的平方（R^2）[式（5-11）]、平均相对误差（MRE）[式（5-12）]、月平均绝对误差（MMAE）[式（5-13）]、年平均绝对误差（MAAE）[式（5-14）]和夏季平均绝对误差（SUB_MAE）[式（5-15）]为目标函数进行模型率定和验证。

$$\mathrm{NSE} = 1 - \sum_{t=1}^{n}(Q_{\mathrm{obs},t} - Q_{\mathrm{sim},t})^2 \Big/ \sum_{t=1}^{n}(Q_{\mathrm{obs},t} - \overline{Q}_{\mathrm{obs}})^2 \tag{5-10}$$

$$R^2 = \left\{ \frac{\sum_{t=1}^{n}\left[(Q_{\mathrm{obs},t} - \overline{Q}_{\mathrm{obs}})(Q_{\mathrm{sim},t} - \overline{Q}_{\mathrm{sim}})\right]}{\sqrt{\left[\sum_{t=1}^{n}(Q_{\mathrm{obs},t} - \overline{Q}_{\mathrm{obs}})^2\right]\left[\sum_{t=1}^{n}(Q_{\mathrm{sim},t} - \overline{Q}_{\mathrm{sim}})^2\right]}} \right\}^2 \tag{5-11}$$

$$\mathrm{MRE} = \frac{1}{n}\sum_{t=1}^{n}\frac{\left|Q_{\mathrm{obs},t} - Q_{\mathrm{sim},t}\right|}{Q_{\mathrm{obs},t}} \tag{5-12}$$

$$\mathrm{MMAE} = \frac{1}{n}\sum_{t=1}^{n}\left|Q_{\mathrm{obs},t} - Q_{\mathrm{sim},t}\right| \tag{5-13}$$

$$\mathrm{MAAE} = \frac{1}{m}\sum_{t=1}^{m}\left|Q_{\mathrm{obs},t} - Q_{\mathrm{sim},t}\right| \tag{5-14}$$

$$\mathrm{SUB\_MAE} = \frac{1}{k}\sum_{t=1}^{k}\left|Q_{\mathrm{obs},t} - Q_{\mathrm{sim},t}\right| \tag{5-15}$$

式中，$Q_{\mathrm{obs},t}$ 和 $Q_{\mathrm{sim},t}$ 分别为 t 月的观测和模拟的数值；$\overline{Q}_{\mathrm{obs}}$ 和 $\overline{Q}_{\mathrm{sim}}$ 分别为 n 个月内观测和模拟的均值；m 为观测和模拟的年数；k 为观测和模拟的夏季所包含的月数（或 6 月、7 月、8 月的个数）。

率定过程分为两个步骤：首先，使用 20 世纪 70 年代到 2007 年的实测冰川面积变化率定度日因子（D_{snow} 和 D_{ice}，方案 1）；其次，根据实测的月径流数据率定与径流相关的关键土壤参数，具体包括：

（1）调整 D_s、D_{smax} 去匹配基流的大小和流量过程线。

（2）对 b_{infilt} 进行率定，以适应降雨时观测到的最大流量，较高的值与较大的地表径流和较低的渗透有关。

（3）校准 W_s，以匹配流量过程线；较高的值表明径流峰值时间延迟较长。

（4）调整土壤层厚度（d_2 和 d_3）；d_2 越高意味着土壤层含水量增加，洪峰流量减少，

d_3 越高意味着枯水期径流（基流）增加。

率定后的 VIC_CAS 模型在疏勒河上游的所有参数值如表 5-2（Zhang Z et al.，2019）所示。

表 5-2　VIC_CAS 模型模拟疏勒河上游的参数值汇总

模型参数	单位	数值
CFR（再冻结系数）	—	0.1
CWH（积雪的持水能力）	—	0.035
r（面积－体积系数）	—	1.290
积雪的度日因子（D_{snow}）	mm/(℃·d)	3.440
冰的度日因子（D_{ice}）	mm/(℃·d)	6.192
d_i，i = 1，2，3（三层土壤厚度）	m	0.1、1、2.088（壤土） 0.1、1、2.269（砂质黏壤土） 0.1、1、1.971（黏壤土）
D_{smax}（底层土壤的日基流最大值）	mm/d	10
D_s（基流非线性增长发生时底层土壤的最大含水量）	—	0.1
W_s（基流非线性增长发生时底层土壤最大含水量与整层土壤含水量的比值）	—	0.6
b_{infilt}（土壤可变下渗曲线系数）	—	0.1

2. 疏勒河流域冰川融水资源变化

1）冰川变化

根据我国第一次和第二次冰川编目资料，并结合本次考察完成的祁连山 2014 年冰川编目资料（表 5-3），揭示出近 60 年来疏勒河流域的冰川变化非常显著。总体而言，近 60 年来该流域冰川面积萎缩了 16.3%，冰储量减少了 20.9%。20 世纪 60 年代到 2006 年，该流域冰川面积以 1.73 km²/a 速率在缩小，冰储量以 0.12 km³/a 速率在减少；而 2006～2014 年，冰川面积以 2.02 km²/a 速率在缩小，冰储量以 0.21 km³/a 速率在减少。这些表明，该流域冰川冰储量在加速减少。

表 5-3　近 60 年来疏勒河流域冰川变化

	第一次冰川编目（I）	第二次冰川编目（II）	2014 年冰川编目（III）
数量 /条	639	660	703
面积 /km²	589.64	509.92	493.78
冰储量 /km³	34.43	28.89	27.23

资料来源：表中第一次冰川编目资料来自王宗太等（1981）；第二次冰川编目资料来自刘时银等（2015）。

2）观测和模拟的河流径流和冰川面积对比

图 5-3 展示了两种冰川面积方案在率定期和验证期内模拟和观测的月径流对比，表 5-4 汇总了两者对应的精度指标，包括 NSE、R^2、MRE、MMAE、SUB_MAE 和 MAAE。对比发现，方案 1 和方案 2 均具有较好的模拟效果，NSE 均大于 0.8，R^2 均大

于等于 0.85，MRE 均小于 0.3，MMAE 均小于 9.2 m³/s。此外，验证期内模拟效果也较好，这说明静态冰川面积方案和动态冰川面积方案均可以较好地模拟研究区内的河流径流。对比结果表明，采用动态冰川面积方案对 1971～2013 年的径流模拟结果影响有限。然而，鉴于方案 1 具有更多物理基础，本书后续的分析均是基于方案 1 的模拟结果（Zhang Z et al.，2019）。

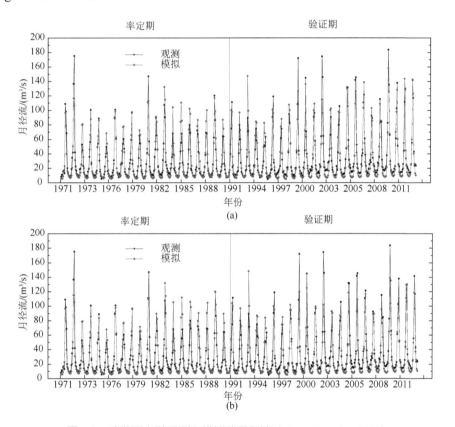

图 5-3　疏勒河上游观测和模拟的月径流（Zhang Z et al.，2019）

（a）使用 20 世纪 70 年代和 2006～2010 年的冰川面积，采用动态冰川面积方案（方案 1）；（b）仅仅使用 20 世纪 70 年代的冰川面积，采用静态冰川面积方案（方案 2）

表 5-4　疏勒河上游利用不同冰川面积方案模拟的月径流统计的精度指标汇总（Zhang Z et al.，2019）

方案	阶段	NSE	R^2	MRE	MMAE/(m³/s)	SUB_MAE/(m³/s)	MAAE/(m³/s)
方案 1	率定期	0.82	0.85	0.27	7.49	16.38	1.30
	验证期	0.86	0.87	0.29	9.15	18.51	2.11
方案 2	率定期	0.82	0.86	0.27	7.37	15.92	1.22
	验证期	0.89	0.89	0.29	8.48	15.98	1.56

通过对比 2000/2001 年、2004/2005 年、2007 年、2008/2009 年和 2012/2013 年遥感目视解译和模拟的冰川总面积（图 5-4）、不同冰川面积等级（<1 km²、1～3 km²、

$3 \sim 8\ km^2$ 和 $>8\ km^2$)的单条冰川的模拟和观测的冰川面积（图 5-5），计算了对应的精度指标（NSE、R^2 和 MRE）。

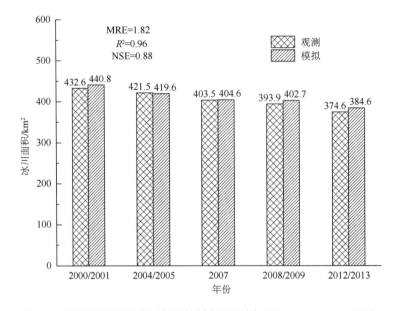

图 5-4　疏勒河上游观测和模拟的冰川面积对比（Zhang Z et al.，2019）

通过对比模拟和观测的冰川面积，发现模拟结果较好，具有较高的 NSE（0.88）、较高的 R^2（0.96）和较低的 MRE（1.82）（图 5-4），这表明模拟的疏勒河上游的冰川面积变化具有较好的效果。值得注意的是，相对于 2007 年以后的观测结果，模拟值出现了轻微的高估，这说明观测到的冰川面积变化比模拟结果更为明显。这种高估很可能是黑碳等吸光性物质促进了积雪和冰川消融（Xu et al.，2012），而这在 VIC_CAS 模型中没有考虑。

不同冰川面积等级对比的散点图（图 5-5）表明，单条冰川的模拟面积与 2000/2001 年、2004/2006 年、2008/2009 年和 2012/2013 年的观测冰川面积较为接近，NSE 大于等于 0.80，R^2 大于等于 0.86，且多数点散落在 1∶1 线周围。这些结果表明，单条冰川的模拟面积变化与观测面积变化具有显著的相关性。此外，可以发现，$3 \sim 8\ km^2$ 和大于 $8\ km^2$ 的冰川面积的 NSE 和 R^2 均高于 $1 \sim 3\ km^2$ 和 $<1\ km^2$ 的冰川面积的 NSE 和 R^2。这说明 VIC_CAS 模型较好地模拟了较大型冰川的面积变化。虽然疏勒河上游仅仅只有 6 条冰川面积大于 $8\ km^2$ 的冰川，但它们大约占疏勒河上游总冰川面积的 19% 和总冰量的 10%（Zhang et al.，2018），这对疏勒河上游水资源管理非常重要。

总的来说，对单条冰川面积变化、冰川总面积变化和河流径流的模拟表明，VIC_CAS 模型在疏勒河上游具有很高的精度，可以用于预测冰川面积等的未来变化。

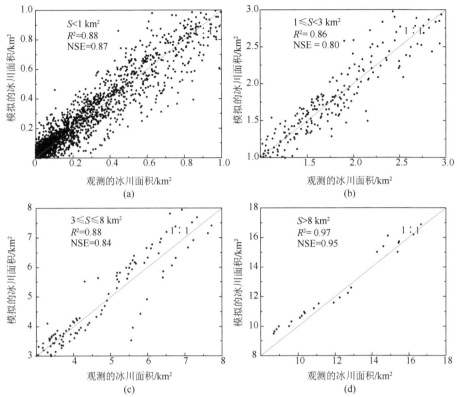

图 5-5　疏勒河上游观测和模拟的不同面积级别的单条冰川面积对比（Zhang Z et al.，2019）

3）径流对气候变化的响应

1971 ～ 2013 年的年径流、年降水量、年平均气温和消融季（5 ～ 9 月）平均气温、方案 1 和方案 2 下的冰川融水径流（包括冰川区的降雨径流、融雪径流和融冰径流）、方案 1 下的非冰川径流（非冰川地区的降雨径流和融雪径流）的贡献率［计算公式为（河流径流—冰川融水径流）/ 河流径流］如图 5-6 所示。

非冰川径流无显著（P=0.05）变化趋势［图 5-6（b）］，而冰川融水径流以 0.0255 亿 m^3/a 的速度显著（P = 0.01）增加，观测的河流径流以 0.1312 亿 m^3/a 的速度显著（P = 0.01）增加，而模拟的河流径流在 1971/1972 ～ 2012/2013 年以 0.0461 亿 m^3/a 的速度显著（P=0.01）增加［图 5-6（b）］。年降水量无显著（P=0.1）变化趋势，而消融季平均气温和年平均气温分别以 0.0433℃ /a 和 0.0465℃ /a 的速度显著增加（P = 0.01）［图 5-6（a）］。总体上，冰川融水径流的增加速度约占河流径流增加速度的一半，这表明增加的径流中约有一半是由非冰川区的降水量增加所致，尽管其降水量的增加并不明显。气温的显著升高以及降水的增加共同导致了模拟的年径流增加（Zhang Z et al.，2019）。

冰川融水径流对河流径流的贡献率在不同年份有很大差异，在 1996/1997 年和 1990/1991 年分别为 36.62% 和 34.32%［图 5-6（c）］，其对应的消融季平均气温分别高于平均值 0.49℃和 0.14℃，并且当年降水量分别是平均值的 61% 和 83%［图 5-6（a）］。

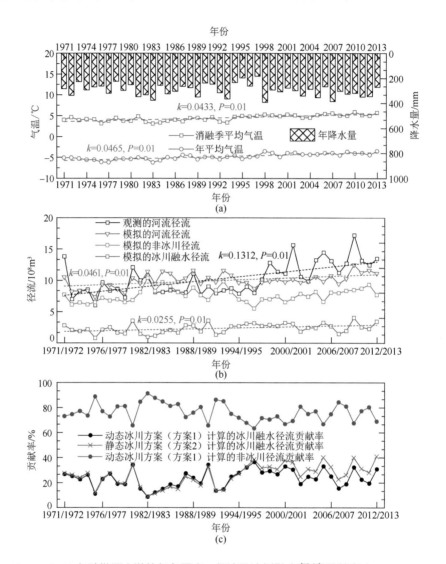

图 5-6 1971～2013 年疏勒河上游的气象要素、径流及冰川融水径流贡献率（Zhang Z et al.，2019）

这些结果表明，当气温升高时，冰川融水径流的贡献更为明显，在降水较少且气温较高的年份，冰川融水径流的贡献达到最大（Zhang Z et al.，2019）。

在 1982/1983 年和 1981/1982 年，冰川融水径流的贡献率分别为 8.61% 和 15.26%，消融季平均气温比平均值分别低 1.38 和 1.00℃，年降水量分别是平均值的 1.27 倍和 1.12 倍［图 5-6(a)］。这表明，较低的气温对冰川融水径流的影响较小，当气温较低且降水充沛时，对冰川融水径流的影响最小。

冰川融水径流贡献率在不同年份的巨大差异证明了冰川融水径流对疏勒河径流强大的调节能力，说明冰川融水径流对下游绿洲的稳定具有重要意义。虽然冰川总面积不到整个疏勒河上游面积的 4%，但它对河流径流仍具有重要的调节作用，特别是在极端干旱或湿润年份。

在 1971/1972 ～ 2012/2013 年，方案 1 和方案 2 下，冰川融水径流对河流径流的年贡献率分别为 23.6% 和 25.9%[图 5-6(c)]。尽管方案 2 和高鑫等（2011）都采用了静态冰川面积方案和 20 世纪 70 年代的冰川面积来计算，但是方案 2 计算的冰川融水径流贡献率小于前人估计的 1961/1962 ～ 2006/2007 年的 30% 以上的贡献率（高鑫等，2011）。这种差异可能主要有两个原因：一个原因是有 28.4 km^2 的冰川在疏勒河流域，但不包括以昌马堡水文站为出口的疏勒河上游，它们在高鑫等的模型中被考虑到，但在本研究中不包括它们。另一个原因是两个研究中采用的雪和冰的度日因子数值不同。

此外，我们还注意到，动态冰川面积方案对模拟河流径流［图 5-6(c)］的影响随着冰川面积不断萎缩而不断增加。1996/1997 年之前，动态和静态冰川面积方案模拟的冰川融水径流及其对河流径流的贡献只有很小的差异，然而在 2009/2010 年左右其贡献差异开始变得明显，这表明如果不考虑冰川面积的变化，预估未来的冰川径流和河流径流的变化将导致更多的不确定性。

3. 疏勒河融水模拟的不确定性讨论

虽然在 1971 ～ 2013 年，模拟结果很好地捕捉到了每年的河流径流的峰值，但在方案 1 和方案 2 的模拟中，对洪峰流量的低估均相对较大。特别是在湿润年的高流量期，低估更为明显，存在超过 16 m^3/ s 的较高的 SUB_MAE（表 5-4）。

这种低估可能是由两个原因造成的：一个原因是，观测到的降水数据不准确，特别是暴雨季节。众所周知，在高寒山区，降水的分布特征很难用传统的观测方法来估计。此外，先前的观测研究表明，在低地到高山地区，降水强度和频率存在差异。疏勒河上游的高山区仅仅只有有限的雨量站，这可能是低估暴雨的原因。另一个原因是，实地调查表明，在正常情况下，疏勒河上游存在许多小型的地表水体。这些水体会阻止一些地表径流流入河流，而暴雨会导致河流流量达到更高的峰值。这些季节性、小型、较浅水体的参数很难获得，因此在目前的 VIC_CAS 模型中被忽略。

采用 VIC_CAS 模型的动态冰川方案模拟了疏勒河上游的冰川融水径流，每一条冰川均被认为是一个子流域，考虑了地形和坡向对冰川各个高程带气温和降水的影响 (Zhao et al.，2019)，然后将模拟的单条冰川面积与不同时期的遥感解译数据 (Zhang et al.，2018) 进行比较，证明其具有较好的表现，降低了模拟冰川径流和河流径流的不确定性。在本研究中，使用 5 个时期的冰川面积率定和验证 VIC_CAS 模型（图 5-4 和图 5-5）。

然而，VIC_CAS 模型模拟中仍然存在一些不确定性。如上所述，降水空间分布的巨大差异仍然是模拟中不确定性的主要来源，虽然我们尝试使用更多的雨量计观测，并详细考虑了疏勒河上游的月降水梯度，但仍不足以描述研究区内降水复杂的空间分布。VIC_CAS 模型的结构和参数也存在一定的不确定性。例如，VIC_CAS 模型未考虑冰雪度日因子的时空变化，VIC_CAS 中的积雪和多年冻土算法可能导致一些不确定性，多年冻土的空间分布和参数也存在较大的不确定性。此外，没有考虑冰川的动力过程，这也增加了不确定性。由于影响降水和风速的因素众多，降水和风速的插值方法也会导致一些不确定性。此外，度日模型和"面积 – 体积关系"也会产生不确定性 (Zhang Z et al.，2019)。

4. 疏勒河流域冰川融水资源变化小结

对 VIC_CAS 模型模拟的出山口径流和冰川面积变化进行率定了和验证，结果表明：①在率定期和验证期，对比模拟和观测的月径流发现，采用动态冰川面积方案进行模拟效果较好。对比 2000/2001 年、2004/2005 年、2007 年、2008/2009 年和 2012/2013 年模拟和观测的冰川面积得出，单条冰川面积和冰川总面积的模拟是合理的。② 1971/1972 ~ 2012/2013 年，冰川融水径流对河流径流的年平均贡献率约为 23.6%，低于高鑫等（2011）评估的 30% 以上的贡献率。这种差异主要是因为有 28.4 km^2 的冰川在疏勒河流域，但不包括以昌马堡水文站为流域出口的疏勒河上游；另外，还因为雪和冰的度日因子的数值不同。

5.1.3 水塔区各流域冰川融水资源变化

高鑫等（2011）利用改进后的度日因子模型（没有考虑冰川面积的变化）模拟了整个祁连山地区 1961 ~ 2006 年的冰川融水径流，给出了主要河流的冰川融水补给率及其对气候变化的响应，由于没有考虑冰川面积变化对融水径流的影响，评估给出的冰川融水可能存在一定程度的高估。

1. 模型参数

1）降水梯度

石羊河、黑河与北大河流域的降水梯度是依据文献资料提供的结果（表 5-5），在最大降水高度带上下取不同的降水梯度。疏勒河和党河流域的降水梯度依据老虎沟 12 号冰川粒雪盆（4900 m a.s.l.）、大本营（4189 m a.s.l.）以及疏勒河流域的鱼儿红气象站（2417 m a.s.l.）实测资料计算得出（表 5-5）（高鑫等，2011）。

表 5-5 河西走廊内陆河流域各主要支流各月降水梯度（高鑫等，2011）（单位：mm/100 m）

河流	P_{max}	1月	2月	3月	4月	5月	6月	7月	8月	9月	10月	11月	12月
石羊河	<4500m	0.65	0.65	0.65	0.65	0.65	1.78	3.45	3.45	1.78	0.81	0.81	0.81
	>4500m	0.30	0.30	0.30	0.30	0.30	0.30	0.30	0.30	0.30	0.30	0.30	0.30
黑河	<4000m	0.28	0.28	0.28	1.46	1.46	1.46	4.51	4.51	4.51	1.31	1.31	0.28
	>4000m	0.00	0.00	2.50	5.90	10.80	12.30	13.10	9.40	9.00	6.40	0.00	0.00
北大河	<4600m	0.70	0.70	1.13	1.13	2.82	2.82	2.82	2.82	1.13	1.13	1.13	0.70
	>4600m	0.62	0.62	1.00	1.00	2.50	2.50	2.50	2.50	1.00	1.00	−1.00	0.62
疏勒河		0.03	0.05	0.14	0.09	0.24	1.62	2.35	0.68	3.03	0.77	0.03	0.04
党河		0.03	0.05	0.14	0.09	0.24	1.62	2.35	0.68	3.03	0.77	0.03	0.04

注：P_{max} 为最大降水高度带（疏勒河、党河流域没考虑最大降水高度带）。

2）气温递减率

石羊河流域的气温递减率根据中国气象台站的气温数据，按纬度与月份进行气温梯度的统计所得；黑河流域气温递减率由文献（康尔泗等，2002）得到；北大河、疏勒河和党河流域的气温递减率依据老虎沟12号冰川粒雪盆（5040 m a.s.l.）、大本营（4189 m a.s.l.）气象站实测资料计算所得（表 5-6）。

表 5-6　河西走廊内陆河流域各水系不同月份的气温递减率（高鑫等，2011）（单位：℃/100 m）

河流	1 月	2 月	3 月	4 月	5 月	6 月	7 月	8 月	9 月	10 月	11 月	12 月
石羊河	0.29	0.39	0.48	0.58	0.61	0.63	0.59	0.56	0.53	0.47	0.43	0.31
黑河	0.43	0.44	0.52	0.59	0.64	0.66	0.62	0.61	0.55	0.50	0.53	0.43
北大河	0.85	0.77	0.84	0.78	0.77	0.70	0.65	0.72	0.58	0.87	0.76	0.81
疏勒河	0.85	0.77	0.84	0.78	0.77	0.70	0.65	0.72	0.58	0.87	0.76	0.81
党河	0.85	0.77	0.84	0.78	0.77	0.70	0.65	0.72	0.58	0.87	0.76	0.81

3）度日因子

河西走廊内陆河流域到目前为止只有祁连山七一冰川有度日因子的计算（蒲健辰等，2005）。模型所用的度日因子首先根据邻区的度日因子观测值插值获得初值，进而通过比较模型模拟获得的流域冰川物质平衡、融水径流与流域内对应的短期观测资料，对度日因子进行调整。调整后的度日因子见表 5-7。

表 5-7　河西走廊内陆河流域各支流冰川区度日因子值（高鑫等，2011）［单位：mm/(d·℃)］

因子	石羊河	黑河	北大河	疏勒河	党河
冰川冰度日因子	2.7	6.3	3.9	5.5	6.6
积雪度日因子	1.7	4.0	2.4	3.4	4.1

2. 模型验证

河西走廊内陆河流域在流域尺度上是没有实测冰川物质平衡与冰川融水径流资料的，只有老虎沟12号冰川、七一冰川和冷龙岭水管河4号冰川以及羊龙河5号冰川有较为全面的观测，可作为参考。因此，模拟结果的对比验证只能从以下几方面进行。

（1）物质平衡：将北大河流域七一冰川的实测年物质平衡与模型模拟的北大河冰川物质平衡进行对比分析，可以看出，二者在变化趋势上还是一致的（图 5-7），表明区

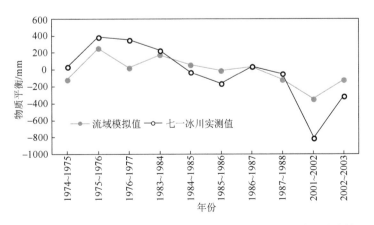

图 5-7　北大河流域模拟物质平衡与七一冰川实测物质平衡的对比（高鑫等，2011）

211

域尺度上的物质平衡与单条冰川的物质平衡变化规律一致。表 5-8 为文献中用最大熵原理估算的冰川物质平衡（沈永平等，2001）与同期模型估算的冰川物质平衡，模型估算的冰川物质平衡与文献中的估算值在总体上比较接近，但是也存在一些差距，主要因为二者是用不同方法得出的估算值；用最大熵原理估算的冰川物质平衡对降水的不确定性也没有进行评估。

表 5-8　不同方法估算的河西走廊内陆河流域冰川物质平衡（高鑫等，2011）

河流	控制水文站	对比年份	模型估算值 /mm	沈永平等 /mm
昌马河	昌马堡	1961～1990	41.1	86.5
党河	沙枣园	1961～1990	73.9	64.0
北大河	冰沟	1961～1990	13.3	57.8
洪水坝河	新地	1961～1990	20.5	20.1
梨园河	梨园堡	1961～1990	−18.3	−32.6
大渚马河	瓦房城	1961～1998	−17.4	−56.0
东大河	沙沟寺	1961～1989	−87.3	−88.0
西营河	九条岭	1961～1989	−62.1	−113

（2）冰川融水：杨针娘（1991）利用 20 世纪六七十年代单条冰川的实测冰川区径流量，并将径流量资料延长，求得 1957～1983 年冰川融水径流的同步系列，这与模型计算的河西走廊内陆河流域 1961～1983 年冰川融水径流深较为一致（表 5-9）。

表 5-9　不同方法估算的河西走廊内陆河流域冰川融水径流深（高鑫等，2011）

河流	控制水文站	对比年份	模型估算值 /mm	杨针娘估算值 /mm	差值 /%
昌马河	昌马堡	1961～1983	536.8	595	−9.78
党河	党城湾	1961～1983	515.6	529	−2.53
北大河	冰沟	1961～1983	602.2	595	1.21
洪水坝河	新地	1961～1983	606.5	635	−4.49
黑河干流	莺落峡	1961～1983	948.4	925	2.53
梨园河	梨园堡	1961～1983	710.4	740	−4.00
大渚马河	瓦房城	1961～1983	650.1	925	−29.72
东大河	沙沟寺	1961～1983	825.7	925	−10.74
西营河	九条岭	1961～1983	827.6	860	−3.77
金塔河	南营水库	1961～1983	794.0	860	−7.67
杂木河	杂木寺	1961～1983	822.5	860	−4.36

（3）平衡线高度：模型计算的 1961～2006 年平均平衡线高度（ELA_g）与中国冰川编目（施雅风，2005）中用赫斯法量算的平衡线高度（ELA_h）基本吻合（表 5-10）。

表 5-10　河西走廊内陆河流域主要支流冰川平衡线高度（高鑫等，2011）

流域	ELA_g /m a.s.l.	ELA_h /m a.s.l.
石羊河	4350	4400
黑河	4495	4440～4500
北大河	4556	4600～4700
疏勒河	4741	4800
党河	4826	4800

3. 模拟的冰川融水对气候变化的响应

(1) 冰川物质平衡变化：模型估算了祁连山各流域 1961 ～ 2006 年冰川物质平衡变化序列。可以看出，2000 年之后是各流域自 20 世纪 60 年代以来物质亏损最严重的时期，石羊河、黑河、巴音郭勒河和鱼卡河从 60 年代以来一直呈现负平衡，46 年累积物质平衡分别为 –5.9 m、–4.7 m、–10.0 m 和 –7.9 m，疏勒河、北大河、党河、那棱格勒河、哈拉湖、布哈河、哈勒腾河从 60 年代以来由正平衡逐步转为显著的负平衡，1990 年之前以正平衡为主，表明祁连山西段河流流域冰川物质平衡基本稳定，1990 年之后才出现强烈的亏损状态。从东段的石羊河到西部的疏勒河物质平衡出现明显的区域差异。整个河西走廊内陆河流域物质平衡的总体趋势是：从东到西，物质平衡从强烈的负平衡状态到微弱的负平衡状态过渡。

(2) 冰川物质平衡的变化反映了冰川系统的收支状态，当收入小于支出时，物质平衡处于负平衡状态，消融量增加，冰川融水量也相应增加。对冰川融水补给比重较大的党河、疏勒河流域进行冰川物质平衡与河川年径流量的相关分析，可以看出，二者呈反相关关系，相关系数通过了 $\alpha = 0.05$ 的显著性水平检验。这表明，物质平衡水平越低，气候越干旱，冰川融水补给比重越大。冰川物质平衡波动对祁连山北坡西段河流径流量的年际变化有重要影响。由于各流域冰川面积不一，冰川融水径流量以及冰川融水补给比重差异较大（表 5-11 和表 5-12），西段的疏勒河和党河的冰川融水径流量分别可达 $5.02 \times 10^8 \, \text{m}^3$、$1.46 \times 10^8 \, \text{m}^3$，融水补给比重超过 30%；北大河流域（包括洪水坝河）冰川融水径流量为 $2.05 \times 10^8 \, \text{m}^3$，融水补给比重也达到了近 20%；黄河水系（包括大通河、湟水）的冰川融水径流量为 $1.89 \times 10^8 \, \text{m}^3$；黑河流域冰川面积较小，融水径流量为 $1.07 \times 10^8 \, \text{m}^3$，各支流的融水补给比重在 5% ～ 15%。东段的石羊河流域具有高积累、强消融的特点，物质平衡水平较高，但是冰川面积较小，冰川融水径流只有 $6.2 \times 10^7 \, \text{m}^3$，融水补给比重也不到 5%。本书计算的冰川融水补给比重与杨针娘（1991）估算的融水补给率相比总体偏大，这主要是由于 1990 年以来冰川融水急剧增大，冰川退缩对河流径流的影响在不断加强。河西走廊内陆河流域冰川融水径流总量和融水补给率（出山口水文站控制流域的冰川融水补给比重）变化过程基本一致，总体上呈上升的趋势，融水补给比重从 1961 ～ 1990 年的 15.1% 增加到 20 世纪 90 年代后的 19.4%。需要指出的是，东段的石羊河流域和中部的黑河流域以小冰川为主，在气候变化背景下，冰川退缩严重，根据不变面积估算的融水径流可能有一定程度的高估。

总体来看，1961 ～ 2006 年祁连山流域各支流冰川融水径流深都呈增加趋势（图 5-8），冰川融水径流也呈增加趋势，整个祁连山地区多年平均冰川融水径流量为 $1.61 \times 10^9 \, \text{m}^3$，从 20 世纪 60 年代的 $1.278 \times 10^9 \, \text{m}^3$ 增加到 70 年代的 $1.399 \times 10^9 \, \text{m}^3$、80 年代的 $1.406 \times 10^9 \, \text{m}^3$，90 年代增加到 $1.769 \times 10^9 \, \text{m}^3$，2000 ～ 2006 年是这 46 年冰川融水径流量最大的时期，平均冰川融水径流量达 $2.196 \times 10^9 \, \text{m}^3$，高出多年平均值 36.4%（表 5-12、图 5-9）。

表 5-11 河西走廊内陆河流冰川融水径流的估算

河流	水文站	冰川面积 /km²	冰川融水径流量 /10⁸m³		冰川融水补给比重 /%	
			本书	文献*	本书	文献*
昌马河	昌马堡	456.5	2.94	2.766	31.5	32.8
党河	党城湾	232.66	1.46	1.230	41.7	39.1
北大河	冰沟	136.32	1.06	0.813	15.4	12.7
洪水坝河	新地	130.84	0.99	0.830	40.7	29.8
黑河	莺落峡	59.0	0.66	0.546	4.2	3.6
梨园河	梨园堡	16.18	0.12	0.119	5.1	5.0
大渚马河	瓦房城	10.4	0.09	0.096	10.4	11.1
丰乐河	丰乐河	19.84	0.14	0.1598	13.6	15.5
东大河	沙沟寺	34.43	0.31	0.319	9.2	9.9
西营河	九条岭	19.8	0.18	0.17	5.9	4.7
金塔河	南营水库	6.73	0.06	0.058	4.2	4.0
杂木河	杂木寺	3.86	0.04	0.033	1.8	1.4

*杨针娘（1991）估算值。

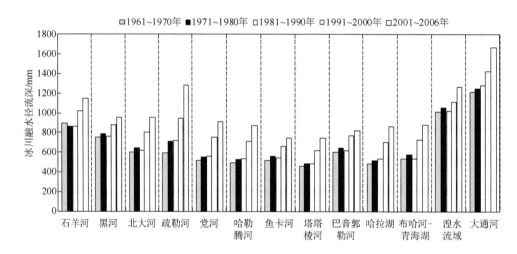

图 5-8 祁连山各流域 1961～2006 年冰川融水径流深变化

表 5-12 祁连山各流域 1961～2006 年年冰川融水径流量统计 （单位：10⁸m³/a）

流域	1961～1970 年	1971～1980 年	1981～1990 年	1991～2000 年	2001～2006 年	平均
石羊河	0.582	0.560	0.563	0.662	0.749	0.62
黑河	0.973	1.020	0.991	1.144	1.242	1.07
北大河	1.748	1.875	1.819	2.342	2.779	2.11
疏勒河	3.477	4.167	4.283	5.570	7.600	5.02
党河	1.337	1.437	1.463	1.951	2.388	1.72
哈勒腾河	1.580	1.682	1.743	2.291	2.832	2.03
鱼卡河	0.332	0.363	0.352	0.427	0.483	0.39
塔塔棱河	0.478	0.507	0.510	0.643	0.779	0.58
巴音郭勒河	0.017	0.018	0.018	0.022	0.024	0.02

流域	1961～1970 年	1971～1980 年	1981～1990 年	1991～2000 年	2001～2006 年	平均
哈拉湖	0.434	0.462	0.479	0.628	0.775	0.56
布哈河 - 青海湖	0.071	0.077	0.072	0.096	0.117	0.09
黄河水系	1.752	1.823	1.771	1.915	2.190	1.89
总和	12.78	13.99	14.06	17.69	21.96	16.10

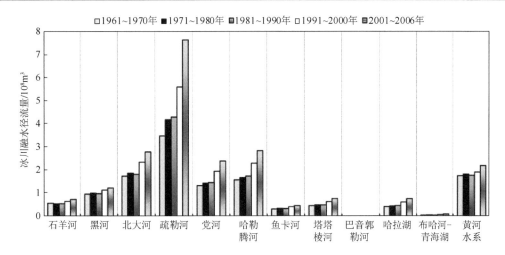

图 5-9　祁连山各流域年冰川融水径流量 1961 ～ 2006 年变化

4. 祁连山冰川融水小结

应用改进的月尺度的度日因子模型，模拟了 1961 ～ 2006 年祁连山平均冰川物质平衡和冰川融水径流序列，分析了冰川物质平衡与融水径流变化的趋势、特征以及对河流径流的影响，对模型的模拟结果进行了对比验证。结果表明，整个祁连山 1961 ～ 2006 年平均冰川融水径流量为 1.61×10^9 m^3，其中河西走廊内陆河流域冰川融水补给比重为 14.1%。2001 ～ 2006 年是 46 年间冰川融水径流量最大的时期，平均融水径流量达 2.196×10^9 m^3。由于各流域冰川面积不一，冰川融水径流量以及补给比重差异较大。

5.2 多年冻土退化及融化释放水量估算

5.2.1 多年冻土变化的表现形式

多年冻土的变化体现在多年冻土分布范围和其他特征指标的变化上。多年冻土面积的变化意味着部分多年冻土层的消失或新的多年冻土层的出现，这些均需要消耗或释放大量的能量来克服冰水相变潜热及温度（感热）变化，而土层的能量主要受控于地气边界层的热交换和相对稳定的地下热流。地气间的交换热传递到多年冻土层中的能量是非常有限的。因此，很难在短时间内供给多年冻土层中的地下冰完全融化成水所需要的热量，而是随着气候的变化逐渐积累热量，缓慢融化多年冻土，即多年冻土的消失需要经历很长的过程。换言之，在较短的时间尺度（如几十年）很难监测到多年冻土面积发生显著变化。但是多年冻土对气候变化的响应却可以体现在多年冻土特征指标的变化方面，主要体现在多年冻土地温及地温曲线形态、多年冻土上限深度的变化方面。

多年冻土年平均地温的空间分布规律总体上与气温保持一致，即具有纬度地带性和垂直（高程）地带性分布特征。这种分布特征也充分展现了地表热交换对多年冻土地温的控制作用。多年冻土地温曲线的形态则与气候的变化相关。根据多年冻土地温曲线的形态，可将多年冻土地温曲线划分为三种。

（1）平衡型地温曲线：多年冻土发展或稳定时期，地温随着深度增加升高，地温曲线大致呈线性 [图 5-10（a）]。这种地温曲线表明土层温度处于相对稳定的热状态，地中热流与地表热交换带来的热效应处于平衡状态。这种地温曲线也表明，在一定时期内，地气之间的热交换状态变化较小。目前，除了一些特殊性地表（如沼泽）外，此类地温曲线并不多见。

（2）负梯度型地温曲线：地表温度升高，多年冻土发生退化，上部地温随着深度增加而降低，地温曲线呈现为向正温方向弯曲的弓形［图 5-10（b）］，表明地表热交换产生热积累效应，阻止了土层放热，代之冻土层上部的温度升高。这类地温曲线往往对应着一定时期内气候的升温过程，也是多年冻土处于退化状态的表现。目前，在全球升温的背景下，大部分地区的多年冻土均呈现出此类地温曲线。

（3）零梯度型地温曲线：多年冻土处于融化临界状态，从上到下多年冻土地温均接近于 0℃，地温曲线在多年冻土段呈垂直直线［图 5-10（c）］。这种地温曲线代表多年冻土层向外界散失热量的过程已经停止，多年冻土上下边界均向冻土层传递热量，多年冻土层升温已经达到其剧烈相变区域（0℃附近）。在这种状态下，多年冻土中的冰水相变潜热成为其内部主要的热交换形式。此过程中，地温持续在 0℃附近。此类地温曲线往往出现在多年冻土边缘地区，上部活动层厚度较大，并逐渐出现不衔接状态，即在活动层与多年冻土之间存在融化夹层。

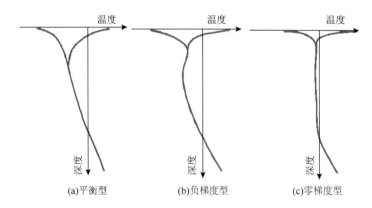

图 5-10　多年冻土地温曲线典型形态

对于一个持续升温过程，多年冻土的退化过程大致如图 5-11 所示。多年冻土温度逐渐升高，反映在地温曲线上为地温曲线向正温方向弯曲；与此同时，多年冻土上限深度呈逐渐下降趋势，多年冻土底板缓慢抬升。当地表热交换平衡达到一定临界程度后，活动层在冷季的冻结深度已经不足以达到暖季的融化深度，此时在季节冻结层与多年冻土之间出现融化夹层，一旦发展到这种状态，多年冻土上限下降速度加快，多年冻土底板抬升也相对加快，多年冻土温度持续处于接近 0℃ 的零梯度状态。这些特征预示着多年冻土进入加速退化状态。当多年冻土完全融化后，土层温度开始迅速升高，以适应新的地气能量平衡。

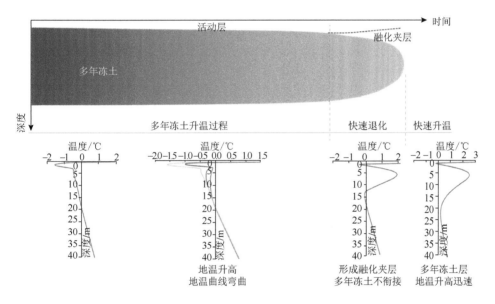

图 5-11　多年冻土退化过程示意图（上：多年冻土退化过程；下：各个阶段对应地温曲线形态）

从时间尺度上看，短时间内多年冻土退化主要表现在多年冻土的升温和多年冻土上限的缓慢下移，而多年冻土完全消失往往需要经历漫长的时间。因此，估算短期内多年冻土地下冰融化释放的水量主要考虑的应该是多年冻土上限下移而融化的多年冻土浅表层的地下冰。由于活动层深度与地表地气交换和气温相关，气温波动很大程度上也会影响多年冻土上限的波动，多年冻土上限即使呈现下降趋势，也往往不会是持续性的变化过程。因此，多年冻土上限的下降实际上指的是一定时间段内的平均变化率。

5.2.2　地下冰储量与融化释放水量估计

1. 地下冰储量估算方法

本书中地下冰指的是多年冻土层中包含的各类地下冰，地下冰储量即多年冻土层中含冰量的总和。严格意义上说，地下冰储量是估算区域所有多年冻土层内的地下冰含量之和。要实现这种估算，则需要掌握多年冻土的三维空间分布和对应的含冰量。显然，目前而言，无论资料数据的掌握程度，还是技术方法、模式均无法完成，更重要的是这种看似全面的估计实际上意义并不大。首先，多年冻土的退化是一个漫长的过程，即使按照平均 10 cm/a 的速率融化，那么经过 100 年多年冻土也只能融化 10 m，因此在百年尺度上多年冻土融化释放的水量主要集中在上限以下不足 10 m 的范围。其次，受区域气候水文条件、地形地貌、土质等影响，地下冰含量的空间变化较大。目前掌握的含冰量资料远不足以准确掌握地下冰的空间分布状况。更可行的做法是基于一些资料的分类统计，或者采用个别代表性点的资料拓展到一定空间进行估算，这将会造成地下冰估计存在较大的不确定性。一味追求多年冻土区全部的地下冰含量实际上可能在准确性上有更大的误差。目前，地下冰资料主要来自道路勘察资料，勘察深度多为 6 ～ 10 m 深度范围。因此，估算 10 m 深度以内地下冰含量，相对而言更有数据支持。本书中地下冰储量的估计基于以下条件：

（1）多年冻土分布范围为本书确定的普遍存在的多年冻土的分布区域。

（2）多年冻土上限分析以本书的分析结果为基础。

（3）估算的多年冻土深度范围为多年冻土上限至 10 m 深度。

（4）地下冰的空间分布的地貌分区采用本书 3.2 节分析结论。

（5）不考虑冰川覆盖和各类埋藏冰对多年冻土和地下冰分布的影响。

（6）不考虑未冻水含量，即在总体含水率（测试值）中不再区分固态冰和未冻水。对于以考察融化释水为目的而言，未冻水总是在冰融化之后才被释放。因此，将未冻水看作与冰一样处于多年冻土中的束缚状态。

受多年冻土发育条件的影响（地形地貌、地表覆被等），多年冻土上限和地下冰含量在空间上分布不均匀。因此，地下冰储量的估算需要将 10 m 深度范围内多年冻土上限和地下冰分布按照一定的规律进行分类，然后对多年冻土分布区的地下冰储量进行求和，即

$$V_{\text{ice}} = \sum \sum \theta_{ij} \times \Delta h_j \times S_i \qquad (5\text{-}16)$$

式中，V_{ice} 为地下冰储量（m^3）；θ_{ij} 为 i 类土质在深度层 j 上的平均体积含冰量（m^3/m^3）；Δh_j 为第 j 层厚度；S_i 为 i 类土质的分布面积。

2. 多年冻土地下冰储量估计关键参数确定

1）多年冻土上限埋深

根据祁连山区监测资料分析，多年冻土上限与地表类型有良好的相关性。根据热传递理论，多年冻土上限主要取决于地表融化指数、活动层水分和导热系数，其中水分的影响尤为显著。不同地表条件实际上隐含了其对应的活动层水热性质。例如，对于沼泽草甸，活动层范围水分饱和，冻结/融化消耗的相变潜热巨大。因此，多年冻土上限埋深较浅。退化草甸、裸地等地表下活动层水分一般较少，潜热耗热较少，活动层厚度较大。对于不衔接多年冻土，多年冻土上限之上处于正温状态。因此，多年冻

土已经不再放热，而处于加速退化状态。表 5-13 主要是根据大通河源区监测点资料统计得到的地表类型与目前多年冻土上限的平均值和标准差，可以认为，在同一种地表类型下，多年冻土上限的变化较小。

表 5-13　不同地表条件下多年冻土上限　　　　　　　　　（单位：m）

类型	高山沼泽草甸	高山草甸	退化高山草甸	裸地	不衔接多年冻土
上限平均值	1.55	3.16	4.19	4.43	6.90
标准差	0.47	1.03	0.76	0.41	1.10

地表类型的划分采用中国科学院遥感与数字地球研究所提供的 2015 年祁连山土地利用解译图。图中包括 30 余种类型（包括林地、水田、河流等）。在多年冻土区，许多类型不存在或占比很小。最主要的草地生态系统与我们监测点的地表表述不统一。为了估算整个区域多年冻土上限，需要将表 5-13 所归纳的类型扩展到解译图的地表类型中，从而获得多年冻土上限的参数取值（表 5-14）。图 5-12 给出了祁连山多年冻土区的主要地表覆被类型分布面积，根据监测点位置与解译图对比、类似性及分布面积多少，在解译图上对应地表给出的对应关系如表 5-14。

表 5-14　地表类型解译图归纳多年冻土上限深度归类方案

类型	高覆盖度草地沼泽地	中覆盖度草地	低覆盖度草地	沙地、戈壁、裸地、裸岩石砾等
上限取值地表	高山沼泽草甸	高山草甸	退化高山草甸	裸地
多年冻土上限 /m	1.55	3.16	4.19	4.43

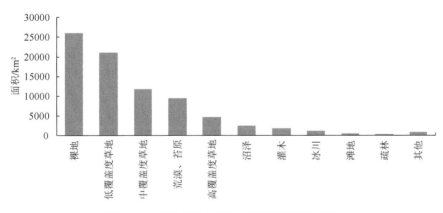

图 5-12　祁连山区主要地表覆被类型分布面积

不衔接多年冻土往往出现在多年冻土区边缘，尤其在岛状多年冻土区更可能出现，其分布面积一般较小，也难以采用一定的参数模型辨识。由于本书根据普遍发育多年冻土的下界确定多年冻土分布，因此在估算多年冻土地下冰含量时不再考虑不衔接多年冻土类型。

2）地貌类型区划

多年冻土中的地下冰主要发育在第四纪松散沉积物中。根据前述分析，对地下冰储量影响最显著的地理要素是地貌类型和地形坡度。从地下水运移和赋存条件看，地貌类型是决定地下冰储量的根本要素，地形－地貌－地表状况－地层岩性构成基本的地貌单元特征，按照地貌类型进行地下冰储量分区可以兼顾地形、地表状况和地层岩性特征。所以，在祁连山地下冰估算中，平面分区按照地貌类型进行划分。虽然基岩区在祁连山地貌类型中占比最大，但考虑到祁连山大部分基岩均出露于陡峭的高山区，残积层较薄，完整性较好，孔隙、裂隙率小，所以其含水量较少。另外，基岩区钻孔数量很少，在钻探钻的过程中发热，致使水分蒸发，获取含水量数据变得困难，因此基岩区以基岩的常规裂隙率作为计算依据，不再进行详细的地貌和地层分区。

祁连山多年冻土区地貌沉积类型依据 1 ∶ 20 万地质资料图进行划分。底图资料是由青海省地质资料馆和甘肃省自然资源资料馆提供的半矢量化图。在 ESRI 公司产品的 ArcMap（10.3.1 版本）中，将资料图按照经纬度拼接，采用 1954 北京坐标系，1985 国家高程基准，完成覆盖祁连山区范围的地质资料底图。祁连山第四纪以来由于构造隆升和气候变化的影响，受冰冻圈环境的控制，在寒冻、机械、化学、生物等风化过程中形成不同粒径的风化产物，并经过冰川、流水、风力等搬运介质的搬运，在合适地段沉积，形成数十种地貌类型和岩相特征。根据第四纪气候变化和多年冻土演化历史，大致可以确定祁连山多年冻土大多属于末次冰期的产物，进入全新世以来，在多年冻土总体退化的背景下，在局部地段或个别冷期发生冻土加积，但是对祁连山多年冻土总体格局影响不大。从多年冻土形成历史考虑，地下冰含量只决定于多年冻土形成时的地层水分条件，而与地层时代无关。所以，在处理地貌类型时，首先将岩性相同、时代不同的地貌类型进行归一。

根据地质图资料和实际调查结果，祁连山地貌类型大致可以分为洪积（pl）、冲积（al）、冰水沉积（fgl）、冰碛物（gl）、风积（eol）、湖积（l）、化学沉积（ch）、沼泽沉积（h）、坡积（dl）、残积（el）、崩积（col）和滑坡堆积（del）等类型，或者为以上各类中的两类复合堆积，如"pl+al"形式。为了在地质图中对各类沉积物进行面积计算，对以上各类沉积物再次进行合并和归纳：祁连山多年冻土区内，湖积、沼泽沉积、化学沉积份额较小，可以忽略；坡积、残积、崩积、滑坡堆积只形成在局地，在地质图中没有标示，在统计中它们按照岩性特征被划分到冰碛物和洪积中；祁连山地区风积地层面积较小，大多覆盖在表层，处于多年冻土层以上的活动层中，在地下冰统计中忽略；综合考虑地形坡度、地层特征，对于地质图中的复合地貌类型做如下处理：将含洪积的类型皆视为洪积层；含冰水沉积的皆视为冰水沉积层；同时含洪积与冰水沉积的视为冰水沉积层。将非第四纪沉积地貌统一合并成非第四纪类型（UQ）。祁连山冰川面积较大，且均属于大陆性冰川（冷基底，冰川与下伏基岩冻结在一起），冰川下伏基岩一定深度内也发育多年冻土，在统计中也予以考虑，这样就形成了山区风化基岩、冰川底部基岩、冰碛物、冰水沉积、洪积、冲积这 6 种主要地层（图 5-13）。统计发现，祁连山多年冻土区中基岩分布面积 6.2 万 km²，约占多年冻土区总面积的 77.3%，第四纪松散沉积类型分布面积 1.8 万 km²，仅占 21% 左右（图 5-14）。在第四纪沉积类型中，我们归类的冲积、洪积、冰水沉积和冰碛物四种沉积类型占到祁连山所有第四纪沉积物的 99%，因此主要划分为这四类沉积类型估算多年冻土中的地下冰储量是合理的。

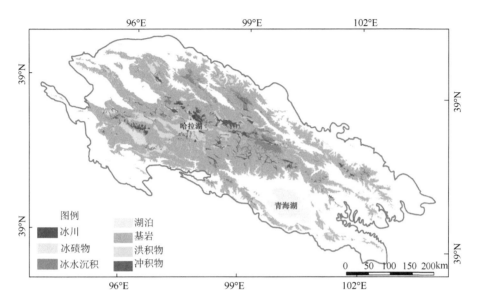

图 5-13　祁连山多年冻土区内地质分区图

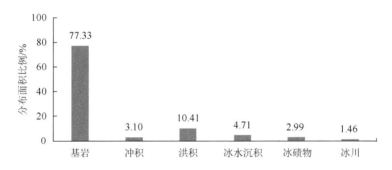

图 5-14　祁连山多年冻土区内各类沉积类型分布面积占比

3）垂直方向地层分类统计

在地下冰储量估算中，通常用实测的地层质量含水量（以下简称含水量）数据，经过平均处理以后在面积和深度上求和，或者对各深度做含水量平均，再对面积求和，最后经过换算，用体积含冰量（以下简称含冰量）来表达。简单地通过实测平均含水量在面积和深度上求和，忽略了多年冻土中地下冰在水平方向和垂直（深度）方向的巨大差异，有限的钻孔在区域、地貌、地形等方面的差异被忽略，往往可能导致较高地估计多年冻土层中的地下冰含量。即使根据地貌进行了平面分区，但在垂直方向上也对各深度的含水量分别进行了统计，在实际取样测试中的一些人为影响，会导致对含冰量的高估。如图 5-15 所示，本书对祁连山不同地貌类型下各深度的实测含水量进行平均处理，发现在同一地貌类型中，各深度含水量经过平均以后大致相同，这与地下冰分布的实际情况存在明显差异。这是因为在钻探过程中，取样测试含水量的人为因素影响很大。首先，实测含水量均来自钻探岩心的测试，目前多年冻土区的钻探多采用旋回钻探方式，对岩心扰动较大，钻头的摩擦热可以使岩心融化。在岩心中选取含水量测试样品时，为了准确测量多年冻土层中的含水量，多挑选保持冻结的完整岩心或冻块，对于含冰量较低、粗颗粒含量较多的土体，往往因为扰动而呈融化松散状态，无法选取理想的测试样品而导致缺测。受扰动较小的高含冰细颗粒土往往成为优先选取的对象，但会人为造成实测含水量偏高。其次，一般含水量取样盒较小，在选取测试样品时，对于直径较大的块碎石人为剔除，所以测试样品并不代表实际地层，对于地层中粒径大于 40 mm 的碎石块没有考虑，对于卵石土、碎石土等粗颗粒土来说，由于没有考虑大粒径颗粒所占的分量，也会造成实测含水量偏大。

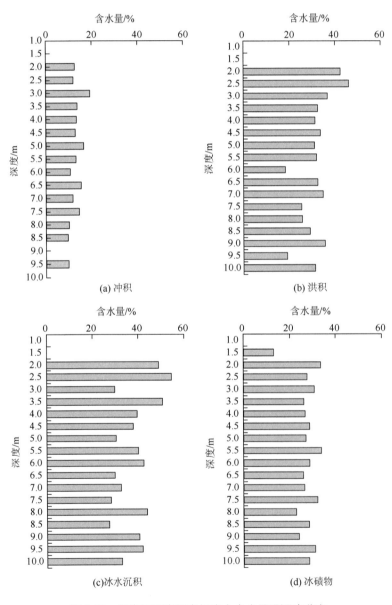

图 5-15　各类沉积类型多年冻土含水量沿深度分布

根据大量钻孔含水量测试数据及编录资料，可以发现，高含冰地层不但与钻孔位置（地貌类型、地形坡度等因素）有关，还与地层岩性有关。大部分高含冰钻孔中，并不是从上到下始终保持高含冰状态，而是出现在一些局部地层中。细颗粒含量较高的地层，往往由于具有较高的持水性和容易发生分凝作用而形成高含冰状态。为了较真实地反映地下冰赋存状态，本书进一步对地层进行了岩性划分。实际上，不同地貌成因形成的地层颗粒级配并不是均匀的，特定地貌成因形成的地层除主导地层以外还会形成各种夹层，其原因是搬运介质在搬运沉积过程中速度、环境等发生变化，导致沉积物分选性质发生变化，也可能是环境变化导致沉积类型变化，形成不同地貌类型的叠加。例如，河流冲积地层，由于河水流速的变化或主河道变迁，形成各类砂、粉质土、黏性土夹层；再如，山前冲洪积扇地貌，由于历次洪水流量的差异，地层本身粗细相间，而且还受到坡面片流沉积的坡积物覆盖，形成二元地貌。

根据钻孔编录资料，分别统计了每一个钻孔中 10 m 深度内的各层岩性及其厚度，再按照钻孔地貌类型分类，统计各地貌类型条件下 10 m 深度内包含的地层及该层对应的含水量实测数据，分岩性计算各类岩性的平均含水量，结果如表 5-15 所示。

表 5-15　各地貌类型中主要岩性及含水量

沉积类型	活动层厚度 /m	冻土层厚度 /m	岩性	厚度比例 /%	含水量平均值 /%
冲积	3	7	卵石土	81.46	14.5
			亚砂土	1.40	31.1
			亚黏土	9.55	18.7
			砂土	7.58	18.6
冰水沉积	2	8	亚砂土	34.33	48
			卵石土	32.05	31.5
			腐殖土	1.23	104.8
			砾砂	15.06	26.6
			亚黏土	7.88	43.66
			砂土	2.45	23.3
			圆砾土	7.01	16
冰碛物	2	8	碎石土	75.14	27.5
			亚砂土	15.61	30.6
			亚黏土	4.17	40.3
			砂土	5.08	28.4
洪积	2	8	碎石土	35.33	24.6
			亚砂土	8.79	20.2
			腐殖土	4.22	92.3
			砾砂	12.48	12.4
			亚黏土	19.51	34.9
			砂土	19.68	22.1

如前所述，由于含水量取样盒容量所限，通常在取样时，人为将大粒径的块石剔

除，导致含水量测试值偏大，为此，根据现场颗分数据，计算粒径超过 40 mm 的碎石颗粒体积含量，在计算土体积含水量时，将测试中忽略的块石体积也予以考虑。然后，根据厚度加权，计算每种地貌类型下总的平均体积含水量。根据勘察资料实测的颗分分析结果，碎石土中大于 40 mm 粒径颗粒含量为 11.15%；卵石土类中大于 40 mm 粒径颗粒含量为 14.17%。对于基岩，无冰川覆盖区考虑表层风化，裂隙率较高，0 ～ 5 m 取 10%，5 ～ 10 m 取 5%，冰川覆盖区不考虑风化，统一取值 5%，计算结果列于表 5-16，表 5-16 中的计算结果代表了各类地貌类型中多年冻土地下冰体积含冰量，也将作为估算地下冰储量和地下冰融化释放水量的计算取值。

表 5-16　不同沉积类型地貌中多年冻土地下冰体积含冰量取值表　　（单位：%）

	冲积物	洪积物	冰水沉积物	冰碛物	风化基岩	冰川覆盖区
体积含冰量	27.70	39.29	46.87	41.41	5 ～ 10	5

3. 10m 深度内地下冰储量估算

祁连山区多年冻土面积约为 8.03 万 km², 在 10 m 深度范围多年冻土中地下冰储量约为 65.82 km³, 单位面积上的地下冰储量（称为地下冰分布密度）为 0.45 ～ 3.28 m³/m²。各个沉积类型中的地下冰储量和单位面积的地下冰储量列于表 5-17。

表 5-17　各个沉积类型地层中的地下冰储量

类型	非第四纪类型	冲积	洪积	冰水沉积	冰碛物	冰川覆盖下的多年冻土
计算区面积 /km²	62151.1	2494.6	8364.3	3782.4	2405.2	1169.5
地下冰储量 /km³	22.25	4.45	19.77	12.07	6.80	0.50
地下冰储量比例 /%	38.80	6.76	30.03	18.33	10.33	0.75
地下冰分布密度 /(m³/m²)	0.45	1.94	2.75	3.28	2.90	0.50

表 5-17 中地下冰分布密度代表多年冻土上限至 10 m 深度范围内单位面积中所储存的地下冰储量。按照面积加权平均，祁连山区单位面积多年冻土中 10 m 深度内的地下冰平均密度为 0.823 m³/m²。

黄河源区 3 ～ 10 m 地下冰分布密度的平均估算值约为 2.05 m³/m²（Wang S et al.，2018），此值远大于本书估计的祁连山区的 0.823 m³/m²。其一，黄河源区采用了地貌图分类估算方法，许多地貌单元有多类沉积类型，有可能低估了非第四纪类型的面积；其二，黄河源区地下冰储量估算中直接采用了钻孔取样实测含水量的结果，未考虑基岩中含冰量较低的影响，因此可能高估了多年冻土体积含冰率水平。

青藏高原上限至 10 m 深度的地下冰分布密度约为 2.21 m³/m²（赵林等，2010），此值与黄河源区接近，比祁连山区大，其原因与黄河源区类似。

4. 近 10 年来多年冻土地下冰融化释水量估算

地下冰融化是多年冻土退化的结果。在短时期内，多年冻土上限下降是多年冻土融化的主要模式，多年冻土下限位置的融化一般而言较慢。因此，估计多年冻土融化释放水量实际上就是多年冻土上限下降量、多年冻土面积与含冰量的积。本书已经通过监测资料得到了对应不同地表条件的多年冻土上限及其平均下降速率（表 5-18），并且也已经获得了对应不同沉积类型地层的多年冻土体积含冰率，借助 GIS 软件即可得到多年冻土地下冰融化释放水量。

表 5-18　不同地表条件下多年冻土上限平均下降速率

类型	沼泽草甸	草甸	退化草甸	裸地
土地利用图中地表类型	高覆盖度草地 沼泽地	中覆盖度草地	低覆盖度草地	沙地、戈壁、裸地、裸岩石砾、未利用土地、滩地、灌木、其他
多年冻土上限 /m	1.55	3.16	4.19	4.43
上限平均下降速率 /(cm/a)	3.32	9.88	10.00	12.24

初步估计得到祁连山区近 10 年来多年冻土上限下降而融化的地下冰约为 11.79 km^3，或可理解为在当前退化水平，平均每年多年冻土融化释放水量可达 12 亿 m^3，这是一个十分可观的量值。从地表条件类型划分，裸地释放水量最大，沼泽草甸释放水量最小（图5-16），除了分布面积的差异外，主要原因还包括对多年冻土上限下降速率的赋值差异较大。多年冻土上限下降越快，则释放的地下冰融水就越多。

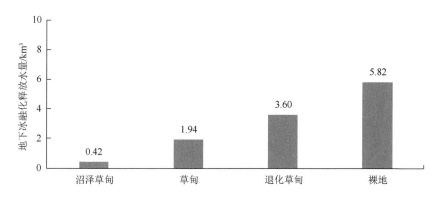

图 5-16　各类地表地下冰融化释放水量

按照沉积类型划分，对应各种沉积类型的多年冻土地下冰融化释放水量如图 5-17 所示。显然，尽管基层上部风化层中含冰量赋值较小，但是其分布面积大，且归属于

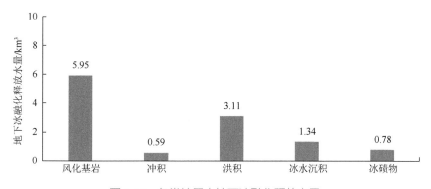

图 5-17　各类地层中地下冰融化释放水量

裸地的区域广，因此多年冻土上限下降速率较快，形成了基岩山体内多年冻土融化释水量最大的情景。洪积地层在祁连山区分布广泛，且该地层多年冻土含冰量也相对较高，因此其也是地下冰融化释放水量的主要来源。

按照流域计算，祁连山主要流域 10 m 深度内多年冻土地下冰储量和近 10 年来由于上限加深融化的释放水量列于表 5-19。

表 5-19　祁连山各流域 10 m 深度内多年冻土地下冰储量和释放水量

流域名称	流域面积/km²	多年冻土面积/km²	多年冻土面积占比/%	10 m深度地下冰储量/km³	10年地下冰融水量/km³	河流年径流量/km³	年融水量/出山口年径流量/%
东干渠流域	509	0	0	0	0	0.02	0
石羊河流域	11452	1964	17.15	0.88	0.19	2.03	0.93
黑河流域	18360	7905	43.06	6.57	1.05	2.53	4.14
北大河流域	9867	5990	60.71	4.54	0.77	1.10	7.01
疏勒河流域	19459	9353	48.06	6.79	1.16	1.25	9.25
党河流域	15735	7896	50.18	6.4	1.28	0.38	33.77
哈勒腾河流域	15347	6996	45.59	5.52	1.19	0.50	24.00
鱼卡河流域	3222	2036	63.18	1.36	0.3	0.13	24.00
塔塔棱河流域	11994	4330	36.10	4.86	0.93	0.13	73.81
巴音郭勒河流域	10705	6131	57.27	3.61	0.86	0.43	20.04
茶卡-沙珠玉河流域	4737	1416	29.89	0.71	0.15	0.47	3.16
哈拉湖流域	4748	4128	86.94*	5.96	1.04	0.49	21.22
布哈河-青海湖流域	29670	12958	43.67	8.88	1.52	1.54	9.88
拉脊山南坡流域	5274	401	7.59	0.29	0.05	0.69	0.72
湟水流域	12881	1783	13.84	1.05	0.2	1.33	1.51
大通河流域	14045	6814	48.52	8.28	1.08	2.70	4.01
庄浪河流域	3300	200	6.07	0.09	0.02	0.24	0.82
合计	191305	80301	41.97	65.79	11.79	15.96	7.39

* 哈拉湖流域除了湖面所占区域外，全区均多年冻土区。

表 5-19 中列出的地下冰年融水量与出山口年径流量的比值仅仅是为了对比，并不意味着河流径流中地下冰融水的贡献率。从表 5-19 中可以看出，祁连山西部干旱区河流径流量非常小，地下冰年融水量与出山口年径流量的比值较高，一方面是因为祁连山西部地势较高，多年冻土面积较大，而且地表覆盖类型多属荒漠化地表，计算中采用的融化深度较大，融水量较多；另一方面，西部地区降水稀少，河流补给主要依赖冰雪融水和地下水，其中多年冻土地下冰融水必然有很大的贡献。总体上来说，多年冻土融化释放的水量并不是说一定就会积极参与到水循环中，这取决于多年冻土中含冰量的多寡、局地地形条件、水文地质条件、地层持水能力等因素。面对巨大的地下冰融化释放水量，我们认识到进一步明晰融化释放水的去向和参与水循环的动力过程是今后需要着重解决的问题。

5. 地下冰储量及融化释放水量估计的不确定性分析

尽管根据各类资料估算了多年冻土地下冰储量及融化释放水量，但是受资料限制，所做的初步估计存在较大不确定性，主要体现在以下方面：

（1）地下冰分布。地下冰分布是估算地下冰储量及其变化的物质基础，其既受到地形地貌、气候条件的影响，还与多年冻土形成时期的条件密切相关，发育至今，现在的地表条件、气候条件与多年冻土形成初期可能有很大差异，在空间分布上具有较大的变异性，在没有很大样本资料的背景下难以采用简单的规律合理描述，而目前多年冻土地下冰资料又正好较为匮乏。本次科考工作对多年冻土地下冰分布的分析虽然采用了近 200 个钻孔资料，但是这些资料大部分处于大通河流域，其对祁连山广泛的其他区域的代表性不能保证。尤其是哈拉湖周边及祁连山西部多年冻土区基本没有地下冰资料，使得地下冰分布的分析不确定性增强。

（2）非第四纪区域。在采用沉积类型划分多年冻土地下冰含量时，将非第四纪山区全部归为一类，认为其中多年冻土含冰率低且各类岩石类似。按照地质图的划分，祁连山区大部分区域属于非第四纪，因此该区域估计的准确性显得比想象中重要，而这方面的资料极为缺乏，也不易获取。

（3）多年冻土上限下降速率。本次科考对多年冻土上限及下降速率的赋值根据监测数据分析得到。但是监测资料大多数来自大通河源区，少数来自疏勒河源区。除个别监测点外，多年冻土均处于较高的地温状态，相对而言，这类多年冻土上限下降会更快一些。祁连山区还存在大片地温较低的多年冻土（如高山区、哈拉湖周边）。这类多年冻土对气候变暖的响应更多地表现在温度升高，而其上限的变化不会很快。本书在计算地下冰融化量时采用监测资料得到的高值可能过高估计了多年冻土的融化速率。

（4）多年冻土分布。山区复杂的地形条件造就了各类局地条件，必然也影响着多年冻土的发育状态和分布。对于大尺度分析而言，各类冻土分布模型均能较好地勾勒出多年冻土分布范围，但是多年冻土区域内的融区、过渡区甚至季节冻土区内受局地因素影响仍然可能有多年冻土发育，从而影响多年冻土分布范围。这种误差会随着区域面积增加而增大，随着地形复杂程度的增加而增大。

6. 地下冰估算方法在高原推广应用的可能性

多年冻土发育受到诸多因素的影响，其分布比较复杂，地下冰主要受局地因素控制，其分布无论在水平空间上还是在垂直空间上都具有很大的异质性，极大地增加了估算地下冰储量的难度，国际上鲜有地下冰储量方面的研究。青藏高原作为亚洲水塔，对于周边地区，特别是一些干旱地区来说至关重要，我国学者在多年冻土地下冰储量方面做了一些有益的尝试。地下冰储量估算涉及两个变量：一是多年冻土分布，二是地层中地下冰含量。目前，随着资料积累、方法改进，多年冻土分布方面已经取得了不少成果，基本能够如实地反映高原多年冻土实际分布状况。目前的困难在于冻土层中地下冰含量的统计与分析。虽然历年在青藏高原开展大规模钻探调查，积累了庞大的地下冰（水）的测试数据，但是这些数据分散于各相关单位，获取困难；从区域看，青藏高原冻土数据多集中在青藏和青康两条工程走廊带内，广大的高原腹地缺少基本调查数据。鉴于地下冰在水平方向上和垂直空间上分布的巨大差异，地下冰在水平方向合理分区和垂直空间合理分层，以此为基础向高原面上推广，这是获得较可靠的地下冰储量的有效方法。本次祁连山科考中，我们采用了地貌类型（地质图）分区和岩性分层方法，对整个青藏高原地下冰储量估算具有一定的推广价值。

青藏高原多年冻土总体上均处于退化状态，主要表现为多年冻土上限加深，上部多年冻土层融化，部分固定在冻结层中的水分释放参与到水循环当中。由于单位面积含冰密度较低，多年冻土融化速度较小，多年冻土对区域水资源的贡献是潜移默化的，并没有像冰川融化表现得那么直接和明显，但是高原多年冻土区大部分封闭湖泊水位升高、面积扩大，多年冻土融水的贡献不可忽视。多年冻土融水量的计算需要可靠的多年冻土上限深度的变化量数据。在合理的平面分区和垂直分层的基础上，结合上限的融化量，才能够比较合理地估算多年冻土退化引起的释水量，这对于高原湖泊变化、河流径流变化以及区域生态研究都具有重要的参考意义。

5.3 黑河流域积雪融水径流资源

5.3.1 黑河流域融雪概况

近年来，在气候变化情势下，包括融雪过程在内的寒区水文过程经历着一系列急剧变化。IPCC 报告表明，北半球区域融雪径流峰值前移以及融雪年总量的波动现象十分明显（Pachauri et al.，2014）。在祁连山流域，融雪补充春季径流，影响中下游的植被生长以及水资源利用（Li and Williams，2008；Yin et al.，2016；Dozier et al.，2016）。作为祁连山流域的典型代表，黑河流域上游山区的积雪分布及其时空变化对水文与生态环境具有十分重要的影响。融雪径流是黑河流域淡水资源的重要来源（杨针娘和胡鸣高，1996；程国栋和赵传燕，2008），对保障中下游的经济发展和生态安全具有决定性作用（程国栋等，2006）。

黑河流域上游春秋两季积雪分布广泛，流域大部分被积雪覆盖，而冬季降雪较少，部分高海拔地区受风吹雪影响较大（王建等，2009；李弘毅等，2012）。黑河上中游农业生产用水量最为迫切的 3～6 月降水量只占全年降水总量的 19%，而此时 70% 以上的径流补给依靠季节性融雪（Wang and Li，2006）。已有研究表明，融雪径流峰值提前，融雪期延长，融雪主导的径流量在 4～7 月显著增长（Wang et al.，2010）。

5.3.2 融雪贡献评估方法

在综合多套积雪模拟方案的基础上，Li H Y 等（2019）发展了基于能量平衡方法的多层积雪模型。其中，着重对升华潜热与升华质量损耗的参数化方案以及雪层中融雪水流过程求解的迭代处理进行了改进。通过这些改进，积雪水文过程模拟更加符合高寒山区实际情况。同时发展了积雪表面受到风扰动的分层参数化方案，以适应高风速地区的积雪表面性质模拟。积雪模块与分布式的生态水文模型 GBEHM（Yang et al.，2015）进行了代码耦合，用于模拟流域尺度上的积雪水文过程。

在最初的 GBEHM 模型中，不同来源的水流并没有区分开来独立对待，而是如同一般的水文模型一样，将所有来源的液态水综合考虑，进而模拟流域中的水文运动。由于没有独立考虑融雪水在水文过程中的变化，难以将融雪水成分与其他来源的水区分开来。因此，Li H Y 等（2019）采用了一种详细的融雪水分离方法，以确定径流生成过程中的融雪贡献和路径。

求算融雪水在径流、土壤蓄水、蒸散发等不同水文变量之间的贡献，关键在于估计不同土壤层中融雪水的质量变化。针对土壤层，建立如下的融雪水质量平衡公式，推算土壤层中融雪水比例的变化。

$$f_i^{t+\Delta t}\left(W_i^{t+\Delta t} + \mathrm{ql}_i^{t+\Delta t} + T_i^{t+\Delta t}\right) = f_{ui}^t U_i^t - f_{ui+1}^t U_{i+1}^t + f_i^t W_i^t + f_{si}^t M_i^t \qquad (5\text{-}17)$$

式（5-17）考虑了径流流动、植被根系吸收和土壤冻融导致的融雪水成分变化。上标 t 及 $t+\Delta t$ 指的是时间步长；i 为第 i 层土壤；f 为土壤层中融雪水占总液态水的比例；f_u 为流动水通量中融雪水占比；f_s 为冻土冰中解冻的融雪水的占比；U 为不同土层之间的液态水流量通量；W 为土壤层中总的液态水含量；T 为植被根系吸收的土壤水；M 为冻土中冰融化释放的水量；f_sM 为土壤冻融引起的融雪水比例的变化；f_uU 为不同土壤层之间融雪水的流动通量，由式（5-17）即可求解不同土壤层中融雪水及其变化；$W_i^{t+\Delta t}$、$\mathrm{ql}_i^{t+\Delta t}$、$T_i^{t+\Delta t}$、$M$、$U$ 以及 W 都在 GBEHM 模型解算土壤水分运动时得到；f_u 的值依赖于土壤层之间水流运动速率以及相邻土层之间的融雪水含量；f_s 则依赖于土壤状态及其变化。单点上的积雪及其消融过程采用完全的质能平衡方法进行解算，并与其他的冰冻圈要素如冰川、冻土的解算耦合在一起。模拟结果分别与单点雪深观测、流域出口径流以及同位素水文径流分割结果进行了验证，并取得了良好的验证结果（Li H Y et al.，2019）。

5.3.3 黑河流域上游融雪径流贡献及其变化

研究结果表明（图 5-18），2004～2015 年黑河流域上游降水量为 632.6 mm/a，降雨量为 424.4 mm/a，降雪量为 208.2 mm/a，占总降水量的 32.9%。总径流深为 238.2 mm/a，融雪径流深为 37.2 mm/a，占总径流量的 15.6%，多年平均的融雪径流量占总径流量的 25%。地表总蒸发量为 378.7 mm/a。积雪蒸发总量包含来自雪面的蒸发升华和来自土壤层中的融雪水的蒸发，雪面升华指积雪表面直接升华为水汽的质量，而雪面蒸发指积雪表面所包含的液态水蒸发为水汽的质量。根据计算，积雪蒸发总量约为 126.6 mm/a，占总蒸发量的 33.4%。在总雪蒸发升华中，雪面蒸发升华为 80.9 mm/a，占降雪量的

38.9%，占积雪蒸发总量的 63.9%。雪面升华仅为 20.4 mm/a，占降雪量的 9.8%，占积雪蒸发总量的 16.1%。当积雪完全消失时，约 45.7 mm/a 的融雪水（占降雪量 22.0%）是从土壤层或植被层中蒸发。

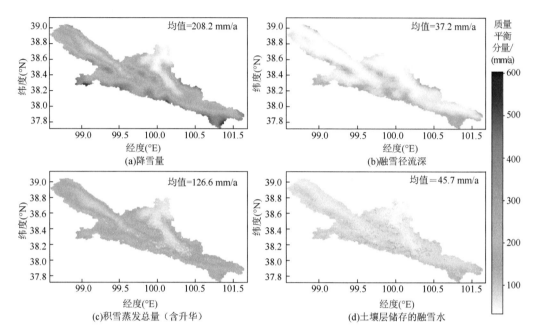

图 5-18　2004 ~ 2015 年积雪相关的质量平衡分量示意图
包括降雪量、融雪径流深、积雪蒸发总量以及土壤层中储存的融雪水

在黑河流域上游，融雪径流对河川径流的贡献主要表现在地表积雪完全消失后土壤中的融雪水持续贡献，有积雪覆盖时的融雪径流的贡献仅仅占到全年融雪径流总贡献的 21.7%，而当积雪完全消失后的融雪径流的贡献却占到全年融雪径流总贡献的 78.3%。积雪消融形成的液态水有 62.9% 贡献到径流中，另外的 37.1% 被蒸发损耗或者留存在土壤层中。

春季径流主要来自融雪，尤其是在 4 月和 5 月（图 5-19）。融雪事件通常导致春季径流洪峰出现。在夏季，径流峰值以及主要的径流贡献都来自降雨事件。黑河流域上游积雪蒸发具有明显的季节变化趋势。这里我们比较了 2004 ~ 2015 年的总蒸发量、融雪对蒸发量的贡献以及雪面升华（图 5-20）。当冬季至早春气温低于积雪临界消融温度时，雪的升华在地表蒸发中占据主要作用。随着气温和太阳辐射的增加，积雪的蒸发量也相应增加。即使在无雪的夏季，土壤中所含的融雪量也会继续从地表蒸发。

自 2004 年以来，黑河流域上游径流深增加速率为 5.8 mm/a（图 5-21）。融雪径流深略有增加，增速为 1.2 mm/a。融雪径流对总径流量的贡献占比很小，为 0.13%/a，而降雨量贡献径流的主要部分，并急剧增加。年降水量中 67.1% 为降雨量，以每年 8.5mm 的速度迅速增加。逐年降雪量则保持稳定的趋势。降雪量对降水量的贡献率呈 0.2%/a

的下降趋势。黑河流域上游的总蒸发量以 1.2 mm/a 的速率增加。积雪及融雪水蒸发量占总蒸发量的 33.4%，呈 1.6 mm/a 的下降趋势。

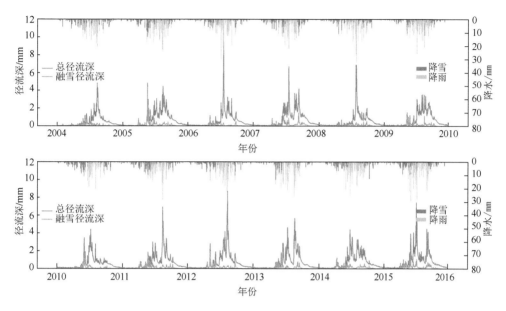

图 5-19　2004 ~ 2015 年逐日降雪、降雨、径流量以及融雪径流的对比

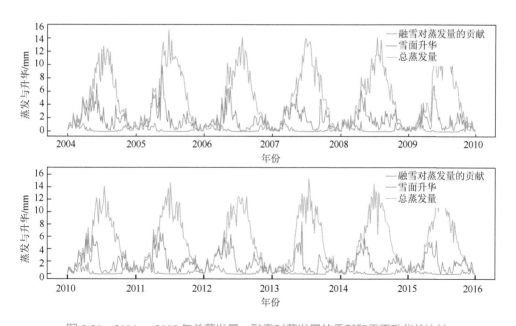

图 5-20　2004 ~ 2015 年总蒸发量、融雪对蒸发量的贡献和雪面升华的比较

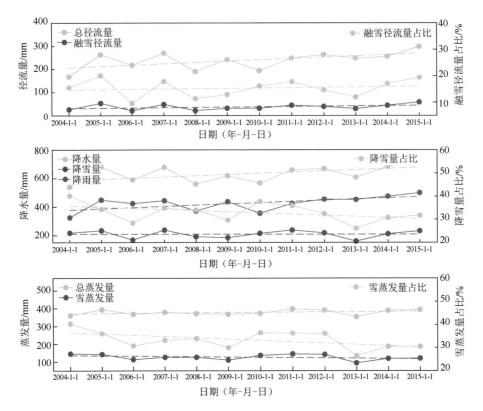

图 5-21 黑河流域上游 2004～2015 年径流量、降水量、蒸发量随时间变化趋势

在以往的工作中（表 5-20），关于黑河流域上游融雪径流贡献的主要结论可以总结为以下几点。

表 5-20 黑河流域融雪径流贡献计算结果与其他研究的对比

参数	本研究结果*	已有研究结果	年份	已有研究所用方法
总径流中的融雪径流贡献占比	15.6%	14%	1989	概念性水文模型（Yang，1989）
		19.80%	2001	同位素分离法（Zhang et al.，2009）
径流系数（>3600 m）	0.425	0.412	2006	同位素分离法（Wang et al.，2009）
径流占比（>3600 m）	74.30%	80.20%	2006	同位素分离法（Wang et al.，2009）
表面融雪径流贡献占比	6%	7%	2014	同位素分离法（Li et al.，2016c）

*研究时段为 2004～2015 年。

第一，所有的研究一致认为，融雪径流是黑河流域上游春季水资源的主要来源。Yang（1989）指出，黑河流域上游的水资源主要来自融雪和降雨。年径流中，降水量占主导地位，而融雪径流占年径流的 14%，占春季径流量的绝大部分。Matin 和 Bourque（2015）也表示，在 3～5 月，融雪对绿洲植被生长的影响最大。这一发现也可以通过新模型的结果来验证，结果表明，融雪径流贡献约占年均径流的 16%，是春季径流的主要来源。

　　第二，多数研究都表明，气候变化情势下黑河流域融雪径流有提前的趋势。Wang 等（2010）报道了春季流量峰值明显的时间变化，其中大部分是融雪造成的。这个现象也与之前假设的变暖场景下的模拟结果一致（Wang and Li，2006）。这些研究还表明，每年融雪径流的总量并没有明显变化，这与 2004～2015 年的模拟结果是相吻合的。然而，与以往研究不同的是，我们没有观察到 2004～2015 年融雪径流峰值明显随时间变化。

　　第三，本书的研究相比以前的研究有一些更新的认识。研究发现，即使在无雪的日子里，融雪水也能通过土壤继续贡献径流。在黑河流域上游，每年融雪径流深约为 59.1 mm，而其中 62.9% 的融雪量贡献到径流中，另有 37.1% 用于蒸发或留在土壤层中。这其中仅约 6% 的融雪径流直接来自地表径流，94% 的融雪径流贡献来自壤中流和基流中的融雪水。模拟结果表明，积雪季节融雪水的贡献只占总融雪贡献的 21.7%，而无雪情况下土壤中融雪水的贡献占了总融雪贡献的 78.3%。

第6章

祁连山水塔变化对生态环境的影响

水塔变化对生态环境的影响，可分为水塔变化对水塔区生态环境的影响和对下游水塔影响区生态环境的影响两大部分，本次考察仅关注了前者。祁连山水塔的特殊性在于对气候变化极为敏感的冰川、冻土、积雪等冰冻圈要素是其重要组成部分，尤其是冻土和积雪分布广泛而且其变化会影响到与土壤相关过程的变化，进而对生态环境产生重要影响。下面针对祁连山水塔组成中这些冰冻圈要素变化对生态环境的影响做一阐述。

6.1 冻土变化对祁连山高寒草地生态系统的影响

祁连山是我国西北地区极其重要的水源涵养生态功能区（伍光和等，1980；李永格等，2019），同时也是国家"一带一路"生态建设的重要区域，在维护青藏高原生态平衡，阻止腾格里、巴丹吉林和库姆塔格三大沙漠蔓延侵袭，保障河西走廊内陆河径流补给，维持河西走廊绿洲稳定和生态安全等方面发挥着十分重要的作用（丁永建等，2000；刘伟平，2014）。祁连山生态系统的健康和稳定，直接关系着我国西部经济社会的可持续发展，对促进西北地区民族团结、边疆稳固和繁荣发展尤为重要。受青藏高原气候和蒙新荒漠气候的双重影响，祁连山气候具有明显的垂直梯度和水平差异，山区冰川、冻土、森林、草地和湿地等共同构成了祁连山巨大的复合生态系统（王根绪和程国栋，2002）。本次考察结果表明，祁连山区多年冻土分布范围十分广泛，面积达8.04万 km^2。相关研究表明，在过去的几十年，祁连山经历了明显的气候变暖，导致该区多年冻土发生退化并将持续退化，在20世纪70～80年代、80～90年代、90年代至21世纪初三个阶段多年冻土的减少速率分别为4.1%、5.3%、13.4%（王涛等，2017）。多年冻土退化、活动层增厚，改变了植被生长的水热环境，影响了植物物种组成和群落结构，最终引起群落发生演替，导致高寒草地的退化；同时，由于多年冻土中历史时期累积大量有机碳，在全球气候变暖背景下，多年冻土具有巨大的碳排放潜力。本节以祁连山高寒草地为主要研究对象，综合采用野外样带调查、定点观测和无人机航拍等手段，分析了祁连山冻土变化对高寒草地生态系统的影响。

6.1.1 研究方法

1. 样带调查

为了定点观测多年冻土退化对高寒草地的影响，2010年中国科学院寒区旱区环境与工程研究所和青海省天峻县苏里乡人民政府合作，在祁连山疏勒河源区沿河岸选择了6个比较平坦、区域内异质性较小的样地作为观测样地，在每个观测样地设置了3个100 m×100 m的固定样地。2018年在原有工作的基础上，在祁连山建立了415个200 m×200 m的固定观测样地（图6-1），在上述样地对高寒草地植被盖度和土壤特征进行了调查。该区域主要为冬季牧场，在生长季没有放牧干扰。植被类型包括高寒草地（高寒沼泽草甸、高寒草甸、草原化草甸和高寒草原）、高山草原、荒漠草原和荒漠灌丛等；冻土类型包括极稳定、稳定、亚稳定、过渡型、不稳定多年冻土和季节冻土。

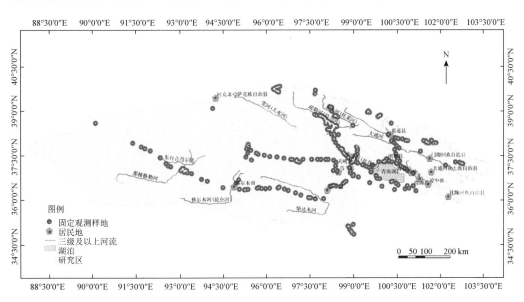

图 6-1　2018 年在祁连山建立的固定观测样地

2. 定点控制（增温）试验

增温实验区位于祁连山疏勒河源区高寒草甸样地内，该样地于 2008 年架设了自动气象站（图 6-2）。于 2012 年 5 月 11 日在高寒草甸空地内采用配对设计选择微生境比较

图 6-2　疏勒河上游多年冻土区高寒草甸气象站

一致（光环境除外）的小样地设置了对照和增温处理，样地大小为 3 m× 3 m，每种处理 3 个重复，增温实验区样地概况见图 6-3。该高寒草甸样地于 2010 年由中国科学院寒区旱区环境与工程研究所和青海省天峻县苏里乡人民政府共同出资建立围栏，以防止牛羊以及黄羊等野生动物的啃食，用于长期连续观测围栏封育对高寒草甸的保护效果。

图 6-3　高寒草甸增温实验区样地概况

增温试验采用国际山地综合研究中心普遍采用的一种被动式增温法，即开顶式气室（Open Top Chamber，OTC）法来产生一种增温环境。开顶式气室（OTC）：该气室以 8 mm 厚的有机玻璃纤维为材料，制成八边形开顶式气室，每个 OTC 框垂直高度 45 cm、下底面宽 105 cm、上开口宽 85 cm（图 6-4）。在每个增温样地分别安置 3 个 OTC，共 9 个 OTC。为避免增温框的边缘效应，所有的观测样方均设置在 OTC 中心区域。

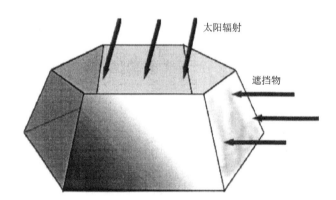

图 6-4　开顶式气室示意图（尹华军，2007）

3. 无人机航拍

在研究区不同多年冻土分布区和不同植被类型分布区，沿交通工具和科研人员步行可以到达的区域，根据实际情况每间隔 5 km 设置 1～2 个 200 m× 200 m 固定航拍样地。采用 Yi（2017）自主开发的 FragMap 无人机路径规划系统（图 6-5），添加 1～2 条 Grid 飞行航线对植被盖度进行调查。每张照片覆盖面积约为 26 m× 35 m，每个像素的分辨率大约为 1 cm，通过航拍照片可以清晰辨识植被和裸地斑块（图 6-6）。

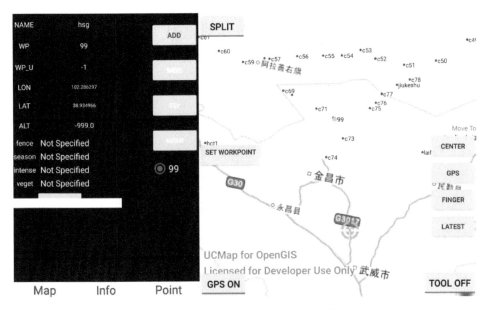

图 6-5　FragMap 无人机路径规划系统

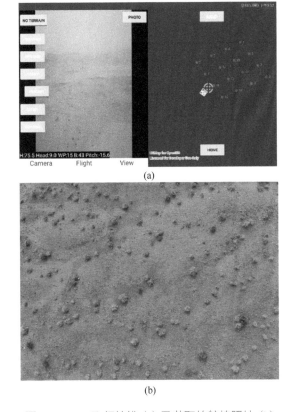

(a)

(b)

图 6-6　Grid 飞行航线（a）及获取的航拍照片（b）

对于野外获取的航拍照片，在室内利用 Yi（2017）自主开发的草地植被盖度分析软件 Pixel Classifier Manual，对每一张 Grid 飞行航线航拍照片的植被盖度进行提取（图 6-7）。分析原理为比较每一个像元的绿度指数（Excess Green Index）与预设值，并据此来定义植被。

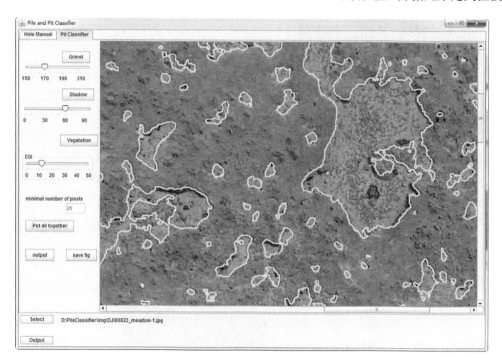

图 6-7　航拍照片植被盖度提取

黄色框选中的区域为裸地斑块；粉色框选中的区域为地表砂砾石

6.1.2　冻土变化对高寒草地植被的影响

高寒草地是祁连山最主要的植被类型之一，而植被是高寒草地生态系统多功能性和稳定性维持的关键要素。冻土变化通过改变土壤水热等植被生长的立地条件和冻融滑塌等直接改变地表下垫面类型，从而对高寒草地生态系统的群落结构、物种组成、物种多样性、植被盖度和初级生产力等产生深远的影响。

1. 祁连山冻土变化对高寒草地植被盖度的影响

植被盖度是水文学与生态学研究常用的重要参数，被用在许多生态模型、水文模型和气候模型中。在植物学意义上，可以根据植被盖度信息反演植被的叶绿素含量、水分状况等生物物理参数。植被盖度的高低很大程度上也决定着水土流失的强度。在全球变化研究方面，植被变化是非常重要的一环，而研究植被变化所采用的一个主要的衡量指标就是植被盖度。因此，研究植被盖度具有十分重要的理论与实际意义。植被盖度的变化是冻土变化对高寒草地影响的主要表现指标之一。

在祁连山不同气候区（湿润的大通河流域和干旱的疏勒河流域）的研究发现，大通河流域不同多年冻土类型区植被盖度变化范围为 30%～60%，疏勒河流域为 20%～40%。而且，在大通河流域从极稳定型多年冻土到季节性冻土，植被盖度呈现出逐渐增加的趋势；在疏勒河流域，植被盖度从极稳定型多年冻土到季节性冻土呈现出单峰特征，即植被盖度从极稳定型多年冻土到过渡型多年冻土先增加，然后从过渡型多年冻土到季节性冻土又降低。这也在一定程度上表明，在不同降雨机制影响下的不同区域，多年冻土变化对高寒草地植被盖度的影响不尽相同（图 6-8）。不同生态系统类型植被盖度亦具有较大的空间分异特征，2018 年在祁连山关键区的调查显示，民勤荒漠观测植被盖度平均值仅为 10.91%，高寒草地、高山草地和荒漠草原植被盖度平均值均在 60% 以上（图 6-9），表明植被状况较好。

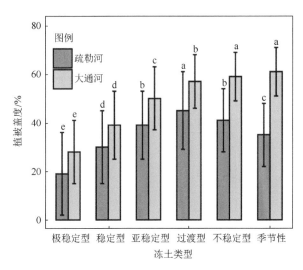

图 6-8　祁连山疏勒河和大通河流域不同多年冻土区植被盖度特征（周兆叶等，2011）

不同字母（a，b，c，d，e）表示 LSD 检验的差异显著性

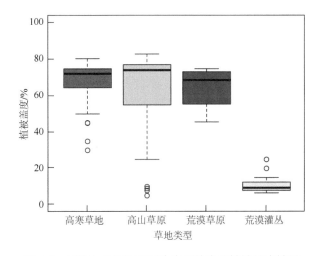

图 6-9　祁连山关键区不同生态系统类型植被盖度特征

　　植被盖度－地表温度之间的关系通常用于陆地生态系统地表水分的反演。此外，植被盖度－地表温度的正负相关性可以体现出影响植被生长的主要因素（热量和水分），线性关系的斜率可以反映出热量和水分在植被生长中的制约作用大小。在不同多年冻土区，植被盖度和地表温度的相关性存在着明显的分异特征（图6-10），在极稳定型和稳定型多年冻土区，植被盖度与地表温度呈显著正相关，表明热量是限制该区植被生长的主要因素，海拔越高，植被对热量的需求越强；亚稳定型多年冻土区植被盖度与地表温度略呈弱正相关，说明热量、水分在该区达到较好的组合，气温升高有利于该区植被的生长；过渡型多年冻土区、不稳定型多年冻土区和季节性冻土区植被盖度与地表温度表现为负相关，水分是制约该区植被发育的主要因素。气温升高引起的冻土退化可能会对半干旱区的极稳定型、稳定型多年冻土区以及半湿润区的所有冻土区的高寒草地产生有利影响。

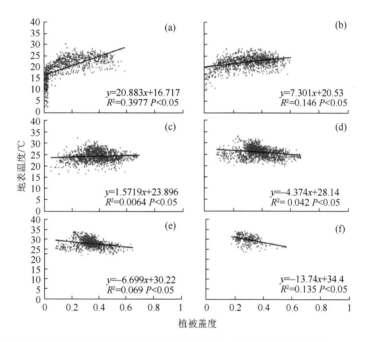

图6-10　祁连山疏勒河流域不同多年冻土区植被盖度与地表温度的相关性（Yi et al.，2011）

(a) 极稳定型多年冻土；(b) 稳定型多年冻土；(c) 亚稳定型多年冻土；(d) 过渡型多年冻土；

(e) 不稳定型多年冻土；(f) 季节性冻土

2. 祁连山冻土变化对高寒草地群落结构和物种多样性的影响

　　土壤温度、水分和养分是影响高寒和干旱－半干旱地区植物群落结构的主要环境因子，而土壤含水量受到多年冻土埋深的影响。黄河源区的研究揭示了多年冻土埋深变化与植被盖度之间的关系，研究表明，植被盖度随着多年冻土埋深的增加呈现出逐渐减小的趋势，相应地，生态系统类型由沼泽草甸向高寒草甸和沙地转变（图6-11）。在祁连山地区的研究也表明，多年冻土退化后，土壤含水量减少，湿生生境的青藏嵩草、小嵩草、双柱头藨草、莫氏苔草、粗喙苔草、红景天等植物减少，而旱生中生种类紫花针茅、扁穗冰草、早熟禾、紫羊茅、禾叶风毛菊、沙生风毛菊、钻叶风毛菊等繁衍较快，导致植物群落从高寒沼泽化草甸演替为典型高寒草甸、草原化草甸、高寒草原，最终成为沙化草地，群落植物组成从湿生或中湿生逐渐向中生、中旱生乃至旱生转变。

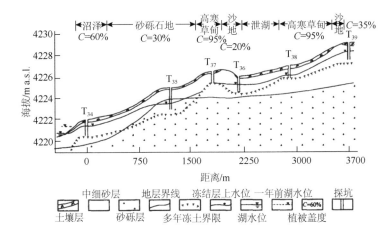

图 6-11　多年冻土不同埋深条件下植被盖度变化剖面图（梁四海等，2007）

图中"T"表示探坑，下标数字表示其编号

　　生物多样性是陆地生态系统功能的关键驱动者，祁连山地区独具特色的生物多样性资源是西北地区重要的生物基因库，在维持山地－荒漠－绿洲复合生态系统稳定和可持续发展方面发挥着重要作用（王金叶等，1997；王国宏，2002）。在疏勒河源区中长期定位观测的研究表明（表 6-1），冻土变化对高寒草地植物生物多样性具有显著影响。在过渡型多年冻土区，高寒草地植物物种丰富度和多样性指数 2011～2018 年显著增加；在亚稳定型多年冻土和季节性冻土区，高寒草地植物物种丰富度和多样性指数 2011～2018 年有轻微增加；但是在不稳定型多年冻土区，2011～2018 年高寒草地植物物种丰富度和多样性指数没有明显差异。在所有的多年冻土区，高寒草地植物 Pielou 均匀度指数（E）均呈现出下降趋势，表明单一优势种的植物群落结构逐渐被多优势度的群落结构所取代，植被群落的这种变化有利于高寒草地生态系统稳定性的维持，以应对来自气候变化、自然和人类扰动的影响。

表 6-1　2011 年和 2018 年疏勒河源区不同冻土类型区高寒草地生物多样性

多年冻土类型	2011 年				2018 年			
	N	H	D	E	N	H	D	E
亚稳定型	16.78	0.89	2.43	0.36	18.25	0.93	2.75	0.32
过渡型	13.09	0.89	2.31	0.38	20.00	0.94	2.85	0.31
不稳定型	16.90	0.91	2.78	0.37	16.14	0.92	2.64	0.33
季节性冻土	9.01	0.83	1.95	0.43	11.67	0.89	2.33	0.36

注：N、H、D 和 E 分别表示物种丰富度、Shannon-Wiener 指数、Simpson 指数和 Pielou 均匀度指数。

3. 祁连山冻土变化对高寒草地生物量的影响

植被生物量是陆地生态系统获取能量、固定 CO_2 的物质载体，是定量表示植被生产力状况和生态系统健康的重要指标，冻土变化对地上和地下生物量具有显著影响。通过对比分析 2011 年和 2018 年祁连山疏勒河源区不同冻土类型分布区地上和地下生物量特征，可以看出，不同冻土类型地上和地下生物量差异显著（图 6-12）。在亚稳定型多年冻土区，2018 年地上和地下生物量较 2011 年分别减少了 152.31 g/m^2 和 8.71 kg/m^2。在过渡型多年冻土区，地上生物量在 2011 年和 2018 年没有明显差异，但是 2018 年地下生物量减少了 5.85 kg/m^2。在不稳定型多年冻土区，2018 年地上和地下生物量均比 2011 年有所增加；但是在季节性冻土区 2011 年和 2018 年地上和地下生物量均没有显著差异。

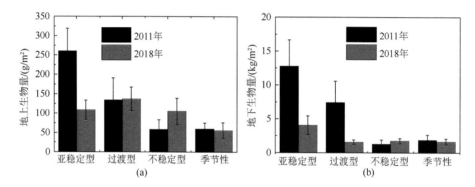

图 6-12　祁连山疏勒河源区不同冻土类型地上（a）和地下（b）生物量变化特征

（Qin et al.，2014）

6.1.3　冻土变化对土壤的影响

1. 多年冻土变化对土壤理化性质的影响

祁连山疏勒河源区不同类型冻土土壤理化性质见表 6-2，由表 6-2 可见，土壤水分波动范围较大，变化范围为 9.1% ～ 32.0%，并且随冻土退化程度的加深，土壤水分呈现出先增加后逐渐下降的趋势，稳定型与过渡型多年冻土土壤水分显著高于其他冻土类型。不同冻土类型土壤温度为 5.9 ～ 20.3℃，随着冻土退化程度加深，土壤温度呈显著增加趋势。不同冻土类型电导率变幅在 1.9 ～ 148.9 mS/m，同土壤温度相似，随着冻土退化梯度，电导率呈波动增加趋势。与其他理化性质相比，pH 变化范围较小，均呈弱碱性，为 7.89 ～ 8.05，且各冻土类型之间没有显著性差异。土壤总溶解性固体含量变化范围为 48.03 ～ 143.33 mg/L。其中，过渡型和季节性冻土土壤总溶解性固体含量较高，其次为不稳定型多年冻土，稳定型多年冻土最低。极稳定型多年冻土砂粒含量最高，为 77.4%，季节性冻土黏粒含量最高（48.7%）。极稳定型多年冻土的土壤有机碳和全氮储量显著高于其他多年冻土类型。冻土变化引起水热改变是影响土壤有机碳和全氮储量的重要因素，冻土冻融循环引起的下垫面坍塌会改变土壤矿化作用、淋溶作用和微生物分解作用，同时也加速了土壤养分侧向水平迁移，因而也会导致高寒草地生态系统有机碳和全氮的流失（图 6-13）。

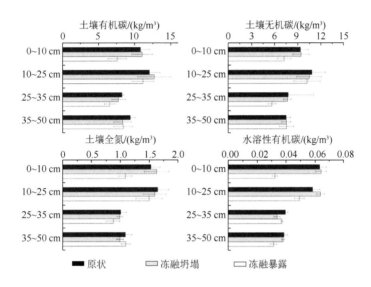

图 6-13　多年冻土坍塌的不同阶段土壤有机碳密度（Mu et al.，2016）

表 6-2　祁连山疏勒河源区不同类型冻土土壤理化性质（张宝贵，2016；Chen et al.，2012）

土壤理化性质	冻土类型				
	极稳定型	稳定型	过渡型	不稳定型	季节性
土壤水分 /%	9.1±0.6	30.5±0.7	32.0±0.2	10.3±0.4	18.8±0.3
土壤温度 /℃	5.9±0.6	14.4±3.8	19.4±4.4	20.0±3.3	20.3±1.0
电导率 /(mS/m)	1.9±2.3	18.8±1.8	37.5±4.9	36.1±1.9	148.9±12.9
pH	—	7.92±0.30	7.97±0.23	7.89±0.23	8.05±0.38
总溶解性固体含量 /(mg/L)	—	48.03±2.93	80.26±0.50	53.31±1.41	143.33±17.9
土壤砂粒 /%	77.4±17.1	41.1±1.4	56.6±3.6	58.1±3.7	33.2±1.8
土壤黏粒 /%	16.2±1.4	41.8±1.3	35.5±2.7	28±6.0	48.7±2.4
土壤粉粒 /%	6.4±0.3	17.2±2.7	7.9±0.9	13.9±2.4	18.1±4.2
土壤有机碳 /10^{12}g	8.371	1.401	1.518	1.901	1.761
土壤全氮 /10^{12}g	0.912	0.173	0.174	0.188	0.185

2. 冻土变化对土壤微生物的影响

土壤微生物是生物圈各种生态系统中必不可少的一部分，植物的光合作用产物及枯枝落叶是微生物分解的碳源，而微生物则将这些复杂的有机物分解为植物可以利用的简单的物质，以促进全球生物地球化学循环，特别是碳、氮循环。作为微生物生存的环境之一，冻土在全球碳、氮循环以及维持整个生态系统平衡及稳定方面发挥着重要作用。

多年冻土中细菌对环境变化很敏感，能够较好地指示生态系统功能的变化。祁连山疏勒河上游不同类型冻土表层可培养细菌数量为 $4\times10^6 \sim 5.3\times10^7$ 菌落形成单位 /g，平均值为 2.7×10^7 菌落形成单位 /g。三个平行样均表现出可培养细菌数量随冻土退化程度增加而下降的趋势。重复 2 样品中可培养细菌数量最多，但不同类型冻土不同重复样细菌数量的变化未表现出一致的规律性（图 6-14）。总体来讲，极不稳定型多年冻土三个重复样品中可培养细菌数量变化幅度最小且可培养细菌数量最少。不同类型冻土可培养细菌 Shannon-Wiener 多样性指数的变化范围为 $1.64 \sim 2.74$，且随着冻土退化程度的加深，Shannon-Wiener 多样性指数呈现先增加后下降的趋势，过渡型多年冻土可培养细菌 Shannon-Wiener 多样性指数最高，且与其他三种类型存在显著性差异（图 6-15）。与可培养细菌数量一致，极不稳定型多年冻土可培养细菌 Shannon-Wiener 多样性指数也最低，表明冻土退化到极不稳定阶段微生物数量与多样性都受到严重影响。

多年冻土中的甲烷代谢微生物可氧化或产生甲烷，影响着甲烷所参与的碳循环过程，对于全球温室气体的释放和调节具有重要的作用。祁连山多年冻土变化对产甲烷菌种群结构具有显著影响。冻土层中产甲烷菌基因拷贝数是土壤活动层中产甲烷菌拷贝数的 $5 \sim 6$ 倍（图 6-16），其拷贝数分别为 2.23×10^6 菌落形成单位 /g 和 1.24×10^7 菌落形成单位 /g。土壤活动层中甲烷氧化菌基因拷贝数是冻土层中甲烷氧化菌基因拷贝数的近 20 倍（图 6-16），其拷贝数分别为 5.09×10^7 菌落形成单位 /g 和 2.60×10^6 菌落形成单位 /g。随着多年冻土的退化，将会有更多的产甲烷菌从冻土层被释放到土壤活动层中，从而加速土壤有机碳的代谢。

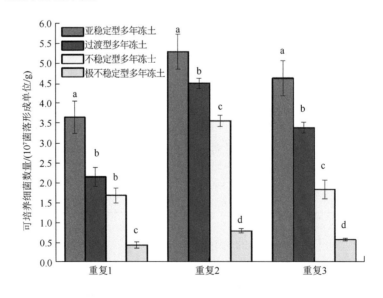

图 6-14　不同类型冻土可培养细菌数量特征（张宝贵，2016）

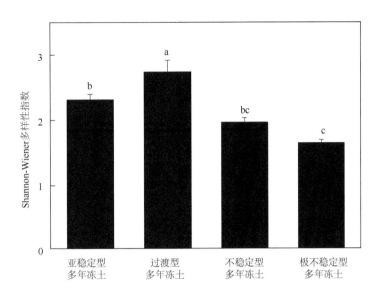

图 6-15 不同类型冻土可培养细菌多样性指数（张宝贵，2016）

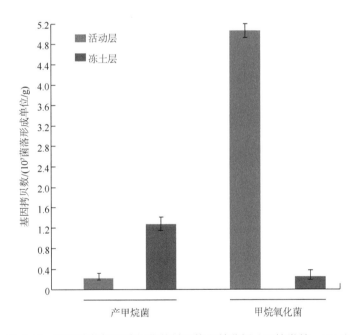

图 6-16 产甲烷菌与甲烷氧化菌基因拷贝数分析（王艳发等，2016）

　　祁连山冻土层和土壤活动层中产甲烷菌和甲烷氧化菌群体组成亦存在明显的差异。产甲烷菌均属于广古菌门（Euryarchaeota），包括水稻丛（Rice Cluster I）、甲烷八叠球菌属（*Methanosarcina*）、甲烷微菌属（*Methanomicrobium*）、甲烷鬃菌科（Methanosaetaceae）和甲烷杆菌科（Methanobacteriaceae）五种类型，分别占产甲烷菌克隆序列总数的46.8%、27.7%、14.9%、6.4% 和 4.2%。在土壤活动层中，水稻丛、甲烷八叠球菌属、

甲烷微菌属、甲烷鬃菌科和甲烷杆菌科分别占该层克隆序列总数的 39.1%、13.1%、
30.4%、13.1% 和 4.3%，表明水稻丛和甲烷微菌目是土壤活动层产甲烷菌的优势种群
［图 6-17（a）］。土壤活动层与冻土层两种土壤样品中所出现的甲烷氧化菌类型
均属于变形菌门（Proteobacteria）。土壤活动层土壤中的甲烷氧化菌包括甲基孢
囊菌属（*Methylocystis*）和甲基细菌属（*Methylobacter*）两种类型，它们分别隶属
于 Ⅱ 型甲烷氧化菌（Type Ⅱ）中的 α- 变形菌门（α-Proteobacteria）和 Ⅰ 型甲烷氧
化菌（Type Ⅰ）中的 γ- 变形菌门（γ-Proteobacteria），分别占该层克隆文库中序列总
数的 45% 和 55%。而在冻土层土壤中，所有的甲烷氧化菌的序列全都属于甲基孢
囊菌属［图 6-17（b）］。

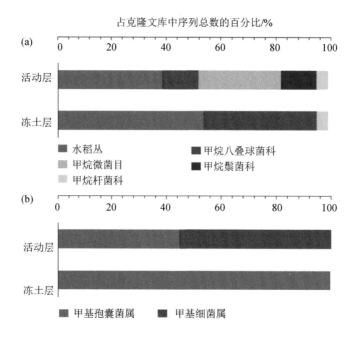

图 6-17　祁连山木里地区活动层与冻土层产甲烷菌（a）和甲烷氧化菌（b）多样性（王艳发等，2016）

　　祁连山冻土中可培养细菌数量与土壤水分存在显著正相关关系（$R=0.629^*$，
$P=0.028$），与总溶解性固体含量呈显著负相关关系（$R=-0.755^{**}$，$P=0.005$）。与细菌
数量不同，影响细菌多样性的主要环境因子包括土壤水分、土壤有机碳、土壤全氮
（$R=0.84^{**}$，$P=0.001$；$R=0.587^*$，$P=0.045$；$R=0.639^*$，$P=0.025$），说明决定细菌多样
性的环境因素更为复杂。RDA 分析进一步证实以上结果，第一轴解释了总体变量的
99.4%，第二轴解释了总体变量的 0.3%，且与土壤有机碳相比，土壤细菌的数量与多
样性更受限于土壤全氮含量。而土壤总溶解性固体含量、pH、土壤盐分均与可培养
细菌数量与多样性指数成反比（图 6-18）。
　　多年冻土退化后引起高寒草地逆向演替：由高寒沼泽草甸、高寒草甸到高寒草原的
逆向演替过程中，植物生物量是驱动微生物多样性和群落构建过程的关键因子。微生物
β 多样性以物种替换为主［图 6-19（a）］，群落构建以随机组装过程为主［图 6-20（b）］，

二者均在植被逆向演替过程中逐渐增加 [图 6-19（b） 和图 6-20（a）] 。植被逆向演替不仅加强了微生物群落与环境因子之间的联系，而且提升了微生物群落对环境扰动的敏感性，同时也降低了微生物群落抵抗自身组成不变的能力（抵抗力）。此外，冰缘植被土壤微生物群落对环境变化的敏感性较低、抵抗力较强，可能拥有高寒生态系统中最稳定的微生物群落。

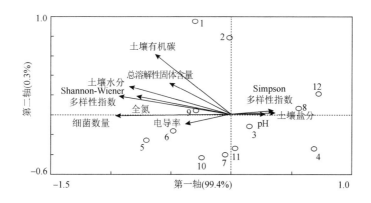

图 6-18　土壤理化性质与可培养细菌数量及多样性的冗余分析（张宝贵，2016）

1、5、9 为亚稳定型多年冻土；2、6、10 为过渡型多年冻土；3、7、11 为不稳定型多年冻土；

4、8、12 为极不稳定型多年冻土

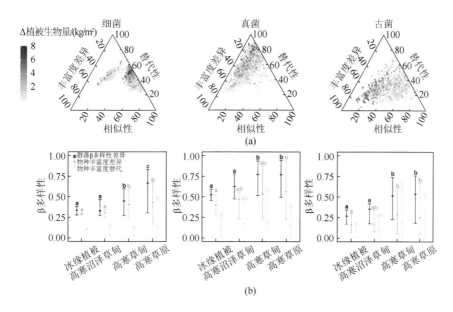

图 6-19　土壤微生物群落 β 多样性分解及其在不同植被类型中的差异（Wu et al., 2022）

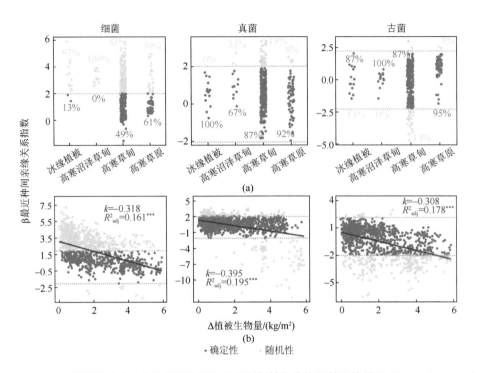

图 6-20　不同植被类型中微生物群落构建组分及其与植物生物量差异的关系（Wu et al.，2022）

3. 冻土变化对生态系统碳储量的影响

多年冻土区储存着大量有机碳，占全球土壤碳库的一半以上，对气候变化异常敏感。多年冻土区生态系统碳储量取决于植被通过光合作用固定碳和生态系统排放碳之间的动态平衡。基于在祁连山疏勒河流域尺度的研究表明（图 6-21），2001～2019 年该区域多年冻土区高寒草地生态系统碳储量增加了 13.69%；在空间上表现为由东南向西北

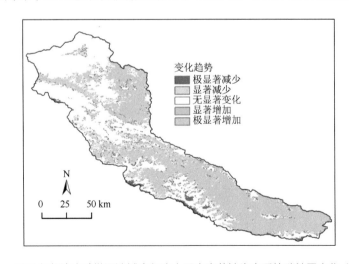

图 6-21　2001～2019 年祁连山疏勒河流域多年冻土区高寒草地生态系统碳储量变化（Wei P et al.，2021）

递减的趋势，显著增加区域主要集中在低海拔地区；气候变化导致该区碳增加 4.39 Tg C。在青藏高原尺度的研究也发现，在未来气候变暖情景下，青藏高原高寒草地生态系统碳储量呈增加趋势，主要归因于 CO_2 的施肥作用（图 6-22）。

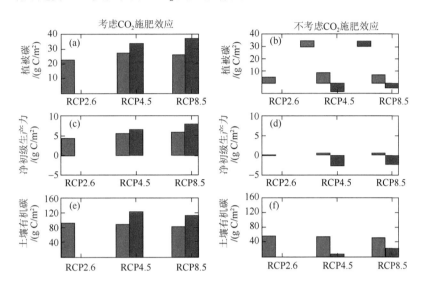

图 6-22   青藏高原不同情景下（RCP2.6、RCP 4.5 和 RCP 8.5）达到温升 1.5℃ 和 2℃（分别为绿色和红色）时考虑 CO_2 施肥效应和不考虑 CO_2 施肥效应（Yi et al.，2019）

土壤温度和土壤水分是影响冻土区植被生长和土壤养分循环的重要环境因子，而地上植被向土壤返还的有机质是土壤养分的重要来源。通过分析祁连山疏勒河源区高寒草地土壤有机碳和土壤全氮与土壤温度、土壤水分、植被盖度和地上生物量的关系可知，土壤有机碳和土壤全氮与土壤温度呈弱正相关关系 [图 6-23（a）、图 6-23（b）]，而与土壤水分、植被盖度和地上生物量具有显著的正相关关系 [图 6-23（c）、图 6-23（d）和图 6-24]，表明冻土变化引起的土壤暖干化可能会加速土壤有机碳的流失。此外，冻土变化引起地上植被盖度和生物量的变化，可能会导致地上植被返还土壤的凋落物和有机质发生改变，从而影响高寒草地土壤有机碳和土壤全氮含量。

除了土壤水热和植被的影响外，多年冻土退化降低了活动层土壤微生物群落的稳定性，表现在重度退化多年冻土区活动层土壤微生物群落对环境变化的敏感性更高（图 6-25）、微生物群落共现网络更不稳定 [图 6-26（a）] 且稳健性更低 [图 6-26（b）]。尤为重要的是，多年冻土退化下的活动层土壤微生物稳定性下降和碳损失紧密关联，即微生物群落的相异性每增加 10%，重度退化的多年冻土区土壤碳损失增加 0.1% ～ 1.5%（图 6-27）。因此，多年冻土退化下的土壤微生物群落响应特征很可能导致高寒生态系统对气候变暖产生正反馈。

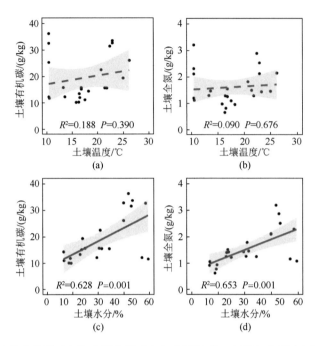

图 6-23　土壤有机碳（a）和土壤全氮（b）与土壤温度、土壤有机碳（c）和土壤全氮
（d）与土壤水分的相关性

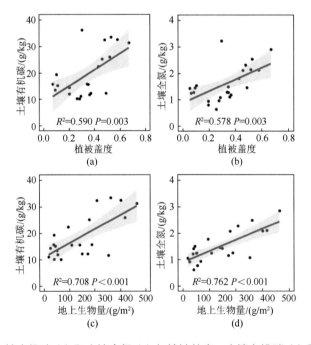

图 6-24　土壤有机碳（a）和土壤全氮（b）与植被盖度、土壤有机碳（c）和土壤全氮
（d）与地上生物量的相关性

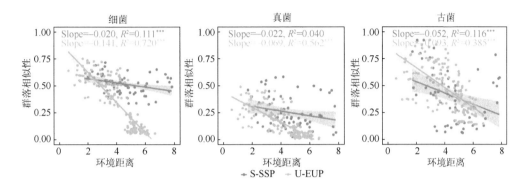

图 6-25　土壤微生物群落相似性和环境距离之间的关系（Wu M et al.，2021）

S-SSP 表示多年冻土稳定和次稳定阶段；U-EUP 表示多年冻土不稳定和极度不稳定阶段

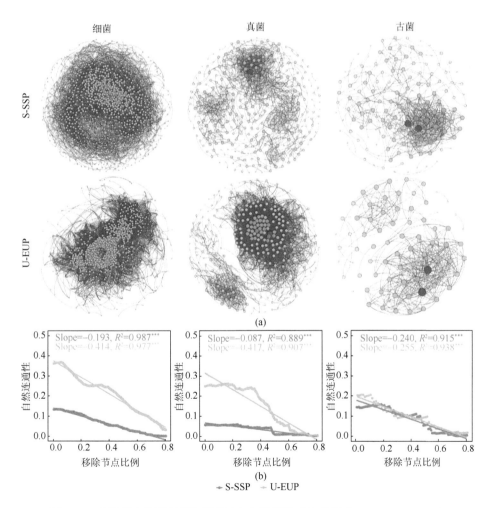

图 6-26　土壤微生物群落共现网络（a）和稳健性（b）分析（Wu M et al.，2021）

S-SSP 表示多年冻土稳定和次稳定阶段；U-EUP 表示多年冻土不稳定和极度不稳定阶段

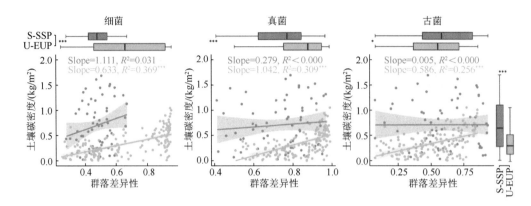

图 6-27　土壤碳密度和微生物群落差异性的关联（Wu M et al.，2021）

S-SSP 表示多年冻土稳定和次稳定阶段，U-EUP 表示多年冻土不稳定和极度不稳定的阶段

4. 祁连山冻土变化对高寒草甸生态系统碳排放的影响

全球高纬度和高海拔多年冻土区土壤有机碳储量约为 1672 Pg，大约占全球土壤碳库的 50%（Tarnocai et al.，2009）。低温下土壤有机质缓慢的分解速率，导致冻土固存大量的有机碳，在全球变暖的背景下，多年冻土具有巨大的碳排放潜力，生态系统呼吸是碳排放的主要方式。生态系统呼吸作用仅次于生态系统光合作用，是陆地生态系统最大和最重要的碳通量，对全球大气 CO_2 浓度和气候变化具有重要的调控作用。因此，光合作用固定的碳和系统呼吸排放的碳都可能导致大气 CO_2 浓度发生巨大的年际变化。

祁连山地区属于气候变化的敏感区和生态脆弱带，对气候变化和人类活动的扰动十分敏感，在未来全球碳循环调控中发挥着重要的作用。鉴于此，在该地区开展了大量的基于空间序列替代时间序列（在不同冻土区选择不同的草地类型）的研究，以探讨多年冻土退化对高寒草地土壤和植被的影响。但是选择的不同样地由于放牧强度及空间异质性，可能会错误地估计冻土退化对高寒草地的影响。因此，定点的控制（增温）实验能够有效地模拟高寒草地生态系统碳动态对多年冻土退化的响应。

1）增温对土壤温度和水分的影响

增温和对照样地 2012 ～ 2017 年 5 cm 土壤温度和土壤水分含量如图 6-28 和图 6-29 所示。同对照相比，增温处理导致土壤温度升高，但是增温对土壤水分含量的影响不大。增温和对照处理土壤温度的年际差异较大，2015 年增温和对照土壤温度最低，生长季最高温度分别为 12.21℃和 12.80℃，2016 年增温和对照土壤温度最高，生长季最高温度分别为 14.09℃和 14.69℃；但是土壤水分含量的年际差异较小，2012 ～ 2017 年增温和对照处理土壤水分含量基本维持在 30% ～ 35%。从不同年份来看，2012 年生长季增温较对照土壤温度和水分分别增加了 0.62℃和 0.55%，2013 年分别增加了 0.76℃和 0.91%，2015 年分别增加了 0.37℃和 1.09%，2016 年分别增加了 0.89℃和 1.46%，2017 年分别增加了 0.55℃和 1.19%。

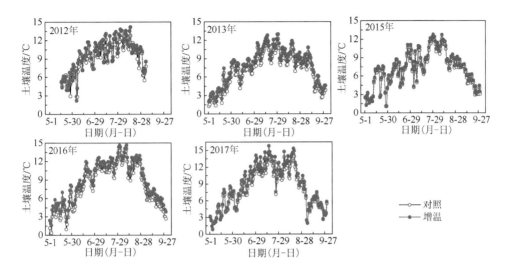

图 6-28　2012 ~ 2017 年生长季高寒草甸增温和对照样地 5 cm 土壤温度变化特征

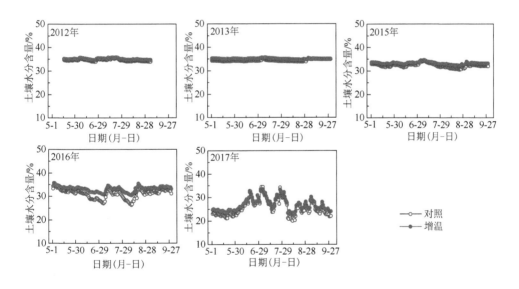

图 6-29　2012 ~ 2017 年生长季高寒草甸增温和对照样地 5 cm 土壤水分变化特征

2) 增温对地上和地下生物量、土壤有机碳和全氮密度的影响

增温对地上和地下生物量具有显著影响（表 6-3、图 6-30），增温处理样地地上和地下生物量要高于对照样地，但是在不同年际增温对地上和地下生物量的影响有所差异，增温后 2012 ~ 2017 年地上生物量高于对照样地，但是地上生物量只在 2013 年、2016 年和 2017 年表现出显著差异性（$P<0.05$）（表 6-3）。从不同年份来看，2012 年增温样地较对照样地地上和地下生物量分别增加了 40.62% 和 29.22%，2013 年分别增加了 94.97% 和 35.51%，2015 年分别增加了 64.61% 和 26.23%，2016 年分别增加了 83.86% 和 10.76%，2017 年分别增加了 89.09% 和 15.16%。虽然增温样地土壤有机碳和

土壤全氮均高于对照样地（图 6-31），但是除 2013 年和 2015 年增温样地土壤有机碳密度显著高于对照样地外（$P<0.05$）（表 6-3），在其他不同年份增温处理下土壤有机碳和全氮密度的增加与对照相比没有表现出差异显著性（$P>0.05$）（表 6-3）。

表 6-3   增温对地上和地下生物量、土壤有机碳和全氮密度的影响

年份	地上生物量 /(g/m²)		地下生物量 /(kg/m²)		土壤有机碳 /(kg/m²)		土壤全氮 /(kg/m²)	
	F 值	P 值	F 值	P 值	F 值	P 值	F 值	P 值
2012	1.42	0.29	0.89	0.47	2.19	0.16	3.78	0.06
2013	4.80	0.04*	5.29	0.03*	5.96	0.03*	7.19	0.02*
2015	3.31	0.08	6.31	0.02*	133.71	0.00**	5.91	0.03*
2016	7.02	0.02*	3.47	0.07	1.43	0.29	1.34	0.31
2017	6.24	0.03*	1.32	0.32	2.44	0.14	3.22	0.10

* 和 ** 分别表示在 0.05 和 0.01 水平下的差异显著性。

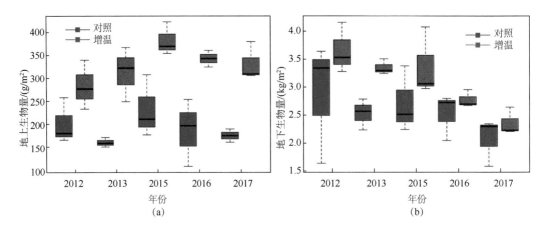

图 6-30   增温和对照样地 2012 ～ 2017 年地上和地下生物量特征

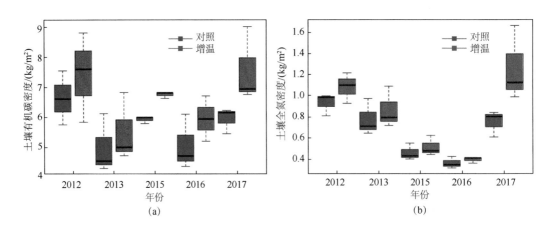

图 6-31   增温和对照样地 2012 ～ 2017 年土壤有机碳和全氮密度特征

3）增温对系统呼吸的影响

高寒草甸系统呼吸具有显著的月变化特征（图 6-32）。在月尺度上，除了 2016 年 6 月之外，2012 ～ 2017 年 6 ～ 8 月增温样地系统呼吸显著高于对照样地（$P<0.05$），尽管 2012 ～ 2015 年 5 月和 2012 ～ 2013 年 9 月增温样地系统呼吸要高于对照样地，但是只有 2013 年 9 月差异显著（$P<0.05$）。在年际尺度上，增温和观测时间对系统呼吸的影响具有显著差异，2012 ～ 2017 年增温和观测时间显著影响系统呼吸速率，但是只有 2016 年增温和观测时间二者的交互作用对系统呼吸速率有显著影响（表 6-4）。

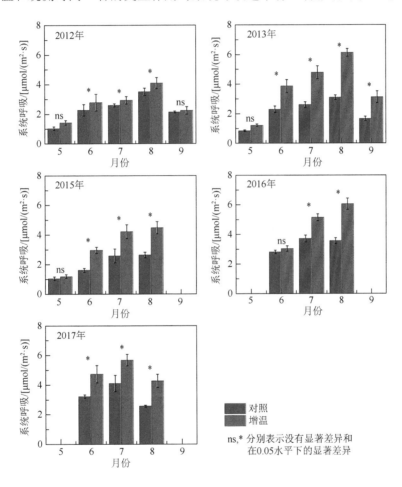

图 6-32 高寒草甸增温和对照样地系统呼吸月变化特征

表 6-4 增温对系统呼吸的影响

变异来源	2012 年		2013 年		2015 年		2016 年		2017 年	
	F 值	P 值	F 值	P 值	F 值	P 值	F 值	P 值	F 值	P 值
增温	16.30	0.05	148.76	<0.01	93.20	<0.01	63.22	<0.01	9.91	<0.05
时间	20.75	<0.01	26.71	<0.01	33.90	<0.01	37.23	<0.01	11.09	<0.05
增温 × 时间	0.16	0.84	1.89	0.16	4.36	0.06	9.50	<0.05	0.01	0.99

4）影响系统呼吸的因子

温度是影响高寒草甸系统呼吸一个重要的环境因子，在增温和对照样地，2012～2017 年生长季系统呼吸速率表现出随温度指数增加的趋势（图 6-33）。但是随着增温年限的增加，系统呼吸速率与温度的相关性呈下降趋势，例如，2012 年生长季土壤温度分别解释了对照和增温样地系统呼吸 50% 和 64% 的变异、2013 年生长季分别解释了 56% 和 64% 的变异、2015 年分别解释了 56% 和 42% 的变异、2016 年分别解释了 46% 和 20% 的变异，而 2017 年仅分别解释了 30% 和 13% 的变异（图 6-33）。增温后引起的土壤温度的变化值、土壤水分的变化值与系统呼吸的增加值呈现弱的正相关关系，而地上生物量的增加值与系统呼吸的增加值呈现显著的正相关关系（图 6-34）。

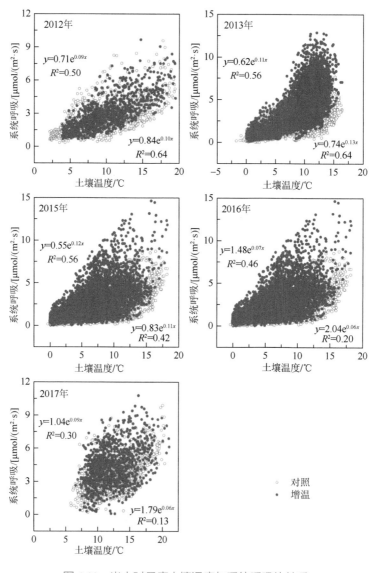

图 6-33　半小时尺度土壤温度与系统呼吸的关系

Q_{10} 是衡量系统呼吸对温度敏感性的一个重要指标，在不同年份，Q_{10} 值呈现出随增温先增加后降低的趋势（图 6-35）。例如，2012 年对照和增温 Q_{10} 值分别为 2.36 和 2.61，2013 年分别为 2.94 和 3.71，2015 年分别为 3.16 和 2.97，2016 年分别为 1.99 和 1.80，2017 年分别为 1.99 和 1.80。结果表明，温度在增温前期对系统呼吸起主导作用，但是随着增温年限的增加，系统呼吸对土壤温度表现出适应性，生物量的增加是增温后期系统呼吸增加的主要原因。

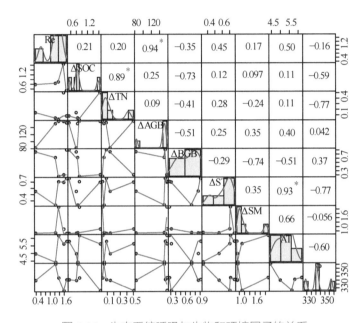

图 6-34　生态系统呼吸与生物和环境因子的关系

Re 表示系统呼吸（$\mu mol \cdot m^{-2} s^{-1}$）；$\Delta SOC$ 表示增温和对照土壤有机碳差值（$kg \cdot m^{-2}$）；ΔTN 表示增温和对照土壤全氮差值（$kg \cdot m^{-2}$）；ΔAGB 表示增温和对照地上生物量差值（$g \cdot m^{-3}$）；ΔBGB 表示增温和对照地下生物量差值（$kg \cdot m^{-2}$）；ΔST 表示增温和对照土壤温度差值（℃）；ΔSM 表示增温和对照土壤水分差值；AT 表示气温（℃）；P 表示降水（mm）；* 表示在 0.05 水平下的显著差异

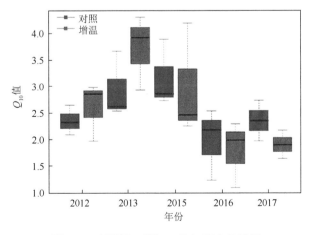

图 6-35　增温和对照 Q_{10} 值年际变化特征

6.2 积雪、冻土变化对植被变绿与物候的影响

地球近期的变绿（植被生长增强）趋势受到了地球科学界的极大关注。自 20 世纪 80 年代以来，世界范围内的植被变绿在增强，除了相关人类活动强烈影响地区的植树造林和农业种植强度加大引起植被变绿外（如我国、印度等），世界其他大范围地区的植被变绿与全球变化有关，二氧化碳施肥效应（大气中二氧化碳浓度升高，植物的光合作用就会增强，植物的生产率也就会有一定的提高）是植被变绿的主要驱动因素（Zhu et al.，2016）。另外，相关研究表明，植被变绿引起的植物固碳量增加和陆 - 气相互作用变化可缓解全球变暖（Alkama et al.，2022），即具有冷效应。然而，不论是植被变绿的主要驱动因素，还是植被变绿的气候效应，在一些个别区域（尤其是在植物生长受到温度限制的高海拔和高纬度寒冷地区）的表现状况会与全球尺度下的状况有所不同。例如，北极苔原地区植被变绿主要与气候变暖有关（Berner et al.，2020），西伯利亚北方森林地区较北美洲更强的植被变绿趋势与该区域多年冻土融化导致的土壤可利用水源增多有关（Forkel et al.，2015），并且变绿在北半球高纬地区表现是增暖效应（Alkama et al.，2022）。最新研究还表明，近 20 年来，全球自然植被总体变绿趋势有所减缓，同时变棕趋势有所增强（Winkler et al.，2021）。北极苔原绝大部分区域在变绿，但也存在一些小范围变棕的区域（植被生长减弱，NDVI 呈降低趋势的区域），这些变棕区域发生在夏季气温和年平均土壤温度降低以及夏季土壤水分减少的区域（Berner et al.，2020）。张镱锂等（2017）的研究表明，青藏高原地区近年来总体也呈变绿趋势，植被覆盖度总体增加，但局部地区植被覆盖度出现下降趋势；祁连山区植被的变化状况与青藏高原的总体变化状况类似，即总体变绿，仅东部小部分区域植被覆盖度下降；气候暖湿化和生态建设是高原植被绿度增加的主要因素，但局部区域人类活动强度增加和气候暖干化导致高寒植被的退化。Huang 等（2022）对近 20 年青藏高原变绿驱动因素进行分析，也认为变暖变湿和生态建设是最主要的驱动因素，同时揭示出城市化、过度放牧和湖泊扩张使整个区域 1.9% 的面积变棕。Maina 等（2022）认为，亚洲高山各区域的变绿在灌溉区域是由灌溉引起的，在中低海拔区域是由降水引起的，而在很多流域则是变暖导致积雪减少从而土壤水分增加引起的。另外，值得注意的是，变暖可导致青藏高原（包括祁连山区）多年冻土退化、活动层增厚、表层土壤含水量下降，从而使植被类型表现为从沼泽化草甸演替为典型草甸、草原化草甸，最终成为沙化草地，群落植物组成会从湿生或中湿生逐渐向中生、中旱生乃至旱生转变，草层高度变矮，植被盖度下降（王根绪等，2001；郭正刚等，2007）。

气候变化对植物物候（植物生长阶段的时序）会产生重要影响，同时植被物候变化会影响到生态系统的碳吸收过程（Piao et al.，2019）。气候变暖已导致中高纬度和高海拔很多地区的生长季开始时间（Start of Growing Season，SOS）提前，生长季结束时间（End of Growing Season，EOS）推后，生长季长度（Length of Growing Season，LOS）延长（张仲德等，2011；May et al.，2020），近年来这些趋势似乎有所减缓甚或逆转（Shen et al.，2015；Piao et al.，2019；Wang et al.，2019）。一般情况下，影响物候变化的因

素在温带和寒带地区主要为温度变化,在干旱半干旱地区主要为降水量变化(张仲德等,2011)。最新关于热带以外区域树木生长对物候变化响应的研究表明,生长季提前促进冷湿地区树木生长(主要是因为生长季提前增加了适宜生长的累积温度),不利于气候较干燥地区树木生长(主要是因为生长季延长可能增加了水分胁迫或霜冻风险)(Gao et al.,2022)。青藏高原高寒草地物候多年均值的空间分布与水热条件关系密切,由东南向西北随着水热条件的恶化,生长季开始时间逐渐推迟,生长季结束时间逐渐提前,生长季长度逐渐缩短(丁明军等,2012)。相关研究表明,青藏高原生长季长度的变化主要来自生长季开始时间的变化(Che et al.,2014)。底阳平等(2019)总结了青藏高原植被物候的相关研究结果,发现近30年来生长季开始时间在整体时间段没有明显变化,但在前后时段内的变化趋势发生了改变,即生长季开始时间在2000年之前每10年提前4～10天,而在2000年之后没有显著变化;同时,生长季前降水增加可使青藏高原大部分地区的生长季开始时间提前,生长季降水增加会使生长季结束时间推迟。贾文雄等(2016)对1982～2014年祁连山不同植被类型物候变化的研究结果表明,各种植被生长季长度集中于110～140天,其中阔叶林植被、针叶林植被生长季长度较长,而荒漠植被、高山植被生长季长度较短;研究时段内祁连山草甸植被、灌丛植被、阔叶林植被和栽培植被生长季长度延长,而荒漠植被生长季长度却出现缩短;草原植被、高山植被、沼泽植被在1982～2006年生长季长度缩短,而在2000～2014年生长季长度却出现延长,针叶林植被在1982～2006年生长季长度延长,而在2000～2014年生长季长度缩短;不同高程的植被物候参数对气候变化的响应程度有所不同,海拔较低的阔叶林生长季开始时间受温度变化影响较大,而其他海拔较高的植被生长季开始时间受水分变化的影响较大,不同植被类型生长季结束时间受温度和水分影响的关系较复杂,但高海拔地区的植被受温度影响更明显。乔灿灿等(2022)对祁连山不同类型植被物候变化的研究也发现,祁连山主要植被类型的生长季开始时间均在1997～2000年发生转折,转折前生长季开始时间呈现显著提前趋势,转折后转为波动趋势;生长季结束时间和生长季长度的转折点均发生在2003年,转折前生长季结束时间显著推迟、生长季长度显著延长,转折后不再具有明显趋势。值得注意的是,前述关于祁连山物候变化的相关研究仅考虑了气温和降水因素的影响,没有考虑冰冻圈等其他因素变化的影响。最近的相关研究表明,在极地和高山地区(甚至中、高纬度的积雪区域),积雪变化对物候也存在重要的影响(Zeng and Jia,2013;Wang et al.,2013;Xie et al.,2017;Wang X et al.,2018;Chen and Yang,2020)。Qi等(2021)最近分析了积雪对祁连山植被物候的影响,结果表明,积雪对祁连山不同类型植被的物候均存在影响,尤其是对草地物候的影响要大于对灌木、森林和农作物物候的影响,并且祁连山大部分地区的积雪持续时间与生长季长度呈正相关关系,积雪结束时间与生长季开始时间之间的关系在高海拔山地地区呈负相关,而在青海湖和冷龙岭地区呈正相关。最新研究表明,北半球多年冻土地区春季植被变绿日期对多年冻土退化的响应比对气候变化的响应更敏感(Wang and Liu,2022)。Gao等(2020)关于黄河源区冻土变化对植被物候的影响的研究结果表明,土壤解冻开始时间提前是生长季开始时间提前的最主要影响因素。李丽丽(2018)对祁连山黑河上游多年冻土区微环境与植被相关性的研究表明，土壤冻结终日每提前 1 天返青期提前 0.05 天，土壤冻结初日每推迟 1 天凋落期推迟 0.19 天，无冻结期每增加 1 天生长季增加 0.17 天。

冰冻圈区域有着其特殊的地表变化过程。祁连山区多年冻土发育广泛，冬季积雪面积大，其地表变化对生态与物候的影响研究目前还十分有限，为了做好祁连山生态环境建设，必须加强这一方面的研究。

6.3 冰川物质亏损与冻土退化对湖泊变化的影响

在祁连山区所有的湖泊都是内流湖泊，它们既是水塔的重要组分，也是自然环境的组成部分，同时也是其他水塔要素变化影响的对象。把它们作为水塔的组分，是因为它们可为当地工业甚或农牧业提供生产用水；把它们作为自然环境的一部分，是因为它们对维护区域生态平衡具有重要作用；把它们作为水塔要素变化影响的对象，是因为水塔其他要素（如冰川等）的变化会引起湖泊水位、面积和水量的变化，进而对环境产生影响。

哈拉湖流域人类活动甚微，尤其是不存在人为水资源开发利用方面的活动。因此，其水量变化（可由水储量或水位或面积的变化来反映）可以指示祁连山水塔区一定范围（其所在流域及其周边流域）的储水量变化与气候环境变化。某一时期冰川物质平衡的累积值大小状况，可以反映这一时期冰川物质总体是处于积累状态（累积物质平衡值为正值）还是处于亏损状态（累积物质平衡值为负值），即这一时期水塔中冰川固体水库的储量是增加的还是减少的。相关研究表明，相距 500 km 范围内的同一山区，不同冰川物质平衡的年际变化是可以比较的，并且彼此之间的距离越近，它们物质平衡变化的相似性就越强（Letreguilly，1990）。由于哈拉湖流域没有监测冰川，而七一冰川距离哈拉湖流域的冰川不足 100 km，因此可以利用七一冰川物质平衡的观测结果来反映哈拉湖流域冰川物质平衡近几十年的变化过程状况。图 6-36 是近 40 年来祁连山哈拉湖水量变化累积值与七一冰川累积物质平衡变化的对比。从图 6-36 可以看出，二者之间存在明显的反相关关系，并且在 2000 年左右当冰川累积物质平衡由正值向负值变化时，湖泊水量开始呈增加趋势。尽管它们之间存在较好的对应关系，但是值得指出的是，从水循环的角度来说，内流湖泊流域是一个开放系统（与全球尺度下陆地与海洋之间水循环的闭环封闭系统不同），其流域内各种水体变化的总体特征首先与大尺度水循环过程或气候变化过程有关，其次才是流域内各连通水体之间的关联与影响。针对哈拉湖流域的具体情况而言，1976～2000 年冰川物质尽管存在增加-减少的变化过程，但其在该时段内总的物质储量没有发生变化，即在这个时间段内哈拉湖水量的总体减少主要与大尺度水循环变化背景下的流域水量平衡过程变化有关；2000～2020 年，冰川物质的总体亏损状况会对这一时期湖泊水量的总体增加状况起一定的作用。

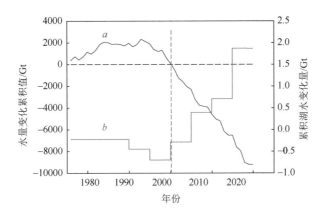

图 6-36　1976 ～ 2020 年祁连山哈拉湖水量变化累积值（曲线 *b*）与七一冰川累积物质平衡变化（曲线 *a*）的比较
资料来源：哈拉湖水量变化数据来自 Zhang 等（2021）

　　为了较客观地认识降水变化以及冰川、多年冻土变化对哈拉湖水量变化的影响，本书对该流域考察研究资料较丰富的近 10 年来的状况做一分析。表 6-5 是哈拉湖流域不同时期的冰川编目资料，据此可以估算出第二次冰川编目（2006 年）到 2014 年哈拉湖流域冰川冰储量大概以 0.026 km³/a（约 0.024 km³/a 水当量）的速率在减少。一般情况下，基于不同遥感资料对同一区域冰川物质平衡变化的估算结果会存在差异。这里基于不同时期的 DEM 资料，获得 2000 ～ 2014 年哈拉湖流域冰川的物质平衡为 -0.26±0.04 m w.e.（贺晶，2020），据此可获得该流域冰川大概以 0.020±0.003 km³/a 水当量的速率亏损。上述两种方法估算的冰川亏损速率基本一致。本次调查结果表明，哈拉湖流域近 10 年来多年冻土地下冰的释水量为 1.04 km³，相当于 0.104 km³/a。根据第 3 章中我们对哈拉湖流域降水变化的研究，可知该流域 2000 ～ 2014 年降水量以 4.6 mm/a 的速率在增加，这相当于整个流域范围内降水量以 0.022 km³/a 的速率在增加。据 Zhang 等（2021）的研究，哈拉湖在 2000 ～ 2015 年湖水量增加了 1.411 Gt，相当于这一时期湖水量的增加速率约为 0.094 km³/a。从上述的相关计算结果可知：①近期该流域冰川物质亏损对湖泊水量增加的贡献至少和降水量增加的贡献相当。一般情况下，降水不会完全产流，目前哈拉湖水域面积占其整个流域面积的 13% 左右，这意味着流域降水量的增加量不会全部进入湖泊。②多年冻土地下冰融化释水量对湖泊水量增加的贡献是最主要的。哈拉湖水量增加的主要影响因素包括降水量增加（湖区降水量增加以及非湖区降水增加引起的地表径流增加）、冰川消融增强和多年冻土地下冰融化释放水量增加三个方面。即使哈拉湖流域降水量的增加量全部入湖，加上冰川物质的亏损量，二者共同对近期该湖水量增加的贡献不到 50%。这意味着哈拉湖近期湖水量增加的一半来自多年冻土地下冰的融化。哈拉湖流域全部位于多年冻土地区，虽然其地下冰融化的释水量不会全部进入湖泊，但其可观的释水量以及多年冻土顶板的隔水作用，会使大量地下冰融化释放的水量沿土壤孔隙汇入河道或直接流入湖区。

表 6-5　近 60 年来哈拉湖流域冰川变化

	第一次冰川编目 (I)	第二次冰川编目 (II)	2014 年冰川编目 (III)	I-II 变化量	II-III 变化量	I-III 变化量
数量 / 条	106	108	107	—	—	—
面积 /km²	89.27	78.8	75.3	-10.47	-3.5	-13.97
冰储量 /km³	4.96	4.44	4.23	-0.52	-0.21	-0.73

资料来源：第一次冰川编目资料来自王宗太等 (1981)；第二次冰川编目资料来自刘时银等 (2015)。

　　另外，值得注意的是，随着全球变暖，多年冻土地区热融湖塘的面积普遍扩大，数量明显增多。基于 Sentinel-2 影像的目视解译研究发现，2020 年前后祁连山地区分布有热融湖塘 2890 个，总面积 54.13 km²（Wei L Y et al.，2021）。祁连山地区热融湖塘主要集中在大通河上游、哈拉湖周边（图 6-37）、巴音郭勒河上游（图 6-38）等地区。热融湖塘的扩张和大量出现，会极大地影响多年冻土区的碳循环过程、热状况以及地表植被状况等。因此，多年冻土退化对环境的影响应予以高度重视。

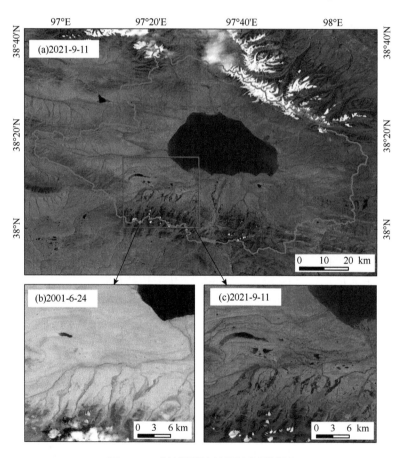

图 6-37　哈拉湖周边地区的热融湖塘

(a) 2021 年 9 月 11 日 Landsat-8 OLI 真彩色影像显示的哈拉湖流域；(b) 2001 年 6 月 24 日 Landsat-7 ETM 真彩色影像显示的哈拉湖西南部地区的热融湖塘状况；(c) 2021 年 9 月 11 日 Landsat-8 OLI 真彩色影像显示的与图 (b) 同范围的热融湖塘状况

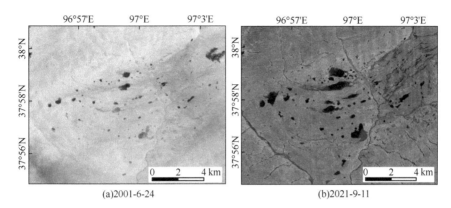

(a)2001-6-24　　　　　　　　　　　　　　(b)2021-9-11

图 6-38　巴音郭勒河上游地区的热融湖塘

第 7 章

祁连山水塔未来变化及其影响

人类活动是 20 世纪以来全球气候变暖的主要影响因素。《巴黎协定》旨在将 21 世纪全球平均气温较工业化之前水平升高控制在 2℃ 以内，并为把升温控制在 1.5℃ 之内而努力。换句话说，人为温室气体排放导致的全球变暖，在近期内是很难发生逆转的，因此我们要积极应对变暖带来的影响和后果，同时尽力减少人类活动对气候的影响。本章将试图分析未来不同排放情景下祁连山区气候的变化情况，同时分析这种变化对水塔的影响。鉴于目前相关的研究积累比较有限，对祁连山区多年冻土、地下水、湖泊、出山径流等的未来变化还难以做出预估，这里仅对未来不同气候变化情景下祁连山区冰雪以及典型流域冰川融水径流的变化进行预估。

7.1 未来气候变化趋势预估

这里选取第 5 次国际耦合模式比较计划（CMIP5）中对中国西北干旱区气候模拟较好的 10 个全球气候模式（GCM）（表 7-1），利用其不同辐射强迫情景下（典型浓度路径 RCP2.6、RCP4.5 及 RCP8.5）的输出结果，计算得到祁连山地区气温和降水的未来变化趋势（图 7-1 和图 7-2）。

表 7-1 采用的 CMIP5 中全球气候模式信息

代码	机构	大气模块分辨率
ACCESS1-0 ACCESS1-3	澳大利亚联邦科学与工业研究组织及澳大利亚气象局	$1.875° \times 1.25°$
Bcc-csm11-1	Beijing Climate Center，China Meteorological Adiminstration，China 中国气象局 北京市气候中心	$\sim 2.8° \times 2.8°$
BNU-ESM	College of Global Change and Earth System Science，Beijing Normal University，China 北京师范大学全球变化与地球系统科学研究院	$\sim 2.8° \times 2.8°$
CanESM2	Canadian Centre for Climate Modelling and Aanalysis，Canada 加拿大气候模拟与分析中心	$\sim 2.8° \times 2.8°$
CCSM4	National Center for Atmospheric Research，USA 美国国家大气研究中心	
CESM1-BGC	Community Earth System Model Contributors，USA 美国通用地球系统模式	$1.25° \times 0.9°$
CNRM-CM5	Centre National de Recherches Météorologiques/Centre Européen de Recherche et Formation Advancées en Calcul Scientifique，France 法国国家气象研究中心 / 欧洲科学计算研究与高级培训中心	$\sim 1.4° \times 1.4°$
CSIRO-Mk3-6-0	Commonwealth Scientific and Industrial Research Organization in collaboration with the Queensland Climate Change Centre of Excellence，Australia 澳大利亚联邦科学与工业研究组织及昆士兰气候变化卓越中心	$1.875° \times 1.875°$
GFDLCM3	NOAA Geophysical Fluid Dynamics Laboratory，USA 美国国家海洋和大气管理局 地球物理流体动力学实验室	$2.5° \times 2°$

通过对至 21 世纪末的气温预估，结果显示，在不同的排放情景下，祁连山地区的气温将可能平均升高 1.02 ～ 6.41℃ /100a，其升温速率随辐射强迫上升而增加。在低排放情景下（RCP2.5 路径），祁连山地区气温由目前至 21 世纪 40 年代存在持续性升温趋势（升温速率为 0.035℃ /a），21 世纪 40 ～ 60 年代维持平稳，并在 21 世纪 60 年代之后开始出现缓慢下降趋势（下降速率约为 0.0025℃ /a）；在中等排放情景下（RCP4.5

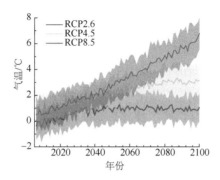

图 7-1　不同排放情景下 CMIP5 计划中 10 个全球气候模式对祁连山地区气温预估结果（实线）及
标准差范围（阴影）

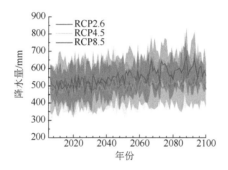

图 7-2　不同排放情景下 CMIP5 计划中 10 个全球气候模式对祁连山地区降水预估结果（实线）及标
准差范围（阴影）

路径），祁连山地区自目前至 21 世纪 50 年代内呈现明显的上升趋势（0.034℃/a），其上升速率自 21 世纪 50 年代开始至 21 世纪末逐渐放缓（0.017℃/a）；在高排放情景下（RCP8.5 路径），区域气温的上升速率在 21 世纪 40 年代前后开始激增，从目前至 21 世纪 40 年代的约 0.047℃/a 增加至 21 世纪 40 年代至 2100 年的 0.068℃/a。总体而言，在不同的 RCP 情景下，祁连山地区气温与全球其他地区的气温变化情景类似，以增温为主要特征，且在高浓度高辐射强迫的情景下增温幅度更为明显。

　　基于不同排放情景下 CMIP5 计划中 10 个全球气候模式对祁连山地区降水平均预估的结果显示，相较于至 2100 年不同排放情景下气温的普遍上升，降水的变化幅度要小得多。CMIP5 多模式数据的预测结果显示，在不同排放情景下，未来祁连山地区的降水量均呈现增加趋势（图 7-2）。到 2100 年，区域年降水量的增加幅度随辐射强迫升高而增加，分别为 0.32 mm/a（RCP2.6）、0.67 mm/a（RCP4.5）以及 1.21 mm/a（RCP8.5）。已有研究结果表明（赵天保等，2014），高浓度路径情景下，未来全球降水的变化基本上呈现降水丰沛的区域将变得更加湿润，而降水较少的干旱区域将变得更加干旱。因此，在祁连山区及其下游平原区，未来可能将出现高海拔较湿润的区域降水强度将持续增加，而在河西走廊干旱区降水可能呈现减少趋势。然而，全球气候模式的空间分辨率较低，难以用于刻画流域尺度上的降水量变化的空间分异性，因此需要对 CMIP5 计划的未来降水数据在祁连山地区进行降尺度。目前，广泛采用的降尺度方法包括统计降尺度和动力降尺度。其中，岳天祥和赵娜（2016）采用了地理加权回归与高精度曲面建模方法（High Accuracy Surface Modeling Method，HASM）（Yue，2011）相结合的方法，基于 RCP2.6、RCP4.5 及 RCP8.5 情景下，对祁连山区黑河流域在未来 3 个时间段（2011 ~ 2040 年、2041 ~ 2070 年、2071 ~ 2100 年）的多年平均降水进行降尺度处理，得到不同排放情景下（RCP2.6、RCP4.5、RPC8.5）3 个时段的多年平均降水量高分辨率的空间分布格局 (1 km)（图 7-3）。与全球气候模式输出结果类似，高分辨率的降水预估结果也显示，在高排放情景下（RCP8.5），祁连山区黑河流域降水增加最多，由 2011 ~ 2040 年的平均 406.05 mm（111.39 亿 m³）增加至 2071 ~ 2100 年的平均 482.23 mm（132.29 亿 m³）。在中等排放情景下（RCP4.5），降水量持续增加，但增加幅度不及高排放情景。而在低排放情景下（RCP2.6），黑河流域降水量在几十年的尺度上变化较小，2011 ~ 2040 年至 2041 ~ 2070 年其降水量从 408.47 mm（112.05 亿 m³）增加至 415.25 mm（113.91 亿 m³），其后略微减少。

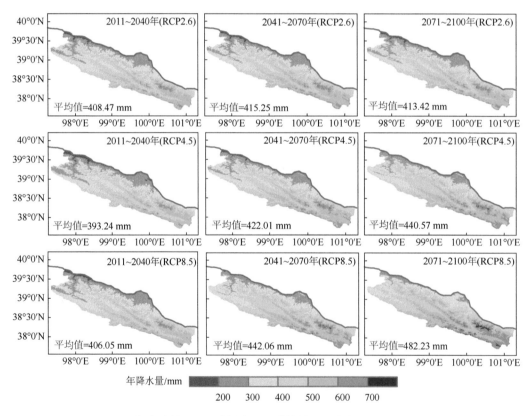

图 7-3　祁连山地区黑河流域在不同排放情景下的未来年降水分布图
资料来源：岳天祥和赵娜（2016）及 Zhao 等（2014，2018）

此外，还有研究者采用区域气候模式，对 CMIP5 计划中未来预估数据集进行动力降尺度，得到高空间分辨率的未来降水预估数据集。例如，高学杰（2019）采用 RegCM4 区域气候模式，将 CMIP5 全球气候模式 HadGEM2-ES 的模拟结果（RCP4.5 情景）作为 RegCM4 的初始和侧边界条件进行驱动，模拟得到东亚地区在 RCP4.5 排放情景下未来至 21 世纪末的高空间分辨率（25km）降水数据集。虽然该动力降尺度降水数据集在祁连山区的预估结果（图 7-4）相较于统计降尺度结果偏高，但也能在一定程度上反映未来祁连山区降水量的时空变化特征。祁连山区域平均年降水量的预估序列显示，在中等排放情境下，未来降水量将呈现波动增加的趋势（图 7-4），增加幅度在 21 世纪末的最后 20 年尤为明显。2025～2098 年，祁连山区均呈现增加趋势 [（图 7-5（d）]，虽然增加幅度的高值区主要分布在高海拔降水丰富的区域，但总体而言，祁连山中西部地区的高海拔区域降水增幅大于其东部地区。这一变化趋势的空间异质性分布将对祁连山生态安全以及下游地区的生产生活带来深远影响。

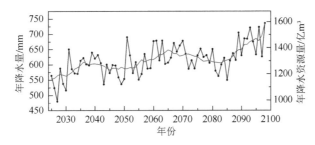

图 7-4　RCP4.5 排放情景下祁连山区年均降水量随时间的变化

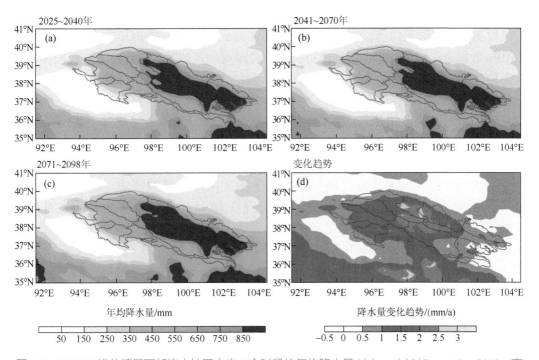

图 7-5　RCP4.5 排放情景下祁连山地区未来 3 个时段的年均降水量 [（a）～（c）]（Gao et al.，2018；高学杰，2019）以及其在 2025～2098 年的线性变化趋势（d）

7.2 冰川未来变化预估

7.2.1 平衡线高度未来变化预估

与冰川长度、厚度、面积等要素相比，冰川平衡线高度（equilibrium-line altitude，ELA）直接由当年气候状态决定。ELA 升高，冰川积累区面积减小而消融区增大，冰川就会因消融增强而退缩。对未来 ELA 变化的预估，有助于我们理解冰川的未来动态。

1. 数据和方法

为探讨祁连山区冰川 ELA 的未来变化趋势，采用 CMIP6 的 22 个全球气候模式模拟数据，其中历史时段为 1850 ～ 2014 年，未来模拟时段为 2015 ～ 2100 年。未来时段包括共享经济社会路径与不同辐射强迫组合的 SSP1-2.6、SSP2-4.5、SSP3-7.0 和 SSP5-8.5 情景（IPCC，2021；O'Neill et al.，2016）。

CMIP6 对未来气候变化的预估由于模式的构架，以及分辨率的不同，模式之间总是存在差异，为减小不确定性，有效的途径是对模式模拟结果进行集合平均（孟雅丽等，2022）。对 CMIP6 的 22 个全球气候模式进行评估，在最佳的 10 个模式中，有 5 个模式提供了向下短波辐射、地面气压、2 m 气温、降水量、风速和比湿，符合计算 ELA 的需求。由于全球气候模式的格点地表海拔与实际海拔有差异，需对 CMIP6 数据进行气候态的偏差订正。亚洲高山区气象资料较为缺乏，故选择 JRA-55 再分析资料对 CMIP6 数据进行订正。JRA-55 再分析资料在亚洲高山区与观测资料的相关性最高（魏莹和段克勤，2020；Zhu et al.，2015）。订正的方法是由双线性插值将 5 个 CMIP6 数据分别插值到 JRA-55 的经纬网格上（0.5625°×0.5625°），然后进行集合平均，再以 1979 ～ 2014 年 JRA-55 的多年月平均的气象要素为准进行逐月气候态的偏差订正，最终获得 4 种情景下 1979 ～ 2100 年逐月的各项气象要素，以驱动物质平衡方程。

这里利用冰川物质能量平衡方程进行平衡线高度变化的预估。由于冰川积累量和消融量随海拔的变化而变化，在每一格点以 20 m 的分辨率从地表向上对气象要素进行插值，然后找到积累量等于消融量的高度，即 ELA。如果在格点附近有冰川，模拟的 ELA 与实际的 ELA 应当相近；否则，模拟的 ELA 只是理论上的ELA。

2. 祁连山冰川 ELA 随时间的变化

作为反映冰川健康程度及冰川演化方向的 ELA，其直接体现了冰川对气候变化的响应。理论上，如果已知所有气象要素的时空分布，就可以由能量物质平衡方程计算冰川累积和消融过程，并获得 ELA 的变化。然而，由于缺乏足够的观测，部分参数

272

只能取近似值，且受气候模式数据质量的影响，模拟的 ELA 必然存在一定的误差。图 7-6 是在七一冰川模拟的 ELA 与观测值的比较。在年际时间尺度上，本书 ELA 与参考 ELA 值之间存在差异，但两者具有相同的变化趋势和均值，两者在同时段的平均值的绝对误差在 20 m 以内。可见，由 CMIP6 的全球气候模式模拟数据，驱动能量物质平衡方程，能较好地模拟祁连山冰川的 ELA 变化。

综合已有的研究结果（段克勤等，2017，2022；Rupper and Roe，2008），以及图 7-6 中模拟与观测值之间的对比，发现从冰川积累和消融的物理变化角度，可以获得祁连山区冰川 ELA 的分布态势及其变化趋势，原因一是 ELA 由气候状态决定，二是模式模拟数据能反映真实的气候状态。由此，模拟的 ELA 不仅可以弥补在空间和时间上观测的不足，而且可以预估不同气候情景下未来 ELA 的变化趋势。

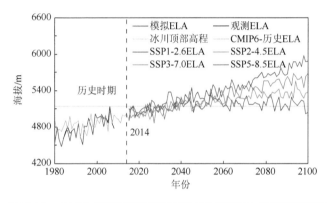

图 7-6　七一冰川 ELA 历史时期模拟值与观测值比较及其在未来不同情景下的变化情况

以祁连山地区为轮廓，把所有格点上的 ELA 进行平均，可以反映祁连山整体 ELA 的变化（图 7-7）。1979 ～ 2014 年，平均温度的变化趋势为 0.37℃ /10a，对应的 ELA 的变化趋势为 6.6 m/a。按照线性趋势，在过去 36 年平均温度升高了 1.332℃，而平均的 ELA 升高了 237.6 m。21 世纪前期，受辐射强迫差异的影响较小，4 种情景下 ELA 变化幅度差异不明显。从 2040 年开始，不同情景下 ELA 变化幅度出现显著差异。SSP1-2.6 情景下，祁连山年平均温度在 2060 年后基本保持稳定并略呈下降趋势，相对于 1995 ～ 2014 年，2080 ～ 2100 年地表气温比参考时段（1995 ～ 2014 年）要高 1.45℃。ELA 在 2060 年后基本保持稳定，到 2100 年的 ELA 比 21 世纪 10 年代的高 210 m。在 SSP2-4.5、SSP3-7.0 和 SSP5-8.5 情景下，祁连山地区年平均温度变化趋势分别为 0.28℃ /10a、0.52℃ /10a 和 0.68℃ /10a，对应的平均 ELA 在 2015 ～ 2100 年的上升趋势分别为 4.9 m/a、8.2 m/a 和 10.6 m/a，相对于 1995 ～ 2014 年，到 2040 ～ 2060 年祁连山平均温度分别升高 1.65℃、1.85℃ 和 2.22℃，对应的 ELA 将分别升高 289 m、334 m 和 427 m，而到 2080 ～ 2100 年平均温度分别升高 2.54℃、4.12℃ 和 5.22℃，对应的 ELA 则分别升高 458 m、675 m 和 889 m。

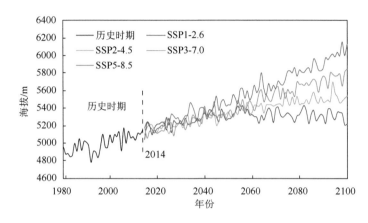

图 7-7　1979～2100 年祁连山地区平均的冰川 ELA 随时间的变化

3. 祁连山冰川 ELA 变化与冰川稳定性

当 ELA 上升到冰川顶部高度时，冰川将失去其积累区，由于得不到物质补充而处于完全融化状态，并加速消融直至消亡。七一冰川作用正差在 20 世纪 80 年代为 360 m，而到 21 世纪 10 年代只有 160 m。ELA 在 1970～2014 年按线性趋势升高了 350 m，已经非常接近冰川顶部，意味着冰川积累区面积大幅度缩小，冰川消融在加剧。从图 7-6 可以看出，到 2040 年，随着气温的持续升高，七一冰川在 SSP2-4.5、SSP3-7.0 和 SSP5-8.5 情景下，ELA 都将达到并超过冰川顶部，意味着七一冰川的积累区完全消失，冰川将得不到补给而加速消融，直至消亡。

为探求祁连山冰川积累区面积的变化，把 RGI6.0 冰川编目中冰川边界数据与分辨率为 90 m×90 m 的地形数据叠加，同时把 ELA 也插值到 90 m×90 m 的地形上，求取大于 ELA 的冰川面积，即冰川积累区的面积。图 7-8(a) 显示了 1980～1984 年和 2016～2020 年祁连山区冰川积累区的分布情况。RGI6.0 冰川编目中，在研究区中冰川总面积约为 1927.16 km²，在 1980～1984 年积累区面积约为 1193.5 km²，占冰川总面积的 62%。到 2016～2020 年，积累区面积减少到 292 km²，只占总面积的 15%。

图 7-8(b) 和图 7-8(c) 分别是在 SSP2-4.5 和 SSP8-8.5 情景下，21 世纪中叶（2040～2060 年）和末期（2080～2100 年）祁连山冰川积累区面积变化情况。在 SSP2-4.5 情景下，到 2040～2060 年，祁连山冰川积累区将只有 100 km²，仅占 RGI6.0 中冰川总面积的 5%，祁连山东部冰川积累区将完全消失，仅在北部尚存在积累区。到 2080～2100 年，祁连山冰川积累区将只有 19 km²，仅占 RGI6.0 冰川总面积的 1%，届时只在团结峰和裕固族自治县祁连山主峰存在少量积累区。在 SSP5-8.5 情景下，到 2040～2060 年积累区仅剩 28 km²，仅占 RGI6.0 中冰川总面积的 1.5%，届时积累区只在祁连山北部的高山区存在。而到 2080～2100 年，祁连山积累区将完全消失。

祁连山因其较高海拔导致了冰川发育所需的低温，使得冰川 ELA 低于发育冰川的地势高度，进而孕育了大量的冰川。在全球变暖大背景下，祁连山高山区也正在经历

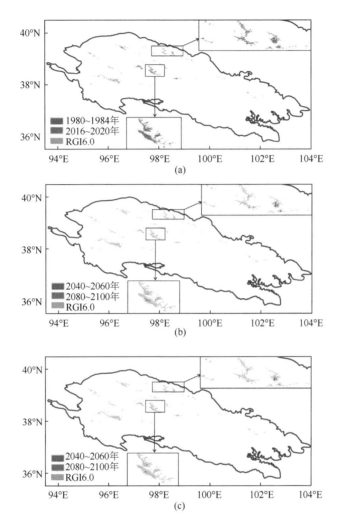

图 7-8 祁连山地区冰川积累区在 1980 ～ 1984 年和 2016 ～ 2020 年（a），以及 SSP2-4.5（b）和 SSP5-8.5（c）情景下分别在 2040 ～ 2060 年和 2080 ～ 2100 年的分布

快速的变暖，其结果是 ELA 持续升高，冰川积累区面积不断缩减。一旦冰川失去积累区的补给，冰川将不可逆地加速消融直至消亡。本章仅从 ELA 变化角度分析，预估在 SSP2-4.5 情景下，到 21 世纪末期，预估除极高海拔的高山区外，其他地区冰川积累区都将消失。而在 SSP5-8.5 情景下，祁连山区冰川积累区将完全消失，冰川得不到补充，将加速消亡。为应对冰川变化带来的影响，未来需进一步加强对高山区冰川动态变化过程和机理的研究，特别是建立冰川 - 气候 - 水文之间的定量关系，最终提高对冰川变化的预估能力，以更好地评价和应对冰川变化引起的各项后果（姚檀栋等，2019）。

7.2.2 冰川面积与冰储量未来变化预估

关于流域尺度或区域尺度冰川变化的预测，目前国际上大多利用冰川学的相关模型来进行预估。最近的一项研究表明，在未来全球升温 1.5℃ 的情况下（相当于典型浓度排放路径 RCP2.6 情景下的升温），青藏高原及周边地区将升温（2.1±0.1℃），这将导致到 21 世纪末青藏高原及周边地区冰川的面积减少到目前的 64%±8%，冰储量减少到目前的 64%±7%；在极端排放情景下（RCP8.5），到 21 世纪末青藏高原及周边地区冰川的冰储量和面积将分别减少到目前的 36%±5% 和 32%±5%(Kraaijenbrink et al.，2017)。未来全球升温 2℃ 情况下，全球山地冰川冰储量变化的预估结果表明，到 21 世纪末全球山地冰川冰储量将减少 64%±5%，在中亚地区冰储量将减少 80%±7%，在青藏高原西部地区冰储量减少将高达 98%±1%(Shannon et al.，2019)。目前，国内关于未来空间大范围冰川变化的预估研究较少，也没有针对祁连山冰川未来变化的定量研究。下面基于统计方法，对祁连山冰川的未来变化做探讨。

前文研究指出，气温变化是祁连山冰川变化的主导因素。如果我们能够获得不同时期祁连山的气温变化状况以及同期的冰川面积、冰储量变化资料，就可建立它们之间的统计关系，进而根据气温的未来变化预估结果，对祁连山冰川的未来变化进行预估。目前，我们已经获得了三期祁连山冰川编目资料，而且同期祁连山均有相关的气象观测记录。如果能够获得更多时期的气温变化和冰川变化资料，将有助于建立冰川面积、冰储量变化与气温变化之间的统计关系。根据第 3 章中的相关冰川变化资料，可获得小冰期最盛时祁连山东段、中段和西段冰川面积、冰储量相对于第一次冰川编目时的变化百分数（表 7-2）。根据这个变化百分数和第一次冰川编目资料中祁连山东段、中段和西段冰川的面积与冰储量资料，可以估计出在小冰期最盛时祁连山冰川的面积和冰储量分别为 2423.85 km^2 和 135.733 km^3（表 7-2）。祁连山第一次冰川编目资料的获取时间在 1960 年前后，由图 3-1 可知，约 13 世纪 60 年代是祁连山小冰期的最盛期，如果对 14 世纪 60 年代到 1960 年的敦德冰芯中 δ^{18}O 的变化进行线性拟合，那么这一时期 δ^{18}O 上升了约 1.62‰。理论推导和观测结果均表明，温度每变化 1℃，降水中 δ^{18}O 值变化约 0.7‰(Dansgaard，1964)。据此可知，小冰期最盛时祁连山区气温较 1960 年前后约降低 2.3℃。另外，基于祁连山区门源、刚察、祁连、野牛沟和托勒气象站的观测资料（图 4-12），可以得到 1960 ～ 2006 年（第二次冰川编目资料获取时间）和到 2014 年（本书新的祁连山冰川编目资料获取时间），祁连山区年平均气温的上升幅度分别为 1.4℃ 和 1.8℃。基于这些资料，以第一次冰川编目资料的获取时间为参考点，可以建立上述四个时期冰川面积、冰储量与气温变化幅度之间的统计关系（图 7-9）。据此关系，可以获得以下认识：①如果祁连山区气温的长期（三四十年时间尺度以上）变化趋势相对于 1960 年左右每升高（降低）1℃，那么祁连山区冰川面积将减少（增加）(221.8±31.7) km^2，冰储量将减少（增加）(14.8±0.7) km^3；②前文预估了未来不同排放情景下到 21 世纪末祁连山区气温相对于现在可能升高 1.45 ～ 5.22℃，如果届时升温 2.54℃（SSP2-4.5），祁连山冰川面积与 2014 年相比将可能至少减少 1/3，冰储量将可能减少一半，如果届时升温超过 5℃（SSP5-8.5），那么祁连山冰川面积很可能只剩下现在的 1/4 左右，并可能会因冰川强烈消融减薄，冰储量所剩无几（表 7-3）。

冰川变化（尤其是面积变化和冰储量变化）对气候变化的响应是复杂的，而且是非线性的。冰川是一种"滤波器",一般情况下其长度或面积对气候年代际和年代际以上时间尺度的低频变化会产生响应(即发生变化),而对气候季节和年际尺度的高频变化具有"过滤"作用(即不产生瞬时响应)。应用上述祁连山冰川变化与气温变化之间的简单线性统计关系,对年代际以上时间尺度气温变化幅度在 2.5℃ 以内(即在建立统计关系模型时所应用的统计资料中的气温变幅以内)的预测结果具有一定的可信度,但对气温变幅过大情况下的冰川变化预测结果就会有较大的不确定性。

表 7-2　祁连山小冰期最盛时冰川规模估计

区域	第一次冰川编目		小冰期最盛时至第一次冰川编目时冰川变化 /%		小冰期最盛时冰川规模	
	面积 /km²	冰储量 /km³	面积	冰储量	面积 /km²	冰储量 /km³
东段	103.04	3.512	−46.0	−50.2	190.81	7.051
中段	1048.21	50.471	−21.5	−31.0	1335.30	73.146
西段	779.24	47.261	−13.2	−14.9	897.74	55.536
总计	1930.49	101.244	—	—	2423.85	135.733

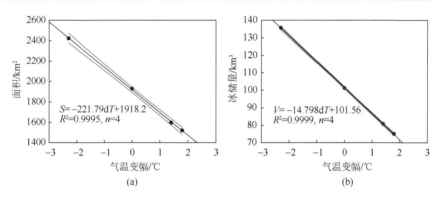

图 7-9　祁连山冰川面积 (S)、冰储量 (V) 与气温变化幅度 (dT) 之间的关系

(a) 面积与气温变化幅度之间的关系;(b) 冰储量与气温变化幅度之间的关系。蓝色线为 95% 置信度区间

表 7-3　21 世纪末祁连山区不同升温背景下冰川变化预估

相对于 21 世纪 10 年代升温幅度	冰川面积 /km²	相对于 2014 年冰川面积变化 /%	冰川冰储量 /km³	相对于 2014 年冰川冰储量变化 /%
1.0℃	1298.87±50.17	−14.6±3.3	60.126±1.148	−19.9±1.5
1.5℃	1188.27±60.47	−21.9±3.9	52.727±1.384	−29.8±1.8
2.0℃	1077.68±72.58	−29.2±4.8	45.328±1.662	−39.6±2.2
2.5℃	967.08±86.50	−36.4±5.7	37.929±1.981	−49.5±2.6
3.0℃	856.49±102.23	−43.7±6.7	30.530±2.341	−59.3±3.1
3.5℃	745.89±119.78	−51.0±7.9	23.131±2.743	−69.2±3.7
4.0℃	635.30±139.13	−58.2±9.1	15.732±3.186	−79.0±4.2
4.5℃	524.70±160.30	−65.5±10.5	8.333±3.671	−88.9±4.9
5.0℃	414.11±183.29	−72.8±12.0	0.934±4.198	−98.8±5.6

注:2014 年祁连山冰川面积为 1521.18 km²,冰储量为 75.06 km³。

7.3 典型流域冰川及其融水未来变化预估

本节分为两个部分,第一部分介绍利用 VIC_CAS 对疏勒河流域冰川融水的预估,其利用 5.1.2 节中描述的 VIC_CAS 模型,模拟和预估了疏勒河上游的冰川融水对河流径流的贡献。第二部分主要介绍其他研究对祁连山地区冰川融水的预估结果。

7.3.1 疏勒河流域冰川及其融水的未来变化

本节预估了 21 世纪 50 年代(2040/2041 ～ 2049/2050 年)和 90 年代(2090/2091 ～ 2099/2100 年)的气候、河流径流以及冰川融水的变化。河流径流、冰川径流的变化是相对于 21 世纪前 10 年(2000/2001 ～ 2009/2010 年)的冰川径流,冰川面积变化则是相对于 20 世纪 70 年代的冰川面积。本节图中的实线分别表示 BCC-CSM1.1(m)、CANESM2、GFDL-CM3 和 IPSL-CM-MR 四个全球气候模式的平均值,阴影区域表示四种模式的标准差。要进行未来气候情景下冰川融水变化预测,就需要将全球气候模式输出的资料进行降尺度,本节主要简述 GCM 降尺度。

1. GCM 降尺度方法

在 RCP2.6(低等温室气体排放)和 RCP4.5(中等温室气体排放)情景下,使用 CMIP 5 的全球气候模式(GCM)输出的气候数据预估水文过程对未来气候变化的响应。通过对比 1971 ～ 2013 年 18 个 CMIP5 模式的历史气候数据和观测数据,选择出研究区内四个 GCM 数据,分别是 BCC-CSM1.1(m)、CANESM2、GFDL-CM3 和 IPSL-CM-MR。

由于 GCM 具有较粗的分辨率,其输出数据不能直接用于驱动水文模型,需要进行降尺度。其中,SD-V 统计降尺度模型已被广泛应用,此方法是基于各气象站在参考期内(1971 ～ 2013 年)的观测和 GCM 模拟数据,为各个气象站生成未来日尺度气象数据。

基于 GCM 的模拟值,首先计算疏勒河上游及其周围地区各气象站的未来月尺度数据(2018 ～ 2100 年),公式如下:

$$\alpha'_{\text{station,m}} = (\alpha_{\text{gcm,m}} - \overline{\alpha_{\text{gcm,m}}}) \cdot \sigma_{\text{obs,m}} / \sigma_{\text{gcm,m}} + \overline{\alpha_{\text{obs,m}}} \tag{7-1}$$

式中,$\alpha'_{\text{station,m}}$ 为降尺度后的站点月尺度数据(总降水或平均气温或风速);$\alpha_{\text{gcm,m}}$ 为 GCM 的气象数据;$\overline{\alpha_{\text{gcm,m}}}$ 和 $\sigma_{\text{gcm,m}}$ 分别为参考期内 GCM 模拟的气象数据的均值和标准差;$\overline{\alpha_{\text{obs,m}}}$ 和 $\sigma_{\text{obs,m}}$ 分别为参考期内观测的气象数据的均值和标准差。

然后，基于 2018 ～ 2100 年 GCM 的日气象数据，采用式 (7-2)，将每个气象站的未来月气象数据分解为日尺度数据：

$$\alpha'_{station,d} = \begin{cases} \alpha_{gcm,d} \cdot \alpha'_{station,m} / \alpha_{gcm,m} & \text{适用于降水和风速} \\ \alpha_{gcm,d} + (\alpha'_{station,m} - \alpha_{gcm,m}) & \text{适用于气温} \end{cases} \tag{7-2}$$

式中，$\alpha'_{station,d}$ 为气象站的未来日气象数据；$\alpha_{gcm,d}$ 为 GCM 的日气象数据；角标 d 代表天。

最后，根据 5.1.2 节中的插值算法，将气象站的日尺度未来气象数据（气温、降水和风速）插值为子流域尺度，进而建立模型的气象驱动数据。

2. 预估的疏勒河气候变化

在 RCP2.6 情景下，基于 BCC-CSM1.1(m)、CANESM2、GFDL-CM3、IPSL-CM5A-MR 共 4 个全球气候模式预估的年平均气温在 21 世纪 50 年代为 −3℃，在 21 世纪 90 年代为 −3.19℃，相对于 21 世纪的前 10 年，分别以 0.027℃ /a 和 0.010℃ /a 的速率上升 1.0℃ 和 0.9℃ [图 7-10(a)]；在 RCP4.5 情景下，预估的年平均气温在 21 世纪 50 年代为 −2.69℃，在 21 世纪 90 年代为 −1.79℃ [图 7-10(b)]，相对于 21 世纪前 10 年，分别以 0.034℃ /a 和 0.025℃ /a 的速率上升 1.40℃ 和 2.30 ℃。由此可见，相对于 RCP2.6 情景，RCP4.5 情景下预估的平均气温上升速度更快，并且在 21 世纪 50 年代之前将出现更快的气温上升（Zhang Z et al.，2019）。

在 RCP2.6 情景下，相对于 21 世纪前 10 年，消融季平均气温在 21 世纪 50 年代以 0.033℃ /a 的速率上升 1.36℃，到 21 世纪 90 年代以 0.014℃ /a 的速率上升 1.23℃ [图 7-10(c)]；在 RCP4.5 情景下，相对于 21 世纪前 10 年，消融季平均气温在 21 世纪 50 年代以 0.040℃ /a 的速率上升 1.63℃，在 21 世纪 90 年代以 0.028℃ /a 的速率上升 2.50 ℃ [图 7-10(d)]。消融季平均气温的升高速率大于年平均气温的升高速率，这不同于 1971 ～ 2013 年的年平均气温的波动情况，表明夏季将出现明显的变暖现象。

在 RCP2.6 情景下，21 世纪 50 年代的年降水预计为 341.93 mm，90 年代的年降水预计为 334.41 mm，比 21 世纪前 10 年的年降水量分别增加 26.19 mm 和 18.67 mm [图 7-10(e)]；在 RCP 4.5 情景下，21 世纪 50 年代的年降水预计为 336.17 mm，90 年代的年降水预计为 326.14 mm，比 21 世纪前 10 年的年降水量分别增加 20.43 mm 和 10.40 mm [图 7-10(f)]。RCP 4.5 和 RCP 2.6 情景下的结果均表明，20 世纪 50 年代后，疏勒河上游的降水量将减少（Zhang Z et al.，2019）。

在 RCP2.6 和 RCP4.5 情景下，四个全球气候模式预估的年平均气温的标准差在 21 世纪 50 年代分别为 1.565 ℃ 和 1.072 ℃，在 90 年代分别为 1.916 ℃ 和 1.978 ℃；消融季平均气温在 21 世纪 50 年代的标准差分别为 2.179 ℃ 和 2.197 ℃，在 90 年代分别为 2.592 ℃ 和 2.489 ℃；年降水量的标准差在 21 世纪 50 年代分别为 75.4 mm 和 91.1 mm，在 90 年代分别为 47.6 mm 和 48.7 mm（Zhang Z et al.，2019）。

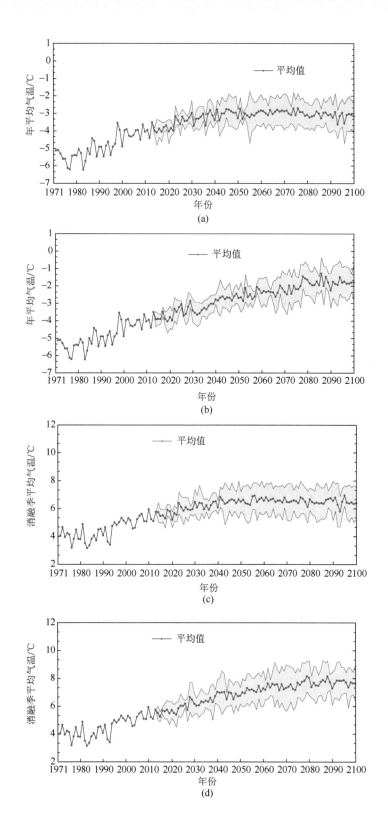

(a)

(b)

(c)

(d)

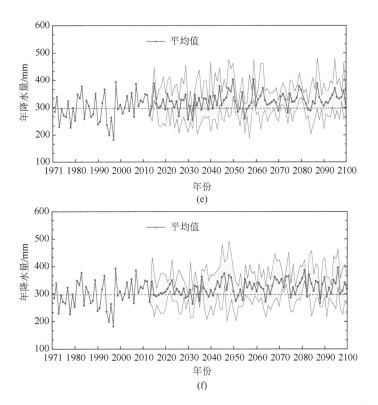

图 7-10　基于 BCC-CSM1.1（m）、CANESM2、GFDL-CM3、IPSL-CM5A-MR 共 4 个全球气候
模式输出结果驱动数据集预估的 2018 ～ 2100 年疏勒河上游各要素的平均值和不确定性
（阴影表示标准差）的变化

（a）表示 RCP2.6 情景下的年平均气温；（b）表示 RCP4.5 情景下的年平均气温；（c）表示 RCP2.6 情景下的消融季平均气温；
（d）表示 RCP4.5 情景下的消融季平均气温；（e）表示 RCP2.6 情景下的年降水量；（f）表示 RCP2.6 情景下的年降水量

3. 预估的冰川面积变化

总体来说，疏勒河上游冰川面积将以逐渐减缓的速度持续退缩（图 7-11）。在
RCP2.6 情景下，疏勒河上游的冰川面积在 21 世纪 50 年代以 3.73 km²/a 的速率退缩至
179.7 km²（约为 20 世纪 70 年代冰川面积的 37.31%），在 21 世纪 90 年代以 2.89 km²/a
的速率退缩至 102.6 km²（约为 20 世纪 70 年代冰川面积的 21.29%）；在 RCP4.5 情景下，
疏勒河上游的冰川面积在 21 世纪 50 年代以 3.87 km²/a 的速率退缩至 168.3 km²（约为
20 世纪 70 年代冰川面积的 34.96%），在 21 世纪 90 年代以 3.26 km²/a 的速率退缩至
53.84 km²（约为 20 世纪 70 年代冰川面积的 11.18%）。综上，到 21 世纪 50 年代，冰川
面积很可能会退缩至 20 世纪 70 年代冰川面积的约 36%，到 90 年代将退缩至不到 20
世纪 70 年代冰川面积的 20%（Zhang Z et al.，2019）。

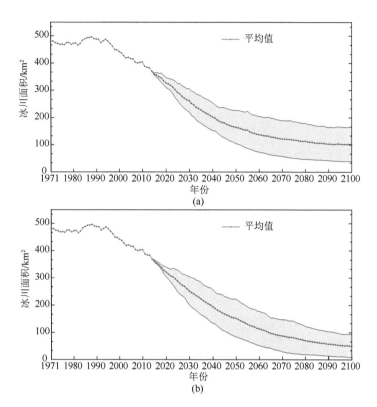

图 7-11　基于 BCC-CSM1.1（m）、CANESM2、GFDL-CM3 和 IPSL-CM5A-MR 共 4 个全球气候模式
输出结果驱动数据集预估的 2018 ~ 2100 年疏勒河上游冰川面积的平均值和不确定性的变化
（阴影表示标准差）
（a）表示 RCP2.6 情景下的冰川面积；（b）表示 RCP4.5 情景下的冰川面积

4. 预估径流变化

在 RCP2.6 情景下，预估 21 世纪 50 年代的年河流径流为 $1.317×10^9$ m^3，90 年代的年河流径流为 $1.231×10^9$ m^3，与 21 世纪前 10 年的年河流径流相比，预计分别增加约 $2.73×10^8$ m^3 和 $1.87×10^8$ m^3，增长速率分别为 $6.7×10^7$ m^3/10a 和 $2.1×10^7$ m^3/10a [图 7-12（a）]；在 RCP4.5 情景下，预估 21 世纪 50 年代的年河流径流为 $1.302×10^9$ m^3，90 年代的年河流径流为 $1.071×10^9$ m^3，与 21 世纪前 10 年的年河流径流相比，预计分别增加 $2.58×10^8$ m^3 和 $2.8×10^7$ m^3，增长速率分别为 $6.3×10^7$ m^3/10a 和 $3×10^6$ m^3/10a [图 7-12（b）]（Zhang Z et al.，2019）。21 世纪 90 年代预估的河流径流小于 50 年代预估的河流径流，这表明在 21 世纪 50 年代后疏勒河上游的水资源管理将面临巨大挑战。

在 RCP2.6 情景下，预估 21 世纪 50 年代的冰川融水径流将以 $2.9×10^7$ m^3/10a 的速率减少到 $1.37×10^8$ m^3（约占总径流的 10.40%），而 90 年代的冰川融水径流将以 $2.2×10^7$ m^3/10a 的速率减少到 $5.9×10^7$ m^3（约占总径流的 4.79%）[图 7-12（c）]；在 RCP4.5 情景下，预估 21 世纪 50 年代的冰川融水径流将以 $2.9×10^7$ m^3/10a 的速率减

少到 1.37×10^8 m³（约占总径流的 10.52%），而 90 年代的冰川融水径流将以 2.4×10^7 m³/10a 的速率减少到 3.8×10^7 m³（约占总径流的 3.55%），冰川融水的拐点大约在 21 世纪 30 年代出现 [图 7-12（d）](Zhang Z et al.，2019)。

　　在 RCP2.6 和 RCP4.5 情景下，21 世纪 50 年代的冰川融水径流对河川径流的贡献很可能下降到约 10%，这一贡献率甚至达不到 1973 ～ 2013 年冰川融水径流贡献率的 1/2[图 7-12（e）和图 7-12（f）]；而 90 年代的冰川融水径流对河流径流的贡献率将不足 5%（这意味着届时该河流类型将由目前的降水 - 冰川融水混合补给型向降水补给型转变），这个数值甚至小于 1973 ～ 2013 年冰川融水贡献率的 1/4[图 7-12（e）和图 7-12（f）]。由此可见，冰川融水径流对河流径流的调节作用预计会减弱，这意味着河流径流的易变性将大大增加，进而导致疏勒河上游的水资源管理面临更大的挑战。

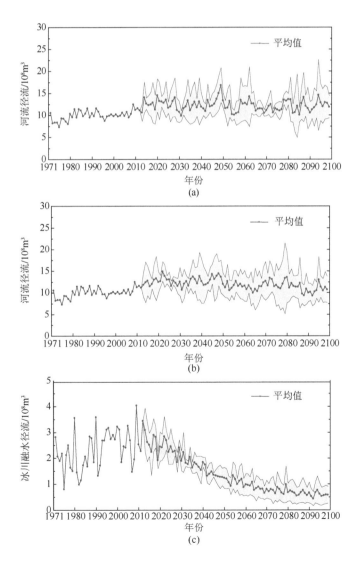

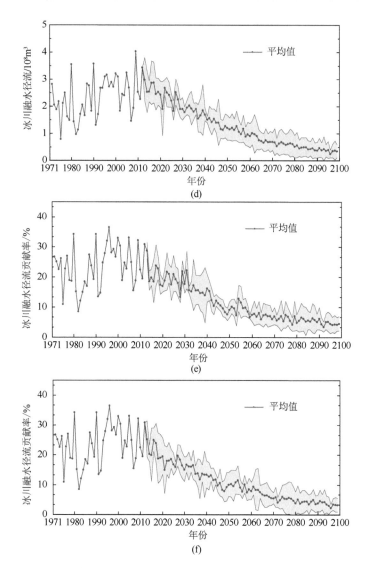

图 7-12　基于 BCC-CSM1.1（m）、CANESM2、GFDL-CM3、IPSL-CM5A-MR 共 4 个全球气候模式
输出结果驱动数据集预估的 2018 ～ 2100 年疏勒河上游各要素的平均值和不确定性的变化
（阴影表示标准差）

（a）表示 RCP2.6 情景下的河流径流；（b）表示 RCP4.5 情景下的河流径流；（c）表示 RCP2.6 情景下的冰川融水径流；
（d）表示 RCP4.5 情景下的冰川融水径流；（e）表示 RCP2.6 情景下的冰川融水径流贡献率；
（f）表示 RCP4.5 情景下的冰川融水径流贡献率

　　预估的冰川融水径流在 21 世纪 30 年代前将一直增加，之后将逐渐减少 [图 7-12（c）
和图 7-12（d）]。由于气温升高和冰川退缩，冰川融水的径流系数增大，进而导致冰川
融水径流发生变化。冰川融水径流逐渐下降，这表明冰川融水径流系数的增加已经不
足以弥补冰川退缩对冰川融水的影响。这些结果进一步说明，疏勒河上游冰川融水径
流的拐点将出现在 21 世纪 30 年代左右，在这以后，来自非冰川区的降水径流将发挥
更为重要的作用（Zhang Z et al.，2019）。

5. 预估径流的季节性分配变化

本节对比了两种情景下预估的和 1971～2013 年的冰川融水径流、非冰川径流、河流径流的季节分配（图 7-13）。在 RCP2.6 和 RCP4.5 两种情景下，预估冰川融水在夏季显著减少，这意味着冰川融水径流减少主要发生在夏季，特别是在 7 月、8 月［图 7-13（a）和 7-13（b）］；非冰川径流的季节分配模式表明，非冰川径流在所有月份都呈增加趋势，其中增加最为明显的依然为夏季［图 7-13（c）和 7-13（d）］。在消融季之前河流径流预计会增加；河流径流的峰值流量没有明显变化［图 7-13（e）和 7-13（f）］。（Zhang Z et al.，2019）。

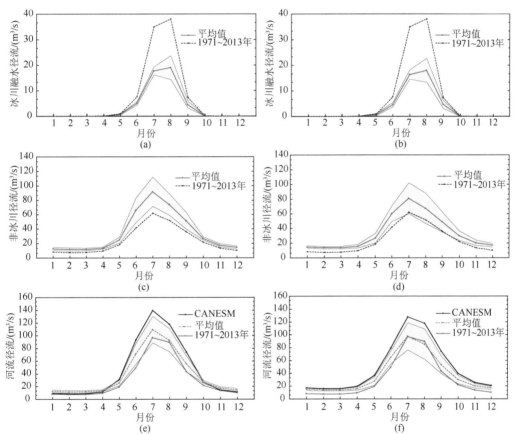

图 7-13　基于 BCC-CSM1.1（m）、CANESM2、GFDL-CM3、IPSL-CM5A-MR 共 4 个全球气候模式输出结果驱动数据集预估的 2018～2100 年疏勒河上游各要素季节性分配的平均值和不确定性的变化（阴影表示标准差）

（a）表示 RCP2.6 情景下的冰川融水径流；（b）表示 RCP4.5 情景下的冰川融水径流；（c）表示 RCP2.6 情景下的非冰川径流；（d）表示 RCP4.5 情景下的非冰川径流；（e）表示 RCP2.6 情景下的河流径流；（f）表示 RCP4.5 情景下的河流径流

6. 预估的不确定性

预估未来径流变化时，最大的不确定性来自未来气候变化情景预测中的不确定性。

在 RCP 2.6 和 RCP 4.5 情景下，四个全球气候模式的未来降水量和气温变化存在较大差异，尤其是 2050 年后预估的降水量变化（图 7-10）。尽管我们考虑了不同的全球气候模式之间的差异，但预估降水的不确定性仍可能导致预估冰川变化和径流变化的不确定性。

另一个不确定性可能来自降尺度方法。目前的降尺度方法可分为动力降尺度和统计降尺度。动力降尺度需要众多参数，而且有时不能产生较好的结果，特别是对于小尺度气候变化特征。统计降尺度常用的方法有线性回归法和 Delta（或固定比率）法。前者通过建立全球气候模式历史数据和观测数据之间的线性关系，并将此线性关系应用于未来情景中，以获得站点的未来情景数据。后者利用较低空间分辨率的全球气候模式数据和较高空间分辨率的参考期气象数据作为输入数据，来计算气象数据的变化率，并将其应用于未来情景。

尽管本书研究考虑了地形对气候的影响，并与统计降尺度法进行了比较，但该方法忽略了以网格数据为参考数据的网格变化率的差异、气象要素的时间尺度差异以及极端事件量级和频率的差异。然而，这种不确定性很难进行定量评估。

7. 预估的疏勒河冰川融水变化小结

由于降水的增加，预估到 21 世纪 50 年代疏勒河上游总径流量将增加 $2.58 \times 10^8 \sim 2.73 \times 10^8 \ \text{m}^3$，到 90 年代，年总径流量将增加 $2.8 \times 10^7 \sim 1.87 \times 10^8 \ \text{m}^3$（相比 21 世纪前 10 年）。然而，在 21 世纪 50 年代和 90 年代，冰川融水对河流径流的贡献有可能分别降为 10% 左右和 5% 以下，这个数值分别低于 1971 ~ 2012 年贡献率的一半和 1/4。这一结果将明显降低冰川融水径流对河流径流的调节，导致疏勒河流域中下游地区的水资源管理出现更大的挑战。

7.3.2 祁连山冰川融水预估

7.3.1 节已以疏勒河为例，详细介绍了利用 VIC_CAS 模型预估未来气候变化情景下的冰川融水变化和径流变化，由于该方法需要逐流域对参数进行率定，目前只对祁连山少数流域进行了预估。下面对前人对祁连山其他流域的相关预估结果进行简单总结，试图给出祁连山地区多个流域的冰川融水变化全景。

由小冰川组成的流域对气候变化敏感程度更高，冰川径流因冰川退缩可能已经出现拐点，或即将出现拐点。对于靠近祁连山区东部、单条冰川平均面积为 $0.46 \ \text{km}^2$ 的石羊河流域，冰川对气候变暖更为敏感，冰川面积快速减少，冰川区的产流持续下降，冰川退缩区的降水径流持续增加，但由于降水径流系数远小于冰川区径流系数，包含冰川退缩区降水径流的冰川年总径流在石羊河流域很可能已经在 21 世纪初达到了拐点，冰川区总径流将持续下降（Zhang S et al.，2015）。

北大河流域（单条冰川平均面积 $0.45 \ \text{km}^2$）未来的冰川融水径流的预估（Zhang et al.，2012a）表明，冰川的融水径流深没有明显的变化趋势，由于冰川面积减小较快，冰川区径流量持续减少，减少速率在 $1.3×10^6 \sim 1.6×10^6 m^3/a$，包含冰川退缩区降水径流的冰川年总径流在 2050 年前在不同情景下均出现先增加后下降的变化，冰川径流发生拐点时间在 2011 ~ 2030 年。

对于冰川径流补给率仅为 0.37% 的黄河源（唐乃亥水文站控制），RCP2.6 气候情景下的预估结果显示，2100 年冰川相比 2007 年将退缩 41.7%，冰川径流相对参考期（1971 ~ 2013 年）减少 49.5%，但由于预估的降水大量增加，黄河源区的河流径流将比参考期增加 34.0%（陈仁升等，2019）。

黑河流域未来的冰川融水径流的预估（Chen et al.，2018）表明，黑河流域面积 <1 km² 的冰川数量占比为 96%，1960 ~ 2013 年冰川融水对河流径流的贡献率约为 3.5%，黑河融水径流自 20 世纪 60 年代以来呈现出持续减少，其冰川径流峰值已出现。

在不同的气候变化情景下，不同流域冰川融水径流的季节分配特征也会发生显著变化。总体来看，在气候变暖情景下，特别是在春季温度上升显著的情况下，春末冰川融化期提前，融水径流增加，而夏季，特别是夏末的冰川融水径流可能会减少，但由于不同地区未来气候变化情景的差异，各流域年内分配的变化幅度和时间差异也较大。北大河在三种情景中的 11 月气温均有所降低，其他各月气温均有所增加，其中夏季增温显著。预估的降水也有一定幅度增加，但在不同情景下预估的降水增幅相差较大。在 11 ~ 12 月预估的降水增加幅度为 4% ~ 8%，其他月份的增加幅度为 10% 左右。在此背景下，预估的冰川融水在春末夏初显著增加，而在夏末明显减少，其峰值也显著减少（Zhang et al.，2012a）。

7.4　雪水当量未来变化预估

一般而言，如果一个模式对历史时期某气候要素的模拟技巧较高，那么利用该模式预估未来气候要素变化的可信度也就相对更高。为此，在利用多个全球气候模式预估未来气候变化时，通常会在系统评估模式性能的基础上，从中筛选出若干对历史时期某气候要素模拟能力较高的模式，然后采用这些优选的模式集合，开展未来气候变化的预估研究（马丽娟等，2011；王芝兰和王澄海，2012）。

本节用 CIMP5 模式预估的雪水当量来分析祁连山积雪的未来变化特征。此处选择了 CIMP5 中的 BCC-m（Beijing Climate Center Climate System Model version 1.1 running on a Moderate Resolution）和 CCSM4（Community Climate System Model version 4）两种模式的结果，这两种模式被证明是对欧亚大陆和青藏高原的雪水当量模拟得比较好的两种模式（杨笑宇等，2017），能够模拟出雪水当量的主要空间形态和时间演变，且选择的这两种模式分辨率相对较高，能够分析祁连山区的雪水当量变化。其中，BCC-m 模式是中国研发的模式，其空间分辨率为 1.1°×1.1°。CCSM4 是美国研发的模式，其空间分辨率为 0.94°×1.3°。基于这两种优选的模式，本节对 RCP2.6、RCP4.5 和 RCP8.5 三种排放情景下 21 世纪祁连山区雪水当量的变化进行了预估分析。

　　预估结果表明，祁连山 21 世纪雪水当量总体状况在减少，且其变化依然存在一定的空间差异。图 7-14 给出了 2020 ～ 2100 年，冬季雪水当量最大值在 RCP2.6、RCP4.5

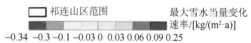

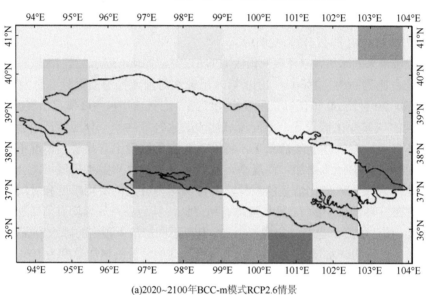

(a)2020~2100年BCC-m模式RCP2.6情景

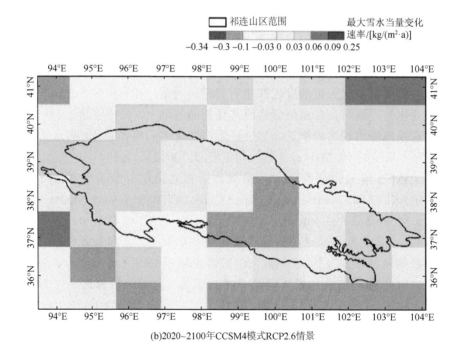

(b)2020~2100年CCSM4模式RCP2.6情景

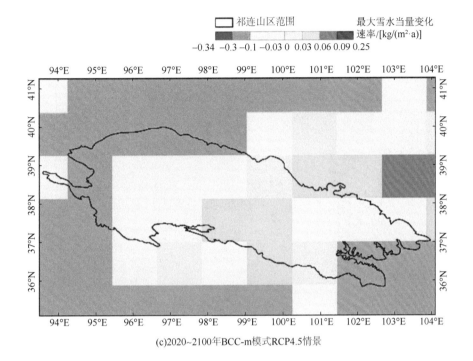

(c)2020~2100年BCC-m模式RCP4.5情景

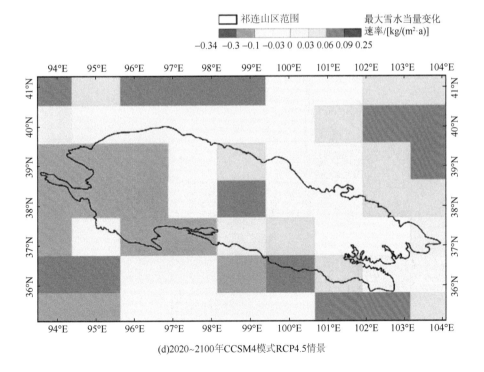

(d)2020~2100年CCSM4模式RCP4.5情景

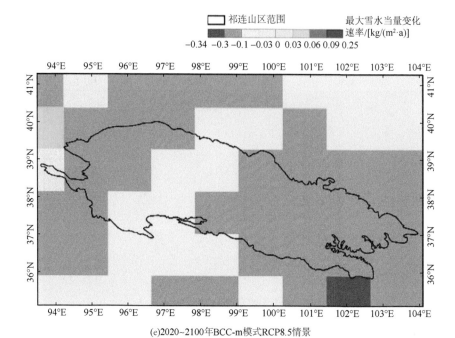

(e)2020~2100年BCC-m模式RCP8.5情景

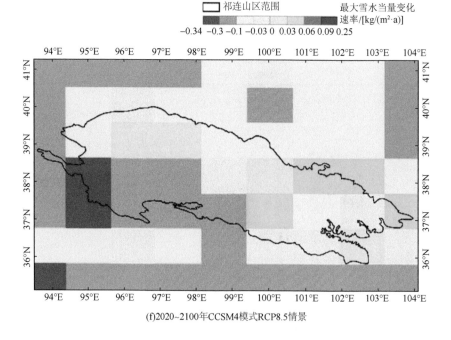

(f)2020~2100年CCSM4模式RCP8.5情景

图 7-14 CIMP5 模式 2020 ～ 2100 年祁连山区冬季最大雪水当量空间变化特征

和 RCP8.5 三种排放情景下的变化速率。整体上看，大部分区域在 RCP2.6 情景下有轻微增加趋势，在 RCP4.5 和 RCP8.5 情景下是明显的减少趋势，不同排放情景冬季雪水当量最大值的变化速率会有差异。空间上，从两个模式的结果可以明显看出，随着排放情景的加重，祁连山雪水当量减少速度有从西到东逐渐扩大的分布特征。这与祁连山本身西部雪多、东部雪少相对应，且 BCC-m 模式的这种分布特征更显著。两种模式 2020 ～ 2100 年雪水当量减少的速率为 0.3 ～ 3.4 mm/10a。

本节用时间相关趋势分析法，分析了祁连山区平均最大雪水当量的未来变化。图 7-15 给出了 2020 ～ 2100 年祁连山区平均雪水当量的变化特征。雪水当量在两个模式中呈现逐年波动，由于受模式像元分辨率特征的影响，波动范围比较大。在 RCP2.6 情景下有轻微增加趋势，在 RCP4.5 和 RCP8.5 情景下有缓慢减少的特征。如果把这些雪水当量换算成一定质量的水，参考前文中祁连山区面积为 191305 km^2，那么祁连山的雪水当量在 BCC-m 模式和 CCSM4 模式的 RCP2.6 情景下，增加速率分别为 5.7×10^6 t/a、4×10^5 t/a。在 BCC-m 模式和 CCSM4 模式的 RCP4.5 和 RCP8.5 情景下，减少速率分别为 7.3×10^6 t/a、

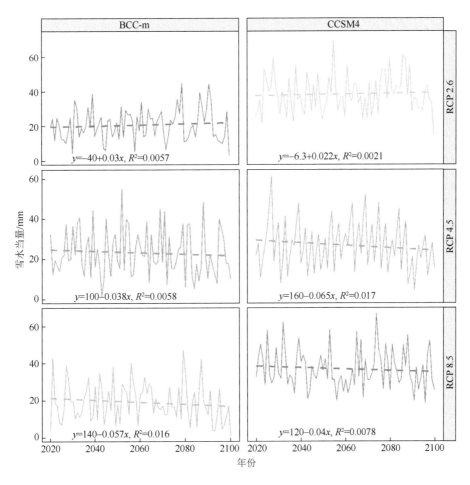

图 7-15　CIMP5 模式 2020 ～ 2100 年祁连山区年最大雪水当量时间变化特征

1.24×10^7 t/a 和 1.09×10^7 t/a，7.7×10^6 t/a。因此，可以明显看出，如果人类未来可以很好的减排，那么按低排放情景（RCP2.6）发展会更有利于雪水当量的保持，而如果按照高排放情景（RCP4.5 和 RCP8.5）排放，那么雪水当量的减少量在祁连山区也是很大的，其减少速率不容忽视。因此，人类保护地球环境，应尽量节能减排，这样可以最大限度地保证固态水的存储和降低其减少速率。

值得指出的是，基于全球气候模式对未来雪水当量的预估建立在对模式模拟雪水当量性能科学评估的基础上。研究中所采用的全球雪水当量数据精度仍存在一定的不确定性。如何利用基于台站积雪观测的雪水当量产品，并结合遥感反演的其他积雪特征参数，对 CMIP5 模式模拟积雪的能力进行更为深入细致的评估，是需要更进一步考虑的问题。然而，融雪水是祁连山重要的淡水资源，是下游地区人类赖以生存的水源。因此，尽管全球气候模式的预估可能存在相应的误差，但预估的雪水减少量依然不容忽视。这方面应该进一步研究、评估其水文效应，提出相应对策。因此，建议采取切实措施，保护祁连山水塔，这对合理管理和开发利用山区融雪水资源非常重要，更有现实意义。

综上所述，本节基于 BCC-m 和 CCSM4 这两种优选的 CIMP5 模式，对 RCP2.6、RCP4.5 和 RCP8.5 三种排放情景下，21 世纪祁连山区雪水当量的变化进行了预估分析。结果表明，2020 ~ 2100 年，祁连山区的雪水当量总体呈现减少趋势。由于祁连山东侧雪少、西侧雪多，其年际变化有一定的空间差异。时间尺度上，在 BCC-m 和 CCSM4 模式 RCP2.6 情景下，雪水当量有轻微增加的特点，而在 RCP4.5 和 RCP8.5 情景下雪水当量都有减少趋势。若换算成积雪融水，整个祁连山区域平均减少速率在 7.3×10^6 ~ 1.24×10^7 t/a。

水塔的概念在我国已较早提出，但关于水塔的科学系统研究比较滞后，今后应进一步完善水塔的监测研究内容及其研究方法体系，尤其是关于水塔功能及其变化的水资源效应、生态效应、环境效应与灾害效应的研究应予以高度重视。目前，我国关于水塔过去变化的研究相对较多，而对水塔未来变化预估的研究相对较少。水塔的未来变化，尤其是丝绸之路经济带沿线水塔的未来变化直接关系到下游地区未来的发展，关系到绿色丝绸之路建设和"一带一路"高质量发展。因此，今后应加强水塔未来变化、影响与应对研究，以服务于国家和地方的建设与发展。

参 考 文 献

把黎. 2020. 祁连山地区大气背景场及地形云降水过程的特征分析. 兰州: 兰州大学.

白虎志, 董文杰. 2004. 华西秋雨的气候特征及成因分析. 高原气象, 23(6): 884-889.

曹泊, 王杰, 潘保田, 等. 2013. 祁连山东段宁缠河 1 号冰川和水管河 4 号冰川表面运动速度研究. 冰川冻土, 35(6): 1428-1435.

曹继业. 1980. 祁连山多年冻土区水文地质工作方法及找水方向. 冰川冻土, 3(1): 59-64.

陈广庭, 曾凡江. 2011. 祁连山西段水文水资源及其特征. 干旱区研究, 28(5): 744-749.

陈荷生. 1988. 疏勒河流域水资源系统及其合理开发利用. 干旱区研究, (2): 25, 26-32.

陈辉, 李忠勤, 王璞玉, 等. 2013. 近年来祁连山中段冰川变化. 干旱区研究, 30(4): 588-593.

陈建生, 凡哲超, 汪集旸, 等. 2003. 巴丹吉林沙漠湖泊及其下游地下水同位素分析. 地球学报, 24(6): 497-504.

陈乾, 陈添宇. 1991. 祁连山区季节性积雪资源的气候分析. 地理研究, 10(1): 24-38.

陈仁升, 张世强, 阳勇, 等. 2019. 冰冻圈变化对中国西部寒区径流的影响. 北京: 科学出版社.

程国栋, 金会军. 2013. 青藏高原多年冻土区地下水及其变化. 水文地质工程地质, 40(1): 1-12.

程国栋, 肖洪浪, 徐中民, 等. 2006. 中国西北内陆河水问题及其应对策略——以黑河流域为例. 冰川冻土, 28(3): 406-413.

程国栋, 赵传燕. 2008. 干旱区内陆河流域生态水文综合集成研究. 地球科学进展, 23(10): 1005-1012.

程建忠. 2016. 李桥水库水文站测验方式改革探索. 甘肃水利水电技术, 52(1): 13-15.

崔步礼, 李小雁, 李岳坦, 等. 2011. 青海湖流域河川径流特征及其对降水的滞后效应. 中国沙漠, 31(1): 247-253.

崔亮, 陈学林, 安冬, 等. 2015. 60 年来黑河流域东部子水系中上游径流量、输沙量变化特征分析. 水文, 35(1): 82-87.

崔延华, 宋悦, 粟晓玲. 2017. 祁连山区气候变化对黑河出山径流的影响. 人民黄河, 39(5): 15-20.

戴升, 保广裕, 祁贵明, 等. 2019. 气候变暖背景下极端气候对青海祁连山水文水资源的影响. 冰川冻土, 41(5): 1053-1066.

底阳平, 张扬建, 曾辉, 等. 2019. "亚洲水塔"变化对青藏高原生态系统的影响. 中国科学院院刊, 34(11): 1322-1331.

丁宏伟, 魏余广, 范鹏飞, 等. 2001. 党河水库入库径流量变化特征及趋势分析. 中国沙漠, 21(s1): 38-42.

丁明军, 张镱锂, 孙晓敏, 等. 2012. 近 10 年青藏高原高寒草地物候时空变化特征分析. 科学通报, 57(33): 3185-3194.

丁时伟. 2017. 鱼卡盆地地下水数值模拟与资源评价. 长春: 吉林大学.

丁永建, 叶柏生, 刘时银. 1999. 祁连山区流域径流影响因子分析. 地理学报, 54(5): 431-437.

丁永建, 叶柏生, 刘时银. 2000. 祁连山中部地区 40a 来气候变化及其对径流的影响. 冰川冻土, 22(3): 193-199.

杜文涛, 秦翔, 刘宇硕, 等. 2008. 1958—2005 年祁连山老虎沟 12 号冰川变化特征研究. 冰川冻土, 30(3): 373-379.

杜秀荣, 唐建军. 2005. 中国地图集. 北京: 中国地图出版社.

段克勤,姚檀栋,石培宏,等.2017.青藏高原东部冰川平衡线高度的模拟及预测.中国科学:地球科学,
　　47(1):104-113.

段克勤,姚檀栋,王宁练,等.2022.21 世纪亚洲高山区冰川平衡线高度变化及冰川演化趋势.中国科学:
　　地球科学,52(2):1603-1612.

冯绳武.1963.民勤绿洲的水系演变.地理学报,29(3):241-249.

甘肃省水文水资源局.2020.甘肃省水资源公报.兰州:甘肃省水利厅.

高鑫,张世强,叶柏生,等.2011.河西内陆河流域冰川融水近期变化.水科学进展,22:342-350.

高学杰.2019.东亚区域地面气象要素未来预估数据集(2006—2098).北京:国家青藏高原科学数据中心.

高永鹏,姚晓军,安丽娜,等.2018.2000—2010 年祁连山冰川冰储量变化.干旱区研究,35(2):325-
　　333.

高永鹏,姚晓军,刘时银,等.2019.1956—2017 年河西内流区冰川资源时空变化特征.冰川冻土,
　　41(6):1313-1325.

郭丰杰,李婷,季民.2022.2000—2019 年青海湖面积时序特征分析及预测.科学技术与工程,22(2):
　　740-748.

郭鹏飞.1983.祁连山地区的多年冻土 // 第二届全国冻土学术会议论文选集.兰州:甘肃人民出版社:
　　30-35.

郭正刚,牛富俊,湛虎,等.2007.青藏高原北部多年冻土退化过程中生态系统的变化特征.生态学报,
　　27(8):3294-3301.

郝美玉,罗泽.2021.1987—2017 年青海湖水体边界数据集.中国科学数据,6(1):191-197.

贺晶.2020.1960s—2015 年祁连山现代冰川变化研究.西安:西北大学.

胡士辉,张照玺.2022.哈勒腾河苏干湖水系水资源分析评价及趋势研究.水利规划与设计,(2):36-41.

黄磊,李震.2009.光学遥感影像的山地冰川运动速度分析方法.冰川冻土,31(5):935-940.

黄以职,顾钟炜,万天棋,等.1980.高山冰川雷达探测试验.冰川冻土,2(3):37-39.

贾翠霞,邓居礼.2010.庄浪河流域径流变化影响分析.中国水利,(5):48-50.

贾文雄,何元庆,李宗省,等.2008.祁连山区气候变化的区域差异特征及突变分析.地理学报,63(3):
　　257-269.

贾文雄,赵珍,俎佳星,等.2016.祁连山不同植被类型的物候变化及其对气候的响应.生态学报,
　　36(23):7826-7840.

蒋强,魏林波,李艳,等.2022.基于高精度观测资料的 2009—2019 年祁连山地区降水特征分析.兰州
　　大学学报(自然科学版),58(1):89-98.

蒋熹.2008.祁连山七一冰川暖季能量 - 物质平衡观测与模拟研究.兰州:中国科学院寒区旱区环境与
　　工程研究所.

蒋熹,王宁练,贺建桥,等.2010a.山地冰川表面分布式能量 - 物质平衡模型及应用.科学通报,
　　55(18):1757-1765.

蒋熹,王宁练,贺建桥,等.2010b.祁连山七一冰川暖季能量平衡及小气候特征分析.冰川冻土,
　　32(4):686-695.

蒋熹,王宁练,杨胜朋,等.2011.祁连山七一冰川反照率参数化的初步研究.冰川冻土,33(1):30-37.

金会军，程国栋，吴青柏，等.2012.黄河源区冻土退化及其生态水文地质环境效应：现状、问题与展望.兰州：兰州大学出版社.

金会军，王绍令，吕兰芝，等.2010.黄河源区冻土特征及退化趋势.冰川冻土，32(1):10-17.

金家琼，李健，黄勇，等.2014.柴达木盆地鱼卡河流域水资源开发利用与生态保护.西北地质，47(2):223-230.

金炎平，邵永生，罗兴，等.2016.青海湖容积测量中关键技术的应用.水利水电快报，37(7):22-26.

井哲帆，周在明，刘力.2010.中国冰川运动速度研究进展.冰川冻土，32(4):749-754.

康尔泗，陈仁升，张智慧，等.2008.内陆河流域山区水文与生态研究.地球科学进展，23(7):675-681.

康尔泗，程国栋，董增川.2002.中国西北干旱区冰雪水资源和出山径流.北京：科学出版社.

蓝永超，胡兴林，肖生春，等.2012.近50年疏勒河流域山区的气候变化及其对出山径流的影响.高原气象，31(6):1636-1644.

蓝永超，沈永平，高前兆，等.2011.祁连山西段党河山区流域气候变化及其对出山径流的影响与预估.冰川冻土，33(6):1259-1267.

蓝云龙.2007.湟水民和站丰、平、枯水年划分初探.水利科技与经济，13(12):899-901.

李并成.1993.猪野泽及其历史变迁考.地理学报，48(1):55-60.

李福生，侯红雨，赵焱，等.2021.西北内陆区水资源多维协同配置与安全保障体系验收报告.北京：中华人民共和国科学技术部.

李弘毅，王建，郝晓华.2012.祁连山区风吹雪对积雪质能过程的影响.冰川冻土，34(5):1084-1090.

李洪源，赵求东，吴锦奎，等.2019.疏勒河上游径流组分及其变化特征定量模拟.冰川冻土，41(4):907-917.

李计生，胡兴林，黄维东，等.2015.河西走廊疏勒河流域出山径流变化规律及趋势预测.冰川冻土，37(3):803-810.

李健，王建军，黄勇，等.2009.青海德令哈市巴音河流域水资源开发利用.干旱区研究，26(4):483-489.

李静，盛煜，吴吉春，等.2011.祁连山西段疏勒河上游山地多年冻土分布模拟与地温分带特征分析.第十一届全国土力学及岩土工程学术会议论文集.

李丽丽.2018.黑河上游多年冻土区微环境与植被相关性研究.兰州：兰州大学.

李新，勾晓华，王宁练，等.2019.祁连山绿色发展：从生态治理到生态恢复.科学通报，64(27):2928-2937.

李兴宇，丁文魁，蒋菊芳，等.2020.气候变化背景下石羊河下游径流特征.江苏农业科学，48(18):286-293.

李艳丽，李永华，陈新均，等.2017.党河水库入库径流量的变化特征及对气候变化的响应.干旱气象，35(6):984.

李永格，李宗省，冯起，等.2019.基于生态红线划定的祁连山生态保护性开发研究.生态学报，39(7):1-10.

李育鸿，李计生，孙超，等.2017.甘肃河西石羊河流域出山径流分析及来水预测.冰川冻土，39(3):651-659.

李岳坦，李小雁，崔步礼，等 .2010.青海湖流域 50 年来（1956—2007 年）河川径流量变化趋势——以布哈河和沙柳河为例 . 湖泊科学，22(5)：757-766.

梁鹏斌，李忠勤，张慧 .2019.2001—2017 年祁连山积雪面积时空变化特征 . 干旱区地理，42(1)：56-66.

梁四海，万力，李志明，等 .2007.黄河源区冻土对植被的影响 . 冰川冻土，29(1)：45-52.

刘宝康，王仁军，黄炳婷，等 .2020.基于高分一号 WFV 数据的哈拉湖水体识别模型研究 . 地理信息世界，27(6)：69-74.

刘潮海，宋国平，金明燮 .1992a. 祁连山冰川的近期变化及趋势预测 // 中国科学院兰州冰川冻土研究所集刊（第 7 号）. 北京：科学出版社 :1-9.

刘潮海，谢自楚，杨惠安，等 .1992b. 祁连山"七一"冰川物质平衡的观测、插补及趋势研究 // 中国科学院兰州冰川冻土研究所集刊（第 7 号）. 北京：科学出版社 :21-33.

刘建刚 .2010. 巴丹吉林沙漠湖泊和地下水补给机制 . 水资源保护，26(2)：18-23.

刘奇 .2021. 基于遥感数据的青海湖水体变化特征与影响因素研究 . 北京：中国地质大学 .

刘琴，沈天成，程鹏 .2021.1960—2018 年黑河上游径流量变化特征分析 . 甘肃科学学报，33(4)：26-33.

刘时银，姚晓军，郭万钦，等 .2015.基于第二次冰川编目的中国冰川现状 . 地理学报，70(1)：3-16.

刘伟平 .2014. 构建一道国家生态安全屏障 . 甘肃林业，(3)：4-6.

刘小园，刘扬，王芳 .2020. 近 60 年青海湖流域径流特征及演变规律研究 . 中国农村水利水电，(11)：1-7, 13.

刘燕华 .2000. 柴达木盆地水资源合理利用与生态环境保护 . 北京：科学出版社 .

刘宇硕，秦翔，张通，等 .2012. 祁连山东段冷龙岭地区宁缠河 3 号冰川变化研究 . 冰川冻土，34(5)：1031-1036.

刘增乾 .1946. 祁连山南麓大通河流域之冰川地形 . 地质评论，11: 247-251.

骆成凤，许长军，曹银璇，等 .2017.1974—2016 年青海湖水面面积变化遥感监测 . 湖泊科学，29(5)：1245-1253.

马丽娟，罗勇，秦大河 .2011.CMIP3 模式对未来 50a 欧亚大陆雪水当量的预估 . 冰川冻土，33(4)：707-720.

孟雅丽，段克勤，尚溦，等 .2022. 基于 CMIP6 模式数据对 1961—2100 年青藏高原地表气温时空变化的分析 . 冰川冻土，44: 1-10.

潘保田，曹泊，管伟瑾 .2021.2010—2020 年祁连山东段冷龙岭宁缠河 1 号冰川变化综合观测研究 . 冰川冻土，43(3)：864-873.

蒲健辰，姚檀栋，段克勤，等 .2005. 祁连山七一冰川物质平衡的最新观测结果 . 冰川冻土 .27(2)：199-204.

乔灿灿，贾铎，程昌秀 .2022. 祁连山不同类型植被物候变化及其对温度的响应 . 北京师范大学学报（自然科学版），58(1)：168-177.

青海省水利厅水文水资源管理处 .2020. 青海省水资源公报 . 西宁：青海省水利厅 .

沈永平，刘时银，甄丽丽，等，2001. 祁连山北坡流域冰川物质平衡波动及其对河西水资源的影响 . 冰川冻土，23: 244-250.

盛煜，李静，吴吉春，等 .2010.基于 GIS 的疏勒河流域上游多年冻土分布特征 . 中国矿业大学学报，

39(1)：32-39.

施雅风.2005.简明中国冰川目录.上海：上海科学普及出版社.

石海涛.2017.双树寺水库水文站测验方式改变论证分析.甘肃科技，33(16)：43-45.

宋高举，王宁练，陈亮，等.2008.祁连山近期七一冰川融水径流特征分析.冰川冻土，30：321-328.

孙栋元，齐广平，马彦麟，等.2020.疏勒河干流径流变化特征研究.干旱区地理，43(3)：557-567.

孙永寿，李其江，刘弢，等.2021.青海湖1956—2019年水位变化原因及水量平衡分析研究.水文，41(5)：91-96.

孙志文.1988.祁连山区主要河流年际径流动态变化的初步分析.兰州大学学报，(S1)：114-124.

孙作哲，黄茂桓.1984.祁连山冰川运动的一般特征.中国科学院兰州冰川冻土研究所集刊，5：61-72.

谭毅.2014.柴达木盆地水系、地表水资源及其特点.水利科技与经济，20(4)：51-54.

汤懋苍.1985.祁连山区降水的地理分布特征.地理学报，40(4)：323-332.

万竹君.2021.基于多源DEM的近50年来祁连山区冰川储量变化研究.济南：山东师范大学.

王大超.2019.大通河径流变化特征及其影响因素探析.兰州：兰州大学.

王大钊.2020.基于GEE的青海湖近30年水量变化遥感分析.西安：西北大学.

王根绪，程国栋.2002.近50年来河西走廊区域生态环境变化特征与综合防治对策.自然资源学报，(1)：78-86.

王根绪，程国栋，沈永平，等.2001.江河源区的生态环境变化及其综合保护研究.兰州：兰州大学出版社.

王根绪，李元首，吴青柏，等.2006.青藏高原冻土区冻土与植被的关系及其对高寒生态系统的影响.中国科学：地球科学，36(8)：743-754.

王国宏.2002.祁连山北坡中段植物群落多样性的垂直分布格局.生物多样性，10(1)：7-14.

王海军，张勃，靳晓华，等.2009.基于GIS的祁连山区气温和降水的时空变化分析.中国沙漠，29(6)：1196-1202.

王鸿斌，贾博文，王叶堂，等.2021.1973－2018年疏勒南山冰川变化.干旱区资源与环境，35(6)：60-65.

王建，车涛，张立新，等.2009.黑河流域上游寒区水文遥感－地面同步观测试验.冰川冻土，31(2)：189-197.

王金凤.2019.气候变化和人类活动影响下的北大河流域径流变化分析.干旱区资源与环境，33(3)：86-91.

王金叶，车克钧，傅辉恩，等.1997.祁连山北坡生物多样性的特点与持续发展.生物多样性，5：60-65.

王静，胡兴林.2011.黄河上游主要支流径流时空分布规律及演变趋势分析.水文，31(3)：90-96.

王坤，井哲帆，吴玉伟，等.2014.祁连山七一冰川表面运动特征最新观测研究.冰川冻土，36(3)：537-545.

王利辉，秦翔，陈记祖，等.2021.1961—2013年祁连山区冰川年物质平衡重建.干旱区研究，38(6)：1524-1533.

王宁练.1995.冰川平衡线变化的主导气候因子灰色关联分析.冰川冻土，17：8-15.

王宁练，贺建桥，蒋熹，等.2009a.祁连山中段北坡最大降水高度带观测与研究.冰川冻土，31(2)：395-403.

王宁练, 贺建桥, 蒲健辰, 等 . 2010. 近 50 年来祁连山七一冰川平衡线高度变化研究 . 科学通报, 55(32): 3107-3115.

王宁练, 蒲健辰 . 2009. 祁连山八一冰川雷达测厚与冰储量分析 . 冰川冻土, 31(3): 431-435.

王宁练, 张世彪, 贺建桥, 等 . 2009b. 祁连山中段黑河上游山区地表径流水资源主要形成区域的同位素示踪研究 . 科学通报, 54(15): 2148-2152.

王宁练, 张世彪, 蒲健辰, 等 . 2008. 黑河上游河水中 $\delta^{18}O$ 季节变化特征及其影响因素研究 . 冰川冻土, 30(6): 914-920.

王宁练, 张祥松 . 1992. 近百年来山地冰川波动与气候变化 . 冰川冻土, 14(3): 242-250.

王庆峰, 张廷军, 吴吉春, 等 . 2013. 祁连山区黑河上游多年冻土分布考察 . 冰川冻土, 35(1): 19-29.

王仁军, 刘宝康, 黄炳婷 . 2021. 1986—2019 年哈拉湖面积动态变化及其成因分析 . 人民珠江, 42(1): 22-25.

王绍令, 陈肖柏, 张志忠 . 1995. 祁连山东段宁张公路达坂山垭口段的冻土分布 . 冰川冻土, 17(2): 184-188.

王绍令 . 1992. 祁连山西段喀克图地区冻土和冰缘的基本特征 . 干旱区资源与环境, 6(3): 9-17.

王盛, 姚檀栋, 蒲健辰 . 2020. 祁连山七一冰川物质平衡的时空变化特征 . 自然资源学报, 35(2): 399-412.

王涛, 高峰, 王宝, 等 . 2017. 祁连山生态保护与修复的现状问题与建议 . 冰川冻土, 39(2): 5-10.

王小佳 . 2019. 柴达木盆地及周边近 60 年气温变化的水文响应 . 西安: 长安大学 .

王欣语, 高冰 . 2021. 青海湖水量平衡变化及其对湖水位的影响研究 . 水力发电学报, 40(10): 60-70.

王雄师 . 2010. 讨赖河流域水资源演变及其合理配置研究 . 兰州: 兰州大学 .

王旭升 . 2016. 祁连山北部流域水文相似性与出山径流总量的估计 . 北京师范大学学报(自然科学版), 52(3): 328-332.

王艳发, 魏士平, 崔鸿鹏, 等 . 2016. 祁连山冻土区土壤活动层与冻土层中甲烷代谢微生物群落结构特征 . 应用与环境生物学报, 22(4): 592-598.

王宇涵, 杨大文, 雷慧闽, 等 . 2015. 冰冻圈水文过程对黑河上游径流的影响分析 . 水利学报, 46(9): 1064-1071.

王玉哲, 任贾文, 秦大河, 等 . 2013. 利用卫星资料反演区域冰川冰量变化的尝试——以祁连山为例 . 冰川冻土, 35(3): 583-592.

王芝兰, 王澄海 . 2012. IPCC AR4 多模式对中国地区未来 40a 雪水当量的预估 . 冰川冻土, 34(6): 1273-1283.

王仲祥, 谢自楚, 伍光和 . 1985. 祁连山冰川的物质平衡 // 中国科学院兰州冰川冻土研究所集刊(第 5 号). 北京: 科学出版社 :41-53.

王宗太 . 1991. 天山中段及祁连山东段小冰期以来的冰川及环境 . 地理学报, 46(2): 160-168.

王宗太 . 1981. 中国冰川目录(I 祁连山区). 兰州: 中国科学院兰州冰川冻土研究所 .

魏国晋, 高强, 刘得俊, 等 . 2021. 近 60 a 大通河流域径流变化和特征分析 . 宁夏大学学报(自然科学版), 1-5.

魏莹, 段克勤 . 2020. 1980—2016 年青藏高原变暖时空特征及其可能影响原因 . 高原气象, 39: 459-466.

文广超，王文科，段磊，等．2018.青海柴达木盆地巴音河上游径流量对气候变化和人类活动的响应．
　　冰川冻土，40（1）：136-144.

吴红波，陈艺多．2020.联合 Landsat 影像和 ICESat 测高数据估计青海湖湖泊水量变化．水资源与水工
　　程学报，31（5）：7-22.

吴红波，杨萌，杨春利，等．2016.冰川亏损对哈拉湖流域湖泊水位波动的影响．水资源与水工程学报，
　　27（4）：13-20.

吴吉春，盛煜，李静，等．2009.疏勒河源区的多年冻土．地理学报，64（5）：571-580.

吴吉春，盛煜，于晖，等．2007a.祁连山中东部的冻土特征（I）：多年冻土分布．冰川冻土，29（3）：418-
　　425.

吴吉春，盛煜，于晖，等．2007b.祁连山中东部的冻土特征（II）：多年冻土特征．冰川冻土，29（3）：426-
　　432.

吴雪娇，杨梅学，吴洪波，等．2013.TRMM 多卫星降水数据在黑河流域的验证与应用．冰川冻土，
　　35（2）：310-319.

伍光和，谢自楚，黄茂桓，等．1980.祁连山现代冰川基本特征研究．兰州大学学报：自然科学版，（3）：
　　127-134.

武慧敏，吕爱锋，张文翔．2022.巴音河流域水文干旱对气象干旱的响应．南水北调与水利科技（中英
　　文），20（3）：459-467.

夏玮静．2020.基于泰森多边形算法的冰川长度自动提取方法研究——以三江源区冰川为例．西安：西
　　北大学．

肖洪浪．2000.中国水情．北京：开明出版社．

谢自楚，伍光和，王立伦．1984.祁连山冰川近期的进退变化//中国科学院兰州冰川冻土研究所集刊（第
　　5 号）．北京：科学出版社：82-90.

徐浩杰，杨太保，柴绍豪．2014.1961—2010 年讨赖河山区径流变化特征及其驱动因素．中国沙漠，
　　34（3）：878-884.

徐文．2019.庄浪河流域水资源评价及水资源承载能力研究．兰州：兰州大学．

许民，张世强，王建，等．2014.利用 GRACE 重力卫星监测祁连山水储量时空变化．干旱区地理，
　　37（3）：458-67.

薛东香．2021.石羊河流域径流变化及归因分析．兰州：西北师范大学．

杨春利，蓝永超，王宁练，等．2017.1958—2015 年疏勒河上游出山径流变化及其气候因素分析．地理
　　科学，37（12）：1894-1899.

杨璟，丁明涛，李振洪，等．2022.Google Earth Engine 支持下的青海湖空间格局演变分析．测绘地理信
　　息，DOI：10.14188/j.2095-6045.2021757.

杨纫章，章海生．1963.柴达木盆地水文地理的初步研究．南京大学学报（自然科学版），（15）：36-
　　53,88.

杨显明，张鸽，加壮壮，等．2021.全球气候变化背景下青海湖岸线变化及其对社会经济影响．高原科
　　学研究，5（4）：1-9.

杨笑宇，林朝晖，王雨曦，等．2017.CMIP5 耦合模式对欧亚大陆冬季雪水当量的模拟及预估．气候与

环境研究, 22(3): 253-270.

杨针娘, 1991. 中国冰川水资源. 兰州: 甘肃科学技术出版社.

杨针娘, 胡鸣高. 1996. 高山冻土区水量平衡及地表径流特征. 中国科学: 地球科学, 26(6): 567-573.

杨正华. 2016. 石羊河流域出山径流特征值和变化趋势分析. 地下水, 38(4): 168-169.

姚檀栋, 秦大河, 沈永平, 等. 2013. 青藏高原冰冻圈变化及其对区域水循环和生态条件的影响. 自然杂志, 35(3): 179-186.

姚檀栋, 谢自楚, 武筱舲, 等. 1990. 敦德冰帽中的小冰期气候记录. 中国科学 (B 辑), (11): 1196-1201.

姚檀栋, 余武生, 邬光剑, 等. 2019. 青藏高原及周边地区近期冰川状态失常与灾变风险. 科学通报, 64(27): 2770-2782.

叶笃正, 高由禧. 1979. 青藏高原气象学. 北京: 科学出版社.

尹华军. 2007. 增温对川西亚高山针叶林不同光环境下几种幼苗生长的影响. 成都: 中国科学院成都生物研究所.

于国斌, 李忠勤, 王璞玉. 2014. 近 50 年祁连山西段大雪山和党河南山的冰川变化. 干旱区地理, 37(2): 299-309.

袁宝印, 陈克造, Bowler J M, 等. 1990. 青海湖的形成与演化趋势. 第四纪研究, 3: 233-243.

岳天祥, 赵娜. 2016. 基于 CMIP5 气候情景的黑河流域未来降水的降尺度模拟 (2011—2100). 北京: 国家青藏高原科学数据中心.

詹蕾. 2009. SRTM DEM 的精度评价及其适用性研究. 南京: 南京师范大学.

张宝贵. 2016. 青藏高原不同类型冻土微生物群落结构与功能特征及其影响因素研究. 北京: 中国科学院大学.

张存杰, 郭妮. 2002. 祁连山区近 40 年气候变化特征. 气象, 28(12): 33-39.

张德栋, 赵清. 2018. 祁连山主要河流出山径流序列水文变异研究. 水利规划与设计, (8): 16-18.

张国庆. 2021. 青藏高原大于 1 平方公里湖泊水量变化 (1976—2020)v2.0. 时空三极环境大数据平台.

张杰, 李栋梁. 2004. 祁连山及黑河流域降雨量的分布特征分析. 高原气象, (1): 81-88.

张晶, 鄂崇毅, 许乃军, 等. 2021. 青海湖流域气候变化对湖泊水位变化的影响. 青海环境, 31(2): 71-75.

张磊, 张盛生, 田成成. 2020. 青海哈拉湖水文特征分析及水环境问题研究. 中国农村水利水电, (1): 77-82.

张农霞. 2002. 布哈河径流量变化规律初探. 青海科技, (5): 36-38.

张强, 俞亚勋, 张杰. 2008. 祁连山与河西内陆河流域绿洲的大气水循环特征研究. 冰川冻土, 30(6): 907-913.

张调风, 朱西德, 王永剑, 等. 2014. 气候变化和人类活动对湟水河流域径流量影响的定量评估. 资源科学, 36(11): 2256-2262.

张祥松, 朱国才, 钱嵩林, 等. 1985. 天山乌鲁木齐河源 1 号冰川雷达测厚. 冰川冻土, 7(2): 153-162.

张雪艳, 秦翔, 吴锦奎, 等, 2017. 祁连山老虎沟流域产汇流特征分析. 冰川冻土, 39: 140-147.

张耀宗, 张勃, 吕永清. 2008. 祁连山区流域径流变化及影响因子研究——以讨赖河为例. 干旱区资源与环境，(7)：109-114.

张镱锂，李兰晖，丁明军，等．2017.新世纪以来青藏高原绿度变化及动因.自然杂志，39(3)：173-178.

张仲德，王素芬，林登秋．2011.气候变迁与不同尺度植被物候研究之回顾.地理学报，63：1-33.

赵军，杨建霞，朱国锋．2018.生态输水对青土湖周边区域植被覆盖度的影响.干旱区研究，35(6)：1251-1261.

赵成，杨俊仓，侯燕军，等．2013.苏干湖盆地水资源与生态环境及其向区外调水的影响.冰川冻土，35(2)：401-407.

赵宏宇，郝晓华，郑照军，等．2018.基于 FY-3D/MERSI- Ⅱ 的积雪面积比例提取算法.遥感技术与应用，33(6)：24-36.

赵林，丁永建，刘广岳，等．2010.青藏高原多年冻土层中地下冰储量估算及评价.冰川冻土，32(1)：1-9.

赵天保，陈亮，马柱国．2014.CMIP5 多模式对全球典型干旱半干旱区气候变化的模拟与预估.科学通报，59(12)：1148-1163.

中国科学院兰州冰川冻土沙漠研究所木里冻土队．1971.青海省木里煤田聚乎更矿区冻土与水源问题研究资料汇编（第一册）.

中国科学院兰州冰川冻土沙漠研究所．1976.中国科学院兰州冰川冻土沙漠研究所集刊（第 1 号，青海热水柴达尔地区的冻土特征）.北京：科学出版社．

中国科学院兰州冰川冻土研究所．1985.中国科学院兰州冰川冻土研究所集刊（第 5 号）.北京：科学出版社．

中国科学院兰州冰川冻土研究所．1992.中国科学院兰州冰川冻土研究所集刊（第 7 号）.北京：科学出版社．

中国科学院高山冰雪利用研究队．1958.祁连山现代冰川考察报告.北京：科学出版社．

中国科学院兰州分院．1994.青海湖近代环境的演化和预测.北京：科学出版社．

周建强，黄钰．2018.瓦房城水库水文站测验方式改变的论证分析.甘肃科技，34(15)：35-37,44.

周柯．2019.基于 Landsat 影像的青藏高原东北部典型湖泊面积时序变化研究.北京：中国地质大学．

周幼吾，郭东信，邱国庆，等．2000.中国冻土.北京：科学出版社．

周兆叶，宜树华，叶柏生，等．2011.气候变化对祁连山冻土区干旱－半干旱高寒草地的影响 // 第九届中国水论坛论文集，水与区域可持续发展.北京：中国水利水电出版社：15-19.

朱林楠，吴紫汪，刘永智．1995.青藏高原东部的冻土退化.冰川冻土，17(2)：120-124.

朱林楠，吴紫汪，臧恩穆，等．1996.青藏高原东部冻土退化的差异性初探.冰川冻土，18(2)：104-110.

朱晓龙，陈庆美，吕爱锋，等．2021.利用树轮揭示人类活动对柴达木盆地巴音河径流量的影响.应用生态学报，32(10)：3653-3660.

Abshire J B, Sun X L, Riris H, et al. 2005. Geoscience Laser Altimeter System（GLAS）on the ICESat Mission: On-orbit measurement performance. Geophysical Research Letters, 32(21)：L21S02.

Adler R F, Sapiano M, Huffman G J, et al. 2018. The Global Precipitation Climatology Project（GPCP）monthly analysis（New Version 2.3）and a review of 2017 global precipitation. Atmosphere, 9(4)：138.

Alkama R, Forzieri G, Duveiller G, et al. 2022. Vegetation-based climate mitigation in a warmer and greener World. Nature Communications, 13: 606.

Berner L T, Massey R, Jantz P, et al. 2020. Summer warming explains widespread but not uniform greening in the Arctic tundra biome. Nature Communications, 11: 4621.

Bloch M. 1964. Dust-induced albedo changes of polar ice sheets and glacierization. Journal of Glaciology, 5(38): 241-244.

Bolch T, Buchroithner M, Pieczonka T, et al. 2008. Planimetric and volumetric glacier changes in the Khumbu Himal, Nepal, since 1962 using Corona, Landsat TM and ASTER data. Journal of Glaciology, 54(187): 592-600.

Cao B, Pan B, Guan W, et al. 2017. Changes in ice volume of the Ningchan No. 1 Glacier, China, from 1972 to 2014, as derived from in situ measurements. Journal of Glaciology, 63(242): 1025-1033.

Chang B, He K, Li R, et al. 2018. Trends, abrupt changes, and periodicity of streamflow in Qinghai Province, the Northeastern Tibetan Plateau, China. Polish Journal of Environmental Studies, 27(2): 545-555.

Chang L L, Yuan R Q, Gupta H V, et al. 2020. Why is the terrestrial water storage in dryland regions declining? A perspective based on gravity recovery and climate experiment satellite observations and Noah Land Surface Model with Multi-parameterization Schemes Model simulations. Water Resources Research, 56: e2020WR027102.

Che M L, Chen B Z, Innes J L, et al. 2014. Spatial and temporal variations in the end date of the vegetation growing season throughout the Qinghai-Tibetan Plateau from 1982 to 2011. Agricultural and Forest Meteorology, 189-190(189): 81-90.

Che T, Li X, Jin R, et al. 2008. Snow depth derived from passive microwave remote-sensing data in China. Annals of Glaciology, 49: 145-154.

Chen J Z, Kang S C, Qin X, et al. 2017. The mass-balance characteristics and sensitivities to climate variables of Laohugou Glacier No. 12, western Qilian Mountains, China. Sciences in Cold and Arid Regions, 9(6): 0543-0553.

Chen R, Wang G, Yang Y, et al. 2018. Effects of cryospheric change on alpine hydrology: Combining a model with observations in the upper reaches of the Hei River, China. Journal of Geophysical Research: Atmospheres, 123: 3414-3442.

Chen S, Liu W, Qin X, et al. 2012. Response characteristics of vegetation and soil environment to permafrost degradation in the upstream regions of the Shule River Basin. Environmental Research Letters, 7(4): 045406.

Chen X, Yang Y. 2020. Observed earlier start of the growing season from middle to high latitudes across the Northern Hemisphere snow-covered landmass for the period 2001-2014. Environmental Research Letters, 15: 034042.

Cheng G D, Jin H J. 2013. Permafrost and groundwater on the Qinghai-Tibet Plateau and in northeast China. Hydrogeology Journal, 21(1): 5-23.

Cheng G D. 1983. Vertical and horizontal zonation of high-altitude permafrost// Proceeding of 4th International Conference on Permafrost (Vol.1) Washington DC: National Academy Press: 136-141.

Cheng G D. 1987. The distribution of permafrost in the Qilian Mountains//Reports in the Northern Part of the

Qinghai-Xizang (Tibet) Plateau. Beijing: Science Press: 316-342.

Cheng M K, Tapley B D. 2004. Variations in the Earth's oblateness during the past 28 years. Journal of Geophysical Research: Solid Earth, 109(B9): B03406.

Cogley J G. 2016. Glacier shrinkage across High Mountain Asia. Annals of Glaciology, 57(71): 41-49.

Cohen J, Entekhabi D. 2001. The influence of snow cover on northern hemisphere climate variability. Atmosphere-Ocean, 39(1): 35-53.

Cong Z, Shahid M, Zhang D, et al. 2017. Attribution of runoff change in the alpine basin: A case study of the Heihe Upstream Basin, China. Hydrological Sciences Journal, 62(6): 1013-1028.

Cui B L, Li X Y. 2015. Runoff processes in the Qinghai Lake Basin, Northeast Qinghai-Tibet Plateau, China: Insights from stable isotope and hydrochemistry. Quaternary International, 380: 123-132.

Cuo L, Zhang Y, Zhu F, et al. 2014. Characteristics and changes of streamflow on the Tibetan Plateau: A review. Journal of Hydrology: Regional Studies, 2: 49-68.

Dai L, Che T, Ding Y. 2015. Inter-calibrating SMMR, SSM/I and SSMI/S data to improve the consistency of snow-depth products in China. Remote Sensing, 7(6): 7212-7230.

Daly C, Neilson R P, Phillips D L. 1994. A statistical-topographic model for mapping climatological precipitation over mountainous terrain. Journal of applied meteorology, 33(2): 140-158.

Dansgaard W. 1964. Stable isotopes in precipitation. Tellus, 16: 436-468.

Dee D P, Uppala S M, Simmons A J, et al. 2011. The ERA-Interim reanalysis: Configuration and performance of the data assimilation system. Quarterly Journal of the Royal Meteorological Society, 137(656): 553-597.

Dong H, Song Y, Zhang M. 2019. Hydrological trend of Qinghai Lake over the last 60 years: Driven by climate variations or human activities? Journal of Water and Climate Change, 10(3): 524-534.

Douville H, Royer J F. 1996. Sensitivity of the Asian summer monsoon to an anomalous Eurasian snow cover within the Météo-France GCM. Climate Dynamics, 12(7): 449-466.

Dozier J, Bair E H, Davis R E. 2016. Estimating the spatial distribution of snow water equivalent in the world's mountains. Wiley Interdisciplinary Reviews: Water, 3(3): 461-474.

Fahnestock M, Scambos T, Moon T, et al. 2016. Rapid large-area mapping of ice flow using Landsat 8. Remote Sensing of Environment, 185: 84-94.

Forkel M, Migliavacca M, Thonicke K, et al. 2015. Codominant water control on global interannual variability and trends in land surface phenology and greenness. Global Change Biology, 21: 3414-3435.

Gao B, Li J, Wang X. 2020. Impact of frozen soil changes on vegetation phenology in the source region of the Yellow River from 2003 to 2015. Theoretical and Applied Climatology, 141: 1219-1234.

Gao X J, Wu J, Shi Y, et al. 2018. Future changes in thermal comfort conditions over China based on multi-RegCM4 simulations. Atmospheric and Oceanic Science Letters, 11(4): 291-299.

Gao S, Liang E, Liu R, et al. 2022. An earlier start of the thermal growing season enhances tree growth in cold humid areas but not in dry areas. Nature Ecology and Evolution, 6(4): 397-404.

Gardner A S, Fahnestock M A, Scambos T A. 2019. ITS_LIVE Regional Glacier and Ice Sheet Surface

Velocities. National Snow and Ice Data Center. https://its-live. jpl.nasa.gov[2021-08-24].

Gardner A S, Moholdt G, Scambos T, et al. 2018. Increased West Antarctic and unchanged East Antarctic ice discharge over the last 7 years. The Cryosphere, 12(2): 521-547.

Geruo A, Wahr J, Zhong S J. 2013. Computations of the viscoelastic response of a 3-D compressible Earth to surface loading: an application to Glacial Isostatic Adjustment in Antarctica and Canada. Geophysical Journal International, 192(2): 557-572.

Granshaw F D, Fountain A G. 2006. Glacier change (1958-1998) in the north Cascades national park complex, Washington, USA. Journal of Glaciology, 52(177): 251-256.

Guo W, Liu S, Xu J, et al. 2015. The second Chinese glacier inventory: Data, methods and results. Journal of Glaciology, 61(226): 357-372.

Guo X, Feng Q, Yin Z, et al. 2022. Critical role of groundwater discharge in sustaining streamflow in a glaciated alpine watershed, northeastern Tibetan Plateau. Science of The Total Environment, 822: 153578.

Guo Z M, Wang N L, Kehrwald N M, et al. 2014. Temporal and spatial changes in Western Himalaya firn line altitudes from 1998 to 2009. Global and Planetary Change, 118: 97-105.

Guo Z M, Wang N L, Shen B S, et al. 2021. Recent spatiotemporal trends in glacier snowline altitude at the end of the melt season in the Qilian Mountains, China. Remote Sensing, 13(23): 4935.

Haeberli W, Beniston M. 1998. Climate change and its impacts on glaciers and permafrost in the Alps. Ambio, 27: 258-265.

Hall D K, George A R, Vincent V S, et al. 2002. MODIS snow-cover products. Remote Sensing of Environment, 83(1-2): 181-194.

Hao X, Huang G, Che T, et al. 2021. The NIEER AVHRR snow cover extent product over China a long-term daily snow record for regional climate research. Earth System Science Data, 13: 4711-4726.

Harris I, Osborn T J, Jones P, et al. 2020. Version 4 of the CRU TS monthly high-resolution gridded multivariate climate dataset. Scientific Data, 7: 109.

Hartman R K, Rost A A, Anderson D M. 1995. Operational Processing of Multi-source Snow Data. Reno: Proceedings of the Western Snow Conference.

He J, Yang K, Tang W, et al. 2020. The first high-resolution meteorological forcing dataset for land process studies over China. Scientific Data, 7: 25.

He Y, Jiang X, Wang N, et al. 2019. Changes in mountainous runoff in three inland river basins in the arid Hexi Corridor, China, and its influencing factors. Sustainable Cities and Society, 50: 101703.

Hersbach H, Bell B, Berrisford P, et al. 2020. The ERA5 global reanalysis. Quarterly Journal of the Royal Meteorological Society, 146: 1999-2049.

Huang Y, Xin Z, Dor-ji T, et al. 2022. Tibetan Plateau greening driven by warming-wetting climate change and ecological restoration in the 21st century. Land Degradation and Development, 33(14): 2407-2422.

Immerzeel W W, Lutz A F, Andrade M, et al. 2019. Importance and vulnerability of the world's water towers. Nature, 577: 364-369.

Immerzeel W W, van Beek L P H, Bierkens M F P. 2010. Climate change will affect the Asian Water Towers.

Science, 328(5984): 1382-1385.

IPCC. 2021. Climate Change 2021: The Physical Science Basis. Contribution of Working Group I to the Sixth Assessment Report of the Intergovernmental Panel on Climate Change. Cambridge: Cambridge University Press.

Jin H, He R, Cheng G, et al. 2009. Changes in frozen ground and eco-environmental impacts in the Sources Area of the Yellow River on northeastern Qinghai-Tibet Plateau, China. Environmental Research Letters, 4(4): 045206.

Jin H, Li S, Cheng G, et al. 2000. Permafrost and climatic change in China. Global and Planetary Change, 26(4): 387-404.

Jin H, Luo D, Wang S, et al. 2011. Spatiotemporal variability of permafrost degradation on the Qinghai-Tibet Plateau. Sciences in Cold and Arid Regions, 3(4): 281-305.

Kaser G. 2001. Glacier-climate interaction at low-latitudes. Journal of Glaciology, 47: 195-204.

Khan A, Naz B S, Bowling L C. 2015. Separating snow, clean and debris covered ice in the Upper Indus Basin, Hindukush-Karakoram-Himalayas, using Landsat images between 1998 and 2002. Journal of Hydrology, 521: 46-64.

Kienholz C, Rich J, Arendt A, et al. 2013. A new method for deriving glacier centerlines applied to glaciers in Alaska and northwest Canada. The Cryosphere, 8(2): 503-519.

König M, Winther J G, Isaksson E. 2001. Measuring snow and glacier ice properties from satellite. Reviews of Geophysics, 39(1): 1-28.

Kraaijenbrink P D A, Bierkens M F P, Lutz A F, et al. 2017. Impact of a global temperature rise of 1.5 degrees Celsius on Asia's glaciers. Nature, 549: 257-260.

Lauscher F. 1976. Weltweite typen der hohenabhangigkeit des niederschlags. Wetter Und Leben, 28: 80-90.

Letreguilly A. 1990. Space and time distribution of glacier mass-balance in the Northern Hemisphere. Arctic and Alpine Research, 22(1): 43-50.

Li H Y, Li X, Yang D W, et al. 2019. Tracing snowmelt paths in an Integrated Hydrological Model for understanding seasonal snowmelt contribution at basin scale. Journal of Geophysical Research: Atmospheres, 124(16): 8874-8895.

Li K, Chen R, Liu G. 2021. Cryosphere water resources simulation and service function evaluation in the Shiyang River Basin of Northwest China. Water, 13(2): 114.

Li T, Liao Q, Wang S, et al. 2022. Divergent change patterns observed in hydrological fluxes entering China's two largest lakes. Science of The Total Environment, 817: 152969.

Li X, Cheng G, Ge Y, et al. 2018. Hydrological cycle in the Heihe River Basin and its implication for water resource management in endorheic basins. Journal of Geophysical Research: Atmospheres, 123(2): 890-914.

Li X, Williams M W. 2008. Snowmelt runoff modelling in an arid mountain watershed, Tarim Basin, China. Hydrological Processes, 22(19): 3931-3940.

Li X Y, Xu H Y, Sun Y L, et al. 2007. Lake-level change and water balance analysis at Lake Qinghai, west

China during recent decades. Water Resources Management, 21 (9): 1505-1516.

Li Z J, Yuan R, Feng Q, et al. 2019. Climate background, relative rate, and runoff effect of multiphase water transformation in Qilian Mountains, the third pole region. Science of the Total Environment, 663: 315-328.

Li Z X, Feng Q, Wang J Q, et al. 2016c. The influence from the shrinking cryosphere and strengthening evopotranspiration on hydrologic process in a cold basin, Qilian Mountains. Global and Planetary Change, 144: 119-128.

Li Z X, Feng Q, Wang Q J, et al. 2016a. Contribution from frozen soil meltwater to runoff in an in-land river basin under water scarcity by isotopic tracing in northwestern China. Global and Planetary Change, 136: 41-51.

Li Z X, Feng Q, Wang Q J, et al. 2016b. Quantitative evaluation on the influence from cryosphere meltwater on runoff in an inland river basin of China. Global and Planetary Change, 143: 189-195.

Liang S, Ge S, Wan L, et al. 2010. Can climate change cause the Yellow River to dry up? Water Resources Research, 46 (2): W02505.

Liang X, Lettenmaier D P, Wood E, et al. 1994. A simple hydrologically based model of land surface water and energy fluxes for general circulation models. Journal of Geophysical Research: Atmospheres, 99 (D7): 14415-14428.

Liu Y S, Qin X, Chen J Z, et al. 2018. Variations of Laohugou Glacier No. 12 in the western Qilian Mountains, China, from 1957 to 2015. Journal of Mountain Science, 15 (1): 25-32.

Ma Z, Kang S, Zhang L, et al. 2008. Analysis of impacts of climate variability and human activity on streamflow for a river basin in arid region of northwest China. Journal of hydrology, 352 (3-4): 239-249.

Machguth H, Huss M. 2014. The length of the world's glaciers-a new approach for the global calculation of center lines. The Cryosphere, 8 (5): 1741-1755.

Maina F Z, Kumar S V, Albergel C, et al. 2022. Warming, increase in precipitation, and irrigation enhance greening in High Mountain Asia. Communications Earth and Environment, 3: 43.

Martinec J. 1975. Subsurface flow from snowmelt traced by tritium. Water Resources Research, 11 (3): 496-498.

Matin M A, Bourque C P A. 2015. Mountain-river runoff components and their role in the seasonal development of desert-oases in northwest China. Journal of Arid Environments, 122: 1-15.

Maussion F, Scherer D, Finkelnburg R, et al. 2011. WRF simulation of a precipitation event over the Tibetan Plateau, China -an assessment using remote sensing and ground observations. Hydrology and Earth System Sciences, 15: 1795-1817.

Maussion F, Scherer D, Mölg T, et al. 2014. Precipitation seasonality and variability over the Tibetan Plateau as resolved by the High Asia Reanalysis. Journal of Climate, 27 (5): 1910-1927.

May J L, Hollister R D, Betway K R, et al. 2020. NDVI changes show warming increases the length of the green season at Tundra Communities in Northern Alaska: A fine-Scale analysis. Frontiers in Plant Science, 11: 1174.

McFadden E M, Ramage J, Rodbell D T. 2011. Landsat TM and ETM+ derived snowline altitudes in the Cordillera Huayhuash and Cordillera Raura, Peru, 1986-2005. The Cryosphere, 4(4): 1931-1966.

McFeeters S K. 2013. Using the Normalized Difference Water Index (NDWI) within a geographic information system to detect swimming pools for mosquito abatement: A practical approach. Remote Sensing, 5(7): 3544-3561.

Michel R, Rignot E. 1999. Flow of glaciar Moreno, Argentina, from the repeat-pass shuttle imaging radar images: Comparison of the phase correlation method with radar interferometry. Journal of Glaciology, 45(149): 93-100.

Millan R, Mouginot J, Rabatel A, et al. 2019. Mapping surface flow velocity of glaciers at regional scale using a multiple sensors approach. Remote Sensing, 11(21): 2498.

Millan R, Mouginot J, Rabatel A, et al. 2022. Ice velocity and thickness of the world's glaciers. Nature Geoscience, 15(2): 124-129.

Mouginot J, Rignot E, Scheuchl B, et al. 2017. Comprehensive annual ice sheet velocity mapping using Landsat-8, Sentinel-1, and RADARSAT-2 data. Remote Sensing, 9(4): 364.

Mu C, Zhang T, Zhang X, et al. 2016. Carbon loss and chemical changes from permafrost collapse in the northern Tibetan Plateau. Journal of Geophysical Research: Biogeosciences, 121(7): 1781-1791.

Nela B R, Singh G, Kulkarni A V. 2019. Glacier movement estimation of Benchmark Glaciers in Chandra Basin using Differential SAR Interferometry (DInSAR) Technique//IGARSS 2019, 2019 IEEE International Geoscience and Remote Sensing Symposium. Yokohama: IEEE: 4186-4189.

Niu L, Ye B S, Li J, et al. 2011. Effect of permafrost degradation on hydrological processes in typical basins with various permafrost coverage in Western China. Science China Earth Sciences, 54(4): 615-624.

O'Neill B C, Tebaldi C, van Vuuren D P, et al. 2016. The scenario model intercomparison project (ScenarioMIP) for CMIP6. Geoscientific Model Development, 9: 3461-3482.

Ohmura A, Kasser P, Funk M. 1992. Climate at the equilibrium line of glaciers. Journal of Glaciology, 38: 397-411.

Osterkamp T E. 2005. The resent warming of permafrost in Alaska. Global and Planetary Change, 49: 187-202.

Pachauri R K, Meyer L, Plattner G K, et al. 2014. IPCC, 2014: Climate Change 2014: Synthesis Report. Geneva: IPCC.

Paul F, Barry R G, Cogley J G, et al. 2009. Recommendations for the compilation of glacier inventory data from digital sources. Annals of Glaciology, 50(53): 119-126.

Paul F, Frey H, Le Bris R. 2011. A new glacier inventory for the European Alps from Landsat TM scenes of 2003: Challenges and results. Annals of Glaciology, 52(59): 144-152.

Pavlis N K, Holmes S A, Kenyon S C, et al. 2012. The development and evaluation of the Earth Gravitational Model 2008 (EGM2008). Journal of Geophysical Research: Solid Earth, 117(B4): B04406.

Piao S, Liu Q, Chen A, et al. 2019. Plant phenology and global climate change: Current progresses and challenges. Global Change Biology, 25(6): 1922-1940.

Qi Y, Wang H, Ma X, et al. 2021. Relationship between vegetation phenology and snow cover changes during 2001-2018 in the Qilian Mountains. Ecological Indicators, 133: 108351.

Qin J, Ding Y J, Wu J K, et al. 2013. Understanding the impact of mountain landscapes on water balance in the upper Heihe River watershed in northwestern China. Journal of Arid Land, 5(3): 366-383.

Qin Y, Yi S, Ren S, et al. 2014. Responses of typical grasslands in a semi-arid basin on the Qinghai-Tibetan Plateau to climate change and disturbances. Environmental Earth Sciences, 71(3): 1421-1431.

Racoviteanu A E, Paul F, Raup B, et al. 2009. Challenges and recommendations in mapping of glacier parameters from space: Results of the 2008 Global Land Ice Measurements from Space (GLIMS) workshop, Boulder, Colorado, USA. Annals of Glaciology, 50(53): 53-69.

Radić V, Hock R. 2010. Regional and global volumes of glaciers derived from statistical upscaling of glacier inventory data. Journal of Geophysical Research: Earth Surface, 115: F01010.

Ray R D, Beckley B D. 2012. Calibration of ocean wave measurements by the TOPEX, Jason-1, and Jason-2 Satellites. Marine Geodesy, 35(sup1): 238-257.

RGI Consortium. 2017. Randolph Glacier Inventory- A Dataset of Global Glacier Outlines: Version 6.0. Boulder: Technical Report, Global Land Ice Measurements from Space.

Rivera A, Casassa G, Bamber J, et al. 2005. Ice-elevation changes of Glaciar Chico, southern Patagonia, using ASTER DEMs, aerial photographs and GPS data. Journal of Glaciology, 51(172): 105-112.

Robinson D A, Dewey K F, Heim Jr. R R. 1993. Global snow cover monitoring: An update. Bulletin of the American Meteorological Society, 74(9): 1689-1696.

Rodell M, Houser P R. 2004. Updating a Land Surface Model with MODIS-derived snow cover. Journal of Hydrometeorology, 5(6): 1064-1075.

Ruiz L, Berthier E, Masiokas M, et al. 2015. First surface velocity maps for glaciers of Monte Tronador, North Patagonian Andes, derived from sequential Pléiades satellite images. Journal of Glaciology, 61(229): 908-922.

Rupper S, Roe G. 2008. Glacier change and regional climate: A mass and energy balance approach. Journal of Climate, 21: 5384-5401.

Shannon S, Smith R, Wiltshire A, et al. 2019. Global glacier volume projections under high-end climate change scenarios. The Cryosphere, 13(1): 325-350.

Shen M, Piao S, Dorji T, et al. 2015. Plant phenological responses to climate change on the Tibetan Plateau: Research status and challenges. National Science Review, 2: 454-467.

Singh P, Kumar N. 1997. Effect of orography on precipitation in the western Himalayan region. Journal of Hydrology, 199(1-2): 183-206.

Swenson S, Chambers D, Wahr J. 2008. Estimating geocenter variations from a combination of GRACE and ocean model output. Journal of Geophysical Research: Solid Earth, 113: B08410.

Swenson S, Wahr J, Milly P C D. 2003. Estimated accuracies of regional water storage variations inferred from the Gravity Recovery and Climate Experiment (GRACE). Water Resources Research, 39(8): 375-384.

Swenson S, Wahr J. 2002. Methods for inferring regional surface-mass anomalies from Gravity Recovery and Climate Experiment (GRACE) measurements of time-variable gravity. Journal of Geophysical Research: Solid Earth, 107(B9): 2193.

Swenson S, Wahr J. 2006. Post-processing removal of correlated errors in GRACE data. Geophysical Research Letters, 33: L08402.

Tarnocai C, Canadell J, Schuur E, et al. 2009. Soil organic carbon pools in the northern circumpolar permafrost region. Global Biogeochemical Cycles, 23(2): GB2023.

Tekeli A E, Akyürek Z, Şensoy A, et al. 2005. Modelling the temporal variation in snow-covered area derived from satellite images for simulating/forecasting of snowmelt runoff in Turkey. Hydrological Sciences Journal, 50(4): 669-682.

Thompson L G, Mosley-Thompson E, Davis M E, et al. 1989. Holocene-Late Pleistocene climatic ice core records from Qinghai-Tibetan Plateau. Science, 246(4929): 474-477.

Viviroli D, Durr H H, Messerli B, et al. 2007. Mountains of the world, water towers for humanity: Typology, mapping, and global significance. Water Resources Research, 43(7): W07447.

Viviroli D, Weingartner R, Messerli B. 2003. Assessing the hydrological significance of the world's mountains. Mountain Research and Development, 23(1): 32-40.

Wahr J, Swenson S, Zlotnicki V, et al. 2004. Time-variable gravity from GRACE: First results. Geophysical Research Letters, 31(11): L11501.

Wang H, Zhang M, Zhu H, et al. 2012. Hydro-climatic trends in the last 50 years in the lower reach of the Shiyang River Basin, NW China. Catena, 95: 33-41.

Wang J D, Song C Q, Reager J T, et al. 2018. Recent global decline in endorheic basin water storages. Nature Geoscience, 11: 926-932.

Wang J, Li H, Hao X. 2010. Responses of snowmelt runoff to climatic change in an inland river basin, Northwestern China, over the past 50 years. Hydrology and Earth System Sciences, 14(10): 1979-1987.

Wang J, Li S. 2006. Effect of climatic change on snowmelt runoffs in mountainous regions of inland rivers in Northwestern China. Science in China Series D: Earth Sciences, 49(8): 881-888.

Wang J, Liu D. 2022. Vegetation green-up date is more sensitive to permafrost degradation than climate change in spring across the northern permafrost region. Global Change Biology, 28(4): 1569-1582.

Wang N L, Wu H B, Wu Y W, et al. 2015. Variations of the glacier mass balance and lake water storage in the Tarim Basin, northwest China, over the period of 2003-2009 estimated by the ICESat-GLAS data. Environmental Earth Sciences, 74(3): 1997-2008.

Wang N L, Zhang S B, He J Q, et al. 2009. Tracing the major source area of the mountainous runoff generation of the Heihe River in northwest China using stable isotope technique. Chinese Science Bulletin, 54: 2751-2757.

Wang S, Sheng Y, Li J, et al. 2018. An estimation of ground ice volumes in permafrost layers in Northeastern Qinghai-Tibet Plateau, China. Chinese Geographical Science, 28(1): 61-73.

Wang S, Yao T, Tian L, et al. 2017. Glacier mass variation and its effect on surface runoff in the Beida River catchment during 1957-2013. Journal of Glaciology, 63 (239): 523-534.

Wang T, Peng S, Lin X, et al. 2013. Declining snow cover may affect spring phenological trend on the Tibetan Plateau. Proceedings of the National Academy of Sciences of the United States of America, 110 (31): E2854-E2855.

Wang X, Tolksdorf V, Otto M, et al. 2020. WRF-based dynamical downscaling of ERA5 reanalysis data for High Mountain Asia: Towards a new version of the High Asia Refined analysis. International Journal of Climatology, 41: 743-762.

Wang X, Wu C, Peng D, et al. 2018. Snow cover phenology affects alpine vegetation growth dynamics on the Tibetan Plateau: Satellite observed evidence, impacts of different biomes, and climate drivers. Agricultural and Forest Meteorology, 256/257: 61-74.

Wang X, Xiao J, Li X, et al. 2019. No trends in spring and autumn phenology during the global warming hiatus. Nature Communications, 10: 2389.

Wei L Y, Jiang S H, Ren L L, et al. 2021. Spatiotemporal changes of terrestrial water storage and possible causes in the closed Qaidam Basin, China using GRACE and GRACE Follow-On data. Journal of Hydrology, 598: 126274.

Wei P, Chen S, Wu M, et al. 2021. Increased ecosystem carbon storage between 2001 and 2019 in the northeastern Mmargin of the Qinghai-Tibet Plateau. Remote Sensing, 13: 3986.

Wei Z Q, Du Z H, Wang L, et al. 2021. Sentinel-based inventory of thermokarst lakes and ponds across permafrost landscapes on the Qinghai-Tibet Plateau. Earth and Space Science, 8: e2021EA001950.

Winkler A J, Myneni R B, Hannart A, et al. 2021. Slowdown of the greening trend in natural vegetation with further rise in atmospheric CO_2. Biogeosciences, 18: 4985-5010.

Wu J, Li H, Zhou J, et al. 2021. Variation of runoff and runoff components of the Upper Shule River in the Northeastern Qinghai-Tibet Plateau under climate change. Water, 13 (23): 3357.

Wu M, Chen S, Chen J, et al. 2021. Reduced microbial stability in the active layer is associated with carbon loss under alpine permafrost degradation. Proceedings of the National Academy of Sciences of the United States of America, 118 (25): e2025321118.

Wu M, Xue K, Wei P, et al. 2022. Soil microbial distribution and assembly are related to vegetation biomass in the alpine permafrost regions of the Qinghai-Tibet Plateau. Science of the Total Environment, 834: 155259.

Xiao X M, Shen Z X, Qin X G. 2001. Assessing the potential of vegetation sensor data for mapping snow and ice cover: A Normalized Difference Snow and Ice Index. International Journal of Remote Sensing, 22 (13): 2479-2487.

Xiao X, Moore B, Qin X, et al. 2002. Large-scale observations of alpine snow and ice cover in Asia: Using multi-temporal vegetation sensor data. International Journal of Remote Sensing, 23 (11): 2213-2228.

Xie J, Kneubühler M, Garonna I, et al. 2017. Altitude-dependent influence of snow cover on alpine land surface phenology. Journal of Geophysical Research: Biogeosciences, 122: 1107-1122.

Xu B Q, Cao J J, Joswiak D R, et al. 2012. Post-depositional enrichment of black soot in snow-pack and accelerated melting of Tibetan glaciers. Environmental Research Letters, 7(1): 17-35.

Xu M, Kang S, Wang X, et al. 2019. Understanding changes in the water budget driven by climate change in cryospheric-dominated watershed of the northeast Tibetan Plateau, China. Hydrological Processes, 33(7): 1040-1058.

Xue D, Zhou J, Zhao X, et al. 2021. Impacts of climate change and human activities on runoff change in a typical arid watershed, NW China. Ecological Indicators, 121: 107013.

Yang D, Gao B, Jiao Y, et al. 2015. A distributed scheme developed for eco-hydrological modeling in the upper Heihe River. Science China Earth Sciences, 58(1): 36-45.

Yang K, He J. 2018. China Meteorological Forcing Dataset (1979-2018). Beijing: National Tibetan Plateau Data Center.

Yang X W, Wang N L, Chen A A, et al. 2022. Impacts of climate change, glacier mass loss and human activities on spatiotemporal variations in terrestrial water storage of the Qaidam Basin, China. Remote Sensing, 14: 2186.

Yang Z. 1989. An analysis of the water balance and water resources in the mountainous Heihe river basin// Snow Cover and Glacier Variations, Proceedings of the Baltimore Symposium Maryland. Oxfordshire: IAHS: 53-59.

Yi S, Xiang B, Meng B, et al. 2019. Modeling the carbon dynamics of alpine grassland in the Qinghai-Tibetan Plateau under scenarios of 1.5 and 2℃ global warming. Advances in Climate Change Research, 10: 80-91.

Yi S, Zhou Z, Ren S, et al. 2011. Effects of permafrost degradation on alpine grassland in a semi-arid basin on the Qinghai-Tibetan Plateau. Environmental Research Letters, 6(4): 045403.

Yi S. 2017. FragMAP: A tool for long-term and cooperative monitoring and analysis of small-scale habitat fragmentation using an unmanned aerial vehicle. International Journal of Remote Sensing, 38(8-10): 2686-2697.

Yin Z, Feng Q, Zou S, et al. 2016. Assessing variation in water balance components in mountainous inland river basin experiencing climate change. Water, 8(10): 472.

Yue T X. 2011. Surface Modeling: High Accuracy and High Speed Methods. New York, USA: CRC Press.

Zeng H, Jia G. 2013. Impacts of snow cover on vegetation phenology in the Arctic from satellite data. Advances in Atmospheric Sciences, 30(5): 1421-1432.

Zhang A, Zheng C, Wang S, et al. 2015. Analysis of streamflow variations in the Heihe River Basin, northwest China: Trends, abrupt changes, driving factors and ecological influences. Journal of Hydrology: Regional Studies, 3: 106-124.

Zhang G, Bolch T, Chen W, et al. 2021. Comprehensive estimation of lake volume changes on the Tibetan Plateau during 1976-2019 and basin-wide glacier contribution. Science of the Total Environment, 772: 145463.

Zhang G, Xie H, Yao T, et al. 2014. Quantitative water resources assessment of Qinghai Lake basin using Snowmelt Runoff Model (SRM). Journal of Hydrology, 519: 976-987.

Zhang L, Nan Z, Wang W, et al. 2019. Separating climate change and human contributions to variations in streamflow and its components using eight time-trend methods. Hydrological Processes, 33(3): 383-394.

Zhang S, Gao X, Zhang X, et al. 2012a. Projection of glacier runoff in Yarkant River basin and Beida River basin, Western China. Hydrological Processes, 26: 2773-2781.

Zhang S, Gao X, Zhang X. 2015. Glacial runoff likely reached peak in the mountainous areas of the Shiyang River Basin, China. Journal of Mountain Science, 12: 382-395.

Zhang S, Ye B, Liu S, et al. 2012b. A modified monthly degree-day model for evaluating glacier runoff changes in China. Part I: Model development. Hydrological Processes, 26: 1686-1696.

Zhang X, Chen J, Chen J, et al. 2022. Lake expansion under the groundwater contribution in Qaidam Basin, China. Remote Sensing, 14(7): 1756.

Zhang X, Li H, Zhang Z, et al. 2018. Recent glacier mass balance and area changes from DEMs and Landsat images in upper reach of Shule River basin, northeastern edge of Tibetan Plateau during 2000 to 2015. Water, 10: 796.

Zhang Y H, Song X F, Wu Y Q. 2009. Use of oxygen-18 isotope to quantify flows in the upriver and middle reaches of the Heihe River, Northwestern China. Environmental Geology, 58(3): 645-653.

Zhang Z, Deng S, Zhao Q, et al. 2019. Projected glacier meltwater and river run-off changs in the Upper Reach of the Shule River Basin, north-eastern edge of the Tibetan Plateau. Hydrological Processes, 33: 1059-1074.

Zhao N, Yue T X, Chen C F, et al. 2018. An improved statistical downscaling scheme of Tropical Rainfall Measuring Mission precipitation in the Heihe River basin, China. International Journal of Climatology, 38(8): 3309-3322.

Zhao N, Yue T X, Zhao M W, et al. 2014. Sensitivity studies of a high accuracy surface modeling method. Science China Earth Sciences, 57 (1): 1-11.

Zhao Q, Ding Y, Wang J, et al. 2019. Projecting climate change impacts on hydrological processes on the Tibetan Plateau with model calibration against the glacier inventory data and observed streamflow. Journal of Hydrology, 573: 60-81.

Zhao Q, Ye B, Ding Y, et al. 2013. Coupling a glacier melt model to the Variable Infiltration Capacity (VIC) model for hydrological modeling in north-western China. Environmental Earth Sciences, 68: 87-101.

Zhao Q, Zhang S, Ding Y, et al. 2015. Modeling hydrologic response to climate change and shrinking glaciers in the highly glacierized Kunma Like River catchment, Central Tian Shan Mountains. Journal of Hydrometeorology, 16: 2383-2402.

Zheng M J, Wan C W, Du M D, et al. 2016. Application of Rn-222 isotope for the interaction between surface water and groundwater in the Source Area of the Yellow River. Hydrology Research, 47(6): 1253-1262.

Zhu Z C, Piao S L, Myneni R B, et al. 2016. Greening of the earth and its drivers. Nature Climate Change, 6: 791-795.

Zhu Z, Shi C X, Zhang T, et al. 2015. Applicability analysis of various reanalyzed land surface temperature datasets in China. Journal of Glaciology and Geocryology, 37: 614-624.